# 气象干旱年鉴

## (2011)

中国气象局兰州干旱气象研究所

气象出版社
China Meteorological Press

## 内 容 简 介

本年鉴是对2010年全国气象干旱的全面记录、分析和综述，共分为六章。第1章描述2010年全国气候特点与气象干旱的时空分布特征；第2章诊断全国重大区域干旱事件的特征与成因；第3章记述干旱的影响；第4章介绍抗旱减灾重大服务情况；第5章阐述2010年全球气象干旱特征、全球重大气象干旱事件及其成因，特别增加了“一带一路”沿线地区的干旱简述；第6章回顾全球与全国历史上的重大区域干旱事件，居安思危。本年鉴比较全面地总结分析了2010年我国气象干旱特点及其影响，可供政府决策部门，从事气象、农业、水文、地质、地理、生态、环境、保险、人文、经济、社会等行业以及干旱灾害风险评估管理等方面的业务、科研、教学人员参考。

**图书在版编目(CIP)数据**

气象干旱年鉴. 2011 / 中国气象局兰州干旱气象研究所编著. — 北京 ：气象出版社，2020.7

ISBN 978-7-5029-7227-1

Ⅰ.①气…　Ⅱ.①中…　Ⅲ.①干燥气候-中国-2011-年鉴　Ⅳ.①P462.3-54

中国版本图书馆CIP数据核字(2020)第116973号

---

**出版发行**：气象出版社
**地　　址**：北京市海淀区中关村南大街46号　　**邮政编码**：100081
**电　　话**：010-68407112(总编室)　010-68408042(发行部)
**网　　址**：http://www.qxcbs.com　　**E-mail**：qxcbs@cma.gov.cn
**责任编辑**：张　斌　　**终　　审**：吴晓鹏
**责任校对**：王丽梅　　**责任技编**：赵相宁
**封面设计**：王　伟
**印　　刷**：北京地大彩印有限公司
**开　　本**：889 mm×1194 mm　1/16　　**印　　张**：10.5
**字　　数**：340千字
**版　　次**：2020年7月第1版　　**印　　次**：2020年7月第1次印刷
**定　　价**：120.00元

---

# 《气象干旱年鉴(2011)》
# 编撰组

**科学顾问**：丁一汇

**组　　长**：李耀辉

**副 组 长**：王润元　张铁军　董安祥

**成　　员**（以姓氏拼音字母为序）：

蔡雯悦　陈　斐　邓祖琴　董安祥　胡　蝶

惠志红　蒋丽萍　刘丽伟　聂　鑫　蒲金涌

沙　莎　王劲松　王丽娟　王毅荣　王芝兰

颜鹏程　姚小英　姚玉璧

# 序　言

干旱可表述为降水的短缺或者当水的供应不能满足对水的需求时的状况，是水分收支或供求不平衡所形成的水分短缺现象。根据世界气象组织（WMO）的分类，干旱分为气象干旱、农业干旱、水文干旱和社会经济干旱。气象干旱是指由气象因素直接引起的水资源短缺，是其他干旱的基础与重要原因；气象干旱的影响和造成的灾害常常通过农业、水文及社会经济干旱反映出来。我国是世界上干旱灾害最严重的国家之一，尤其是北方与西南地区，在全球气候变化背景下，干旱在我国发生的频率和强度总体上呈增加趋势，所引发的水资源匮乏、粮食安全、生态恶化等已经成为社会经济发展中值得关注的重要问题。我国每年都会发生气象干旱，损失十分严重，因此，深入认识和及时了解气象干旱发生、发展的新特征及其对农业、水资源和社会经济等方面的影响，对于增强我国干旱的防灾减灾能力，减少经济和社会风险具有重要意义。

中国气象局兰州干旱气象研究所作为气象部门从事干旱及其相关领域科学研究和技术研发的国家级专业研究所，在总结相关研究成果的基础上，收集整理了气象、农业、民政、水利、国土资源以及统计等部门的大量信息材料并加以分析，编写出版了《气象干旱年鉴》。年鉴的内容丰富，涉及干旱评估、气象干旱特征与影响、年度重大干旱事件、全球气象干旱、气象干旱科技动态以及抗旱减灾气象服务等方面的信息与材料，是一部既有科学性，又有实用性的工具书。它将为我国干旱的防灾、减灾活动和治理提供重要参考，同时也填补和丰富了我国气象灾害年鉴中有关干旱灾害的内容。

本年鉴从2014年开始编撰，即《气象干旱年鉴（2015）》。我建议该年鉴从2001年续补，形成一套进入21世纪以来比较完整、客观准确、内容权威的气象干旱方面有重要价值的参考资料，为我国防旱减灾和干旱的风险管理提供关键信息和重要支撑服务。

丁一汇

2017年5月10日

# 前 言

干旱不仅是地球科学领域研究的焦点科学问题之一，也是世界各国政府和社会公众关注的重大热点问题。干旱气候变化引起的沙漠化和生态退化及其对自然环境和人类社会产生的重大影响已引起国际社会的高度重视。我国是一个干旱频发的国家，增强干旱防灾减灾能力是我国经济社会可持续发展的重要任务。为此，中国气象局兰州干旱气象研究所以气象学理论为指导，围绕干旱特征、成因、影响及防旱措施等，对中国气象干旱灾害进行了系统的整理、分析与研究，每年出版《气象干旱年鉴》。

该年鉴是中国气象局兰州干旱气象研究所编撰的气象干旱资料性、学术性书籍，主要记述上一年度全国气象干旱的监测、评估、成因、业务服务、科研动态的基本情况与进展，以及全球气象干旱概况与特点。此外，还回顾了中国与全球历史上重大干旱事件，做到居安思危，警钟长鸣。它具有综合性和资料翔实特征，具有罗高的参考价值。

《气象干旱年鉴(2011)》(以下简称年鉴)是对2010年气象干旱的全面记录和综述，共分六章。第1章描述全国气候特点与气象干旱的时空分布特征，由陈斐、董安祥、颜鹏程撰稿；第2章分析区域干旱事件的特征与成因，由王毅荣、颜鹏程撰稿；第3章记述干旱的影响，由姚玉璧撰稿；第4章介绍抗旱减灾重大服务情况，由蒲金涌、董安祥撰稿；第5章阐明2010年全球气象干旱特征和全球重大气象干旱事件及其成因，由邓祖琴撰稿；第6章回顾全球与中国历史上的重大区域干旱事件，由董安祥撰稿；附录部分由沙莎、刘丽伟、董安祥完成。

该年鉴由李耀辉总策划和组织实施并负责全书的审稿和定稿，王润元、张铁军负责协调管理，董安祥参与具体实施，董安祥、王劲松、王丽娟、姚小英参与全书修改、审定。年鉴由气象出版社责任编辑负责审编并做了繁重的文字工作。年鉴是公益性行业(气象)科研重大专项“干旱气象科学研究——我国北方干旱致灾过程及机理(GYHY201006001)”的重要研究内容之一,也得到了中国气象局兰州干旱气象研究所基本科研业务费项目的资助。年鉴编撰过程中还得到国家气候中心、兰州区域气候中心、国家气象信息中心等单位的全力支持和帮助,特表谢意!

由于付梓仓促,虽经再三校核,错漏在所难免,敬请读者不吝指正,深表感谢。

《气象干旱年鉴》编撰组

2019 年 8 月 20 日

# 编写说明

## 一、资料来源

本年鉴基本气象资料、气象干旱综合指数(MCI)和灾情数据来自中国气象局国家气候中心、国家气象信息中心等单位,以及民政部、水利部、农业农村部、自然资源部、国家统计局等有关部门的信息材料。

用于计算植被状态指数(VCI)的遥感数据来自 MODIS 产品数据 MOD09GA,时间分辨率为日,空间分辨率为 500 米。该数据集来源于网站 https://ladsweb.nascom.nasa.gov/search/。

## 二、数据处理

### 1. 气象干旱综合指数

本年鉴采用气象干旱综合指数来评估干旱,它是综合考虑前期不同时段降水和蒸散对当前干旱的影响而构建的一种干旱指数。干旱是由于降水长期亏缺和近期亏缺综合效应累加的结果,气象干旱综合指数考虑了 60 天内有效降水(权重累积降水)、30 天内蒸散(相对湿润度)以及季度尺度(90 天)降水和近半年尺度(150 天)降水的综合影响。该指数考虑业务服务的需求,增加了季节调节系数。该指数适用于作物生长季逐日气象干旱的监测和评估。

(1)气象干旱综合指数等级

依据气象干旱综合指数划分的气象干旱等级见表 1。

**表 1 气象干旱综合指数等级的划分表**

| 等级 | 类型 | MCI | 干旱影响程度 |
|---|---|---|---|
| 1 | 无旱 | −0.5<MCI | 地表湿润,作物水分供应充足;地表水资源充足,能满足人们生产、生活需要 |
| 2 | 轻旱 | −1.0<MCI≤−0.5 | 地表空气干燥,土壤出现水分轻度不足,作物轻微缺水,叶色不正;水资源出现短缺,但对生产、生活影响不大 |
| 3 | 中旱 | −1.5<MCI≤−1.0 | 土壤表面干燥,土壤出现水分不足,作物叶片出现萎蔫现象;水资源短缺,对生产、生活造成影响 |
| 4 | 重旱 | −2.0<MCI≤−1.5 | 土壤水分持续严重不足,出现干土层(1~10 厘米),作物出现枯死现象;河流出现断流,水资源严重不足,对生产、生活造成较重影响 |
| 5 | 特旱 | MCI≤−2.0 | 土壤水分持续严重不足,出现较厚干土层(大于 10 厘米),作物出现大面积枯死;多条河流出现断流,水资源严重不足,对生产、生活造成严重影响 |

(2)气象干旱综合指数计算方法

气象干旱综合指数(MCI)的计算公式如下：

$$MCI = K_a \times (a \times SPIW_{60} + b \times MI_{30} + c \times SPI_{90} + d \times SPI_{150}) \qquad (1)$$

式中，$MI_{30}$为近30天相对湿润度指数；$SPI_{90}$为近90天标准化降水指数；$SPI_{150}$为近150天标准化降水指数；$SPIW_{60}$为近60天标准化权重降水指数；$a$为$SPIW_{60}$项的权重系数，北方及西部地区取0.3，南方地区取0.5；$b$为$MI_{30}$项的权重系数，北方及西部地区取0.5，南方地区取0.6；$c$为$SPI_{90}$项的权重系数，北方及西部地区取0.3，南方地区取0.2；$d$为$SPI_{150}$项的权重系数，北方及西部地区取0.2，南方地区取0.1；$K_a$为季节调节系数，根据不同季节各地主要农作物生长发育阶段对土壤水分的敏感程度确定。北方及西部地区指西北、东北、华北和西南地区，南方地区指华南、华中、华东地区等。

**2. 遥感监测指标**

根据中华人民共和国水利部发布的《水旱灾害遥感监测评估技术规范(征求意见稿)》，本年鉴采用的监测指标为植被状态指数(VCI)。植被状态指数由F. N. Kogan于1990年提出，基于植被覆盖指数(NDVI)构建，用以反映植被状态程度：

$$VCI_j = 100 \times \frac{NDVI_j - NDVI_{min}}{NDVI_{max} - NDVI_{min}} \qquad (2)$$

式中，$VCI_j$为$j$时的植被状态指数(%)，以像元为计算单元，值域范围是0～100，0表示植被条件最差，100表示植被条件最佳；$NDVI_j$为$j$时的NDVI值，时段可设定为旬、月等；$NDVI_{max}$为多年同期影像中NDVI的最大值；$NDVI_{min}$为多年同期影像中NDVI的最小值。

植被状态指数表达了与多年历史同期相比植被长势的好坏，间接地指示了土壤水分状态。VCI值越大，说明植被与历史同期相比长势越好，水分充足；相反地，VCI值越小，与历史同期相比植被长势差，说明植被受旱。

植被状态指数适合大尺度或区域级的中高植被覆盖区的干旱状况监测，其最大、最小NDVI宜采用历史多年同期、长时间植被指数序列确定。

植被指数旱情等级划分如表2所示。

**表2　植被指数旱情等级划分表**

| 等级 | 干旱类型 | VCI范围(%) |
|---|---|---|
| 1 | 无旱 | $40 < VCI \leq 100$ |
| 2 | 轻旱 | $30 < VCI \leq 40$ |
| 3 | 中旱 | $20 < VCI \leq 30$ |
| 4 | 重旱 | $10 < VCI \leq 20$ |
| 5 | 特旱 | $0 < VCI \leq 10$ |

# 目　录

# 第1章 气象干旱评估

2010年，中国降水量明显偏多，气温偏高。年内，阶段性严重干旱、频繁强降水过程及严重次生灾害、大范围持续高温天气、区域性低温和极端暴雪、高登陆比例台风等给中国社会经济和人民生命财产安全带来严重影响。

2010年，中国年平均降水量为681毫米，比常年偏多11.1%，为1961年以来第2多值。春季降水量为1961年以来历史同期次多值。年平均气温9.5℃，较常年偏高0.7℃，是1961年以来第10个最暖年；春季气温偏低，冬、夏、秋季偏高，夏季气温为1961年以来历史同期最高，年高温日数比常年偏多4.1天，为1961年以来最多值。

2010年，中国区域性和阶段性干旱严重，但全国干旱面积总体偏小。西南地区发生历史罕见秋冬春特大干旱，华北及内蒙古中东部夏旱明显，华北、黄淮等地出现秋冬连旱。

总体上，2010年全国干旱受灾面积总体偏小，但区域性和阶段性干旱严重，暴雨洪涝及其次生灾害严重。全年气象灾害为进入21世纪以来最重的年份。主要粮食产区前期气候条件偏差。

## 1.1 气候特征

### 1.1.1 降水

2010年，中国平均年降水量681.0毫米，比常年偏多11.1%，为1961年以来第2多值(图1.1)；四季降水量均偏多，春季和秋季降水量分别为1961年以来的第2和第5多值。从各省(区、市)平均年降水量距平百分率看，新疆等20省(区)年降水量偏多，陕西、山东、青海、湖南、浙江、福建、海南、江西、吉林偏多10%～30%，辽宁、新疆偏多40%～50%(图1.2)。

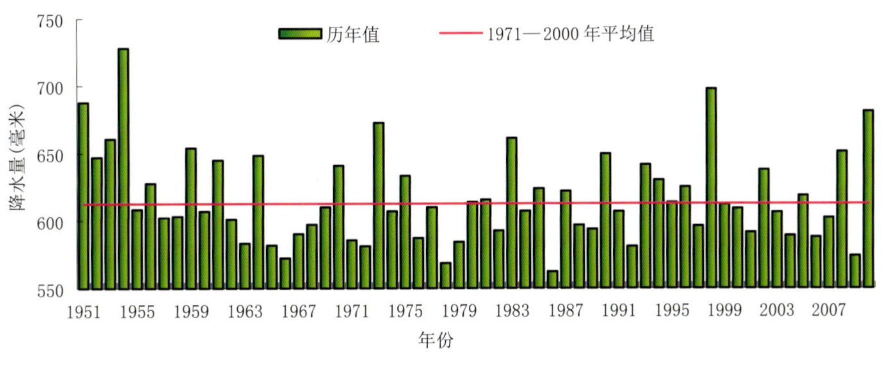


图1.1　1951—2010年全国平均年降水量变化

Fig. 1.1　Average annual precipitation in China from 1951 to 2010 (unit:mm)

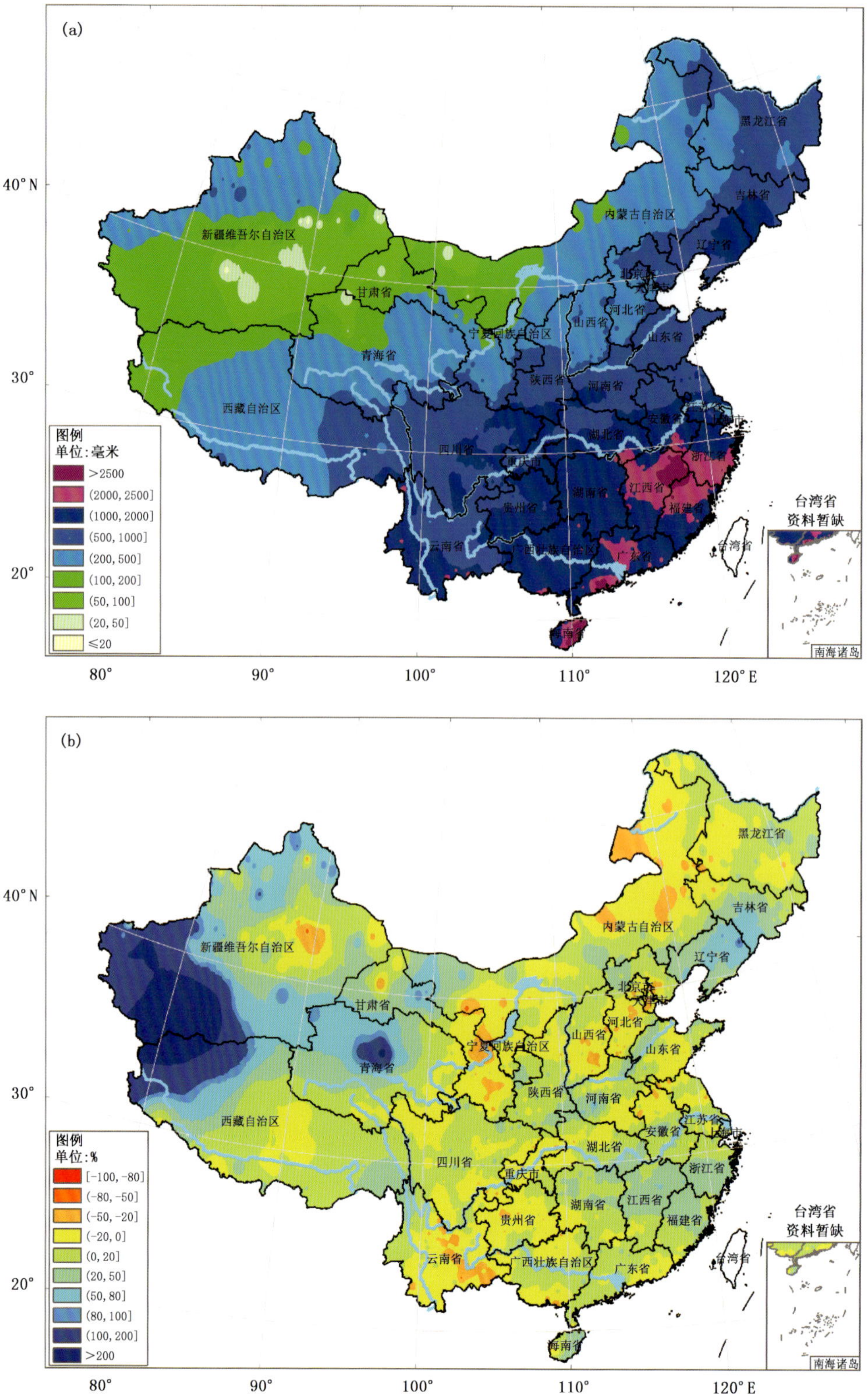


图 1.2　2010 年全国年降水量(a)及降水距平百分率(b)的空间分布

Fig. 1.2　Spatial distribution of precipitation (a, unit: mm) and its anomaly percentage (b, unit: %) in China in 2010

从年降水量的空间分布看，华南大部、江南大部超过1500毫米，东北大部、华北东部、黄淮、江淮、江汉、西北地区东南部、西南地区中东部一般有500～1500毫米，全国其余地区不足500毫米（图1.2a）。与常年相比，除内蒙古东部、云南中东部等地降水偏少10%～50%外，全国大部地区降水偏多或接近常年，东北中南部、西北中西部、江南大部及黑龙江东部、河北北部、山东北部、河南中西部、陕西南部、内蒙古西部、安徽南部、湖北东部、福建大部、广东西部、广西东部、海南大部、云南西北部、西藏东部和西部偏多10%～50%，新疆、青海、西藏、辽宁、吉林的部分地区偏多50%以上（图1.2b）。

四季降水均偏多，春季为1961年以来历史同期次多值。冬季（2009年12月至2010年2月），中国平均降水量为43.7毫米，比常年同期偏多14.2%。春季（2010年3—5月），中国平均降水量168.4毫米，较常年同期偏多21%，为1961年以来历史同期次多值。夏季（2010年6—8月），中国平均降水量323.9毫米，比常年同期偏多2.6%。秋季（2010年9—11月），中国平均降水量139.4毫米，较常年同期偏多15.9%，为1984年以来最大值。

2010年，全国共出现暴雨1540站·日，比常年（1267站·日）偏多21.5%，共有98站·日降水量突破历史极值。

### 1.1.2 气温

2010年，中国年平均气温9.5℃，较常年偏高0.7℃，为1961年以来第10高值，也是1997年以来连续第14个偏高年份（图1.3）。除东北及河北东北部、新疆北部偏低外，全国大部地区气温偏高，青藏高原及新疆南部和东部、甘肃中部、宁夏大部、云南、四川南部等地偏高1～2℃（图1.4）。从各省（区、市）年平均气温距平来看，西藏等26省（区、市）年平均气温较常年持平或偏高，云南年平均气温为1961年以来最高值，青海、西藏为第3高值；辽宁等5省（市）年平均气温偏低（图1.4）。

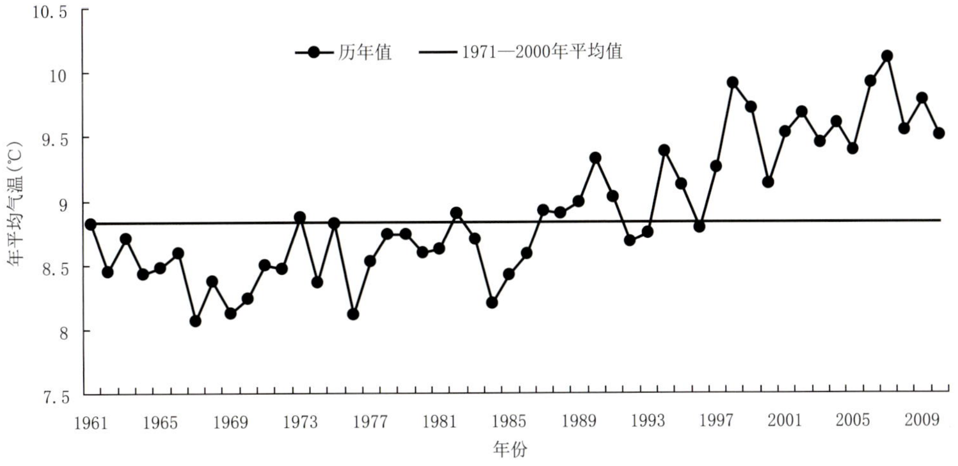


图1.3 1961—2010年全国年平均气温变化

Fig. 1.3 Annual average temperature in China from 1961 to 2010(unit:℃)

春季气温偏低，冬、夏、秋均偏高，夏季气温为1961年以来历史同期最高值。冬季，中国平均气温−3.6℃，较常年同期（−4.3℃）偏高0.7℃。春季，中国平均气温9.5℃，比常年同期偏低0.1℃，为1997年以来首次低于常年。夏季，中国平均气温21.5℃，比常年同期偏高1.1℃，为1961年以来历史同期最高值。秋季，中国平均气温10.2℃，比常年同期偏高1.0℃。

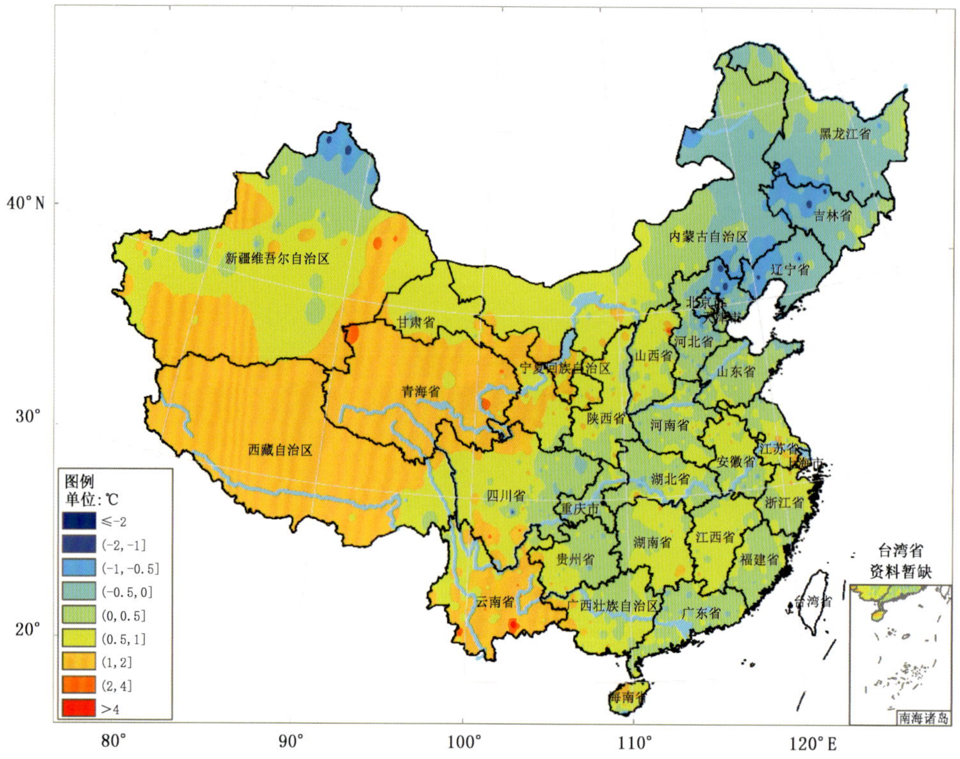


图 1.4　2010 年全国平均气温距平空间分布

Fig. 1.4　Spatial distribution of annual average temperature anomaly in China in 2010 (unit:℃)

## 1.2　主要气象灾害

2010 年,中国因气象灾害造成农作物受灾 3743.0 万公顷,受灾人口 42494.2 万,因灾死亡(失踪)4800 余人,直接经济损失约 5097.5 亿元。总体来看,2010 年气象灾害造成的损失为 21 世纪以来最大。

2010 年主要粮食(小麦、水稻、玉米)产区前期气候条件偏差;年内降水资源丰沛,但阶段性持续少雨导致部分江河湖库水资源匮乏;冬季严寒、夏季高温使部分地区采暖或降温耗能增加;强降雨等不利天气对交通的影响为近 10 年最重。

暴雨洪涝和干旱为 2010 年主要气象灾害,造成的直接经济损失占 2010 年气象灾害总损失的 80%以上,受灾面积分别占气象灾害总受灾面积的 47%和 35%;低温冷冻和雪灾受灾面积占 11%;风雹占 6%;热带气旋占 1%(图 1.5)。

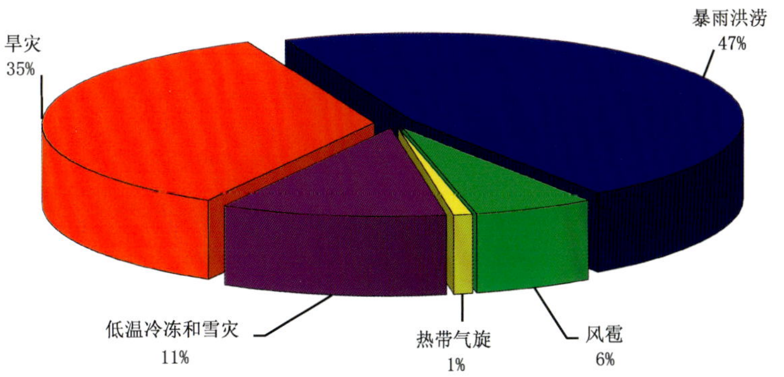


图 1.5　2010 年中国主要气象灾害受灾面积占总受灾面积比率

Fig. 1.5　The proportion of covered areas of main meteorological disasters over China in 2010

### 1.2.1　干旱

2010 年由于各地降水量季节分布不均，造成了区域性和阶段性气象干旱。西南地区发生历史罕见秋冬春特大干旱；华北及内蒙古中东部夏旱明显；黄淮、华北南部及江淮北部发生秋冬连旱。总体来讲，2010 年，中国干旱受灾面积较常年偏小，且明显小于 2009 年，但区域性和阶段性干旱严重，属干旱灾害中等年份。受旱面积较大或旱情较重的省(区、市)有云南、贵州、内蒙古、河北、吉林、山西、甘肃、湖南、四川、广西、重庆、黑龙江、陕西、湖北、山东、江苏等。

2010 年全国农作物受旱面积 1325.8 万公顷，绝收面积 267.4 万公顷，受旱面积较常年偏少 1270.8 万公顷(图 1.6)，其中，云南、贵州、内蒙古、河北、吉林、山西 6 省(区)因旱绝收面积占全国因旱绝收面积的 88.7%。干旱造成全国 12704.2 万人次受灾，饮水困难人口达 3384.2 万人次；因旱造成的直接经济损失达 756.7 亿元。

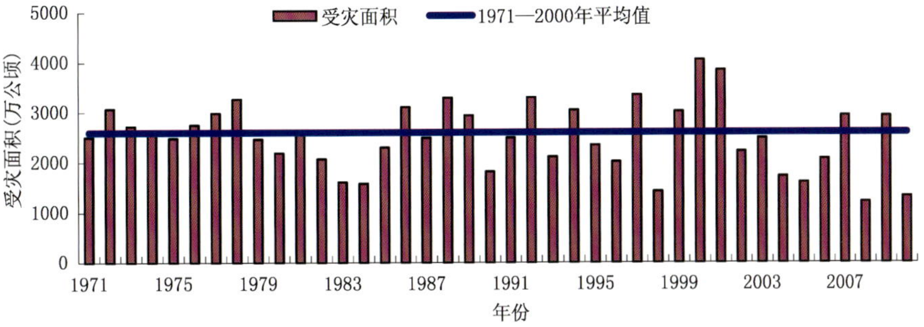


图 1.6　1971—2010 年中国干旱受灾面积

Fig. 1.6　Drought affected areas in China from 1971 to 2010

### 1.2.2　暴雨洪涝

2010 年，暴雨过程频繁，降雨强度大，导致多流域汛情并发，滑坡和泥石流等次生灾害严重。3 月江南出现历史罕见早汛；5—7 月南方遭受 14 次强降雨轮番袭击，汛情严重；7 月中旬至 9 月上旬，北方出现严重暴雨洪涝；甘肃舟曲局地强降雨引发特大山洪泥石流灾害；云南、贵州、四川等地汛期频发泥石流、滑坡灾害；10 月上中旬，海南出现历史罕见持续性强降水。据统计，2010 年全国因暴雨洪涝及其引发的滑坡、泥石流灾害共造成近 2 亿人次受灾，因灾死亡(含失踪)4079 人；农作物受灾面积 1750 多万公顷，绝收 165 万公顷；倒塌房屋 222 万间；直接经济损失 3505 亿元。总体上看，2010 年全国暴雨洪涝灾害造成的损失明显高于 20 世纪 90 年代以来的平均水平，暴雨洪涝灾害属于偏重年份。江西、吉林、四川、湖南、陕西、湖北、甘肃等省受灾较重。

### 1.2.3 台风

2010年，西北太平洋和中国南海共有14个热带气旋(指中心附近最大风力≥8级的热带气旋，下同)生成，其中1002号“康森”(Conson)、1003号“灿都”(Chanthu)、1006号“狮子山”(Lionrock)、1008号“南川”(Namtheum)、1010号“莫兰蒂”(Meranti)、1011号“凡亚比”(Fanapi)、1013号“鲇鱼”(Megi)先后在中国登陆。7个登陆热带气旋中，有3个集中在8月末至9月上旬；5个登陆地点在福建；“凡亚比”和“鲇鱼”登陆强度强。

2010年热带气旋生成个数较常年偏少，登陆个数接近常年，造成的经济损失低于近10年平均水平，死亡人数明显少于1991—2009年平均，属于热带气旋灾害偏轻年份。影响较大的有“灿都”(Chanthu)、“凡亚比”(Fanapi)和“鲇鱼”(Megi)。

### 1.2.4 冰雹与龙卷

2010年全国共有30个省(区、市)1692个县(市)次出现冰雹，47个县(市)次出现龙卷。全国降雹县次数较常年偏多，出现龙卷县次数较常年偏少。据有关部门统计，全年因风雹灾害共造成218.0万公顷农作物受灾，直接经济损失350.9亿元。受灾面积和经济损失均较2009年偏轻，但局部地区灾情较重。

### 1.2.5 低温、霜冻和雪灾

2010年，全国因低温冷冻灾害和雪灾造成农作物受灾412.1万公顷，占气象灾害总受灾面积的11%，绝收24.1万公顷；4000多万人次受灾，51人死亡(1人失踪)；直接经济损失318.3亿元，占全年气象灾害总损失的6.0%。2010年全国低温冷冻灾害和雪灾的受灾面积较常年偏大，同2009年相比，受灾面积减少，但死亡人数和直接经济损失增大，总体而言为近10年受灾偏重年份之一。年内主要低温冷冻灾害和雪灾事件有：年初，东北、华北发生近40年罕见冬春持续低温，新疆北部遭遇强降雪；春节期间，全国大部气温偏低，南方地区出现大范围低温雨雪；春季，雨雪多，降温强，范围广，灾害重；秋季，东北部分地区及内蒙古东部遭受雪灾；岁末，冷空气活动多，气温下降明显。

2010年，全国平均霜冻日数(日最低气温≤2℃)144天，较常年偏少约11天，是自1994年以来连续第17年少于常年值。全国平均降雪日数为24天，比常年偏少10天，也是自1994年以来连续第17年少于常年值。1961年以来，全国平均霜冻日数和降雪日数均呈现出明显减少趋势。

### 1.2.6 夏季高温

2010年夏季(6—8月)，中国高温范围广、强度大，全国平均高温日数为1961年以来历史同期最多，黑龙江、内蒙古、甘肃3个北方省份夏季高温日数也位居历史同期第一。6月下旬，东北大部出现大范围罕见的高温天气，多地日最高气温突破历史记录；7月下旬至8月下旬，南方地区高温持续时间长、范围广。持续高温给当地人体健康、能源及农业生产等均造成了不利影响。

### 1.2.7 沙尘天气

2010年，中国共出现19次沙尘天气过程，其中16次出现在春季。春季北方沙尘日数较常年同期偏多，是2000年以来第3多的年份。3月19—22日的强沙尘暴天气是2010年影响范围最广的一次沙尘天气过程。2010年春季中国沙尘天气的主要特点是首发时间晚，发生时段集中；沙尘日数少；沙尘过程次数偏多，但强度偏弱。

## 1.3 气象干旱的时空分布特征

### 1.3.1 全国干旱概况

2010 年，中国旱区主要分布在内蒙古、东北、华北、西南、华南、西北、黄淮、江淮以及江南等地（图 1.7）。存在 3 个明显的干旱中心，分别是西南大部和华南西部组成的南方旱区，内蒙古中部和东部、东北中部和北部部分地区组成的北方旱区，以及华北中南部、江淮和黄淮大部组成的东部旱区。2009 年 9 月至 2010 年 3 月中旬，西南出现有气象记录以来最严重的秋冬春连旱，持续干旱造成云南、四川、广西等地森林火灾频发，秋冬播农作物和经济林果受灾严重，江河湖堰库水位明显下降，人畜饮水困难，经济社会发展和人民群众生产生活受到严重影响（中国气象局，2011）。云南、贵州、四川、重庆以及甘肃、青海、河北、湖北、湖南、广西、广东等地共 8000 多万人受灾，直接经济损失超过 300 亿元；其中，云南、贵州、四川、广西自 2009 年 9 月受干旱影响，灾情最为严重，直接经济损失 280 多亿元。内蒙古东部、吉林西部和河北北部的夏旱造成近 600 万公顷农作物受灾，至少 80 万公顷农作物绝收，有 197.2 万人、433.4 万头大牲畜因旱发生饮水困难，内蒙古数十万头（只）牲畜死亡。华北、黄淮等地出现的秋冬连旱，共造成河南、江苏、山东、安徽 275 万公顷农作物受灾，受灾人口 1800 多万，直接经济损失超过 20 亿元。山东因旱受灾 838.7 万人，饮水困难 14.9 万人，饮水困难大牲畜 18.1 万头；农作物受灾面积 77.0 万公顷；全省有 338 座小型水库干涸；直接经济损失 8.9 亿元。河南小麦受旱面积达 90.3 万公顷，其中严重干旱 10 万公顷。江苏徐州、连云港、宿迁 3 市受灾人口 486.2 万；农作物受灾面积 41.5 万公顷，绝收 1.5 万公顷；直接经济损失 6.7 亿元。安徽阜阳、蚌埠、淮南、滁州、六安、亳州、宿州 7 市受灾人口 542.1 万，农作物受灾面积 66.3 万公顷，直接经

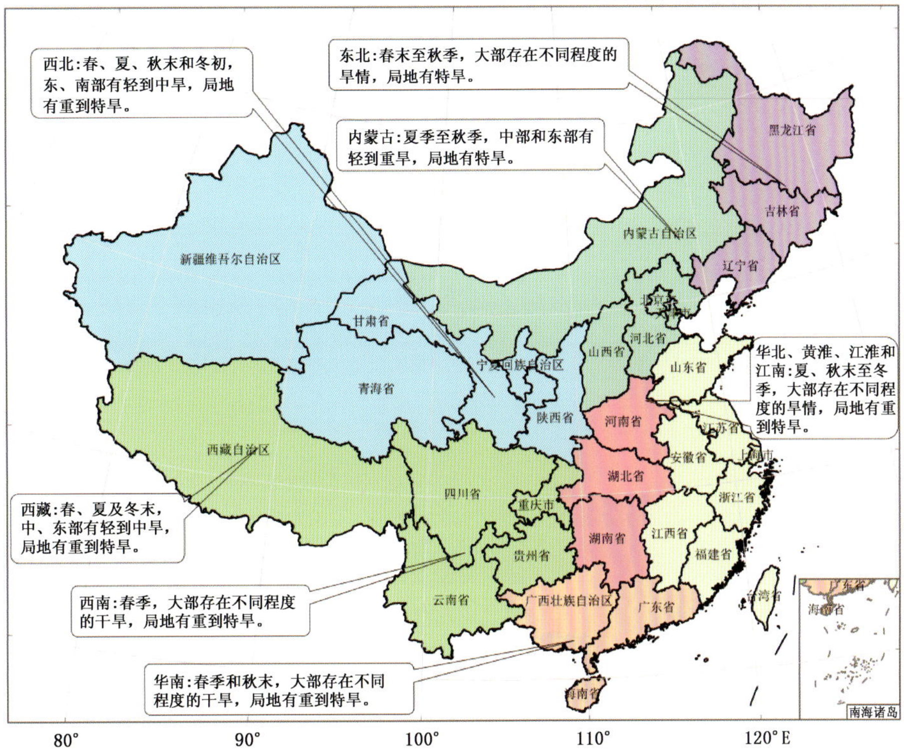


图 1.7 2010 年中国旱情分布

Fig. 1.7 Distribution of drought situations in China in 2010

济损失 4.7 亿元(中国气象局,2011)。

2010 年,西南地区干旱主要发生在 3—4 月,包括云南、四川、贵州和重庆在内的 4 省、市均有不同程度的旱情,云南旱情最为严峻。自 2009 年 9 月以来西南地区发生秋冬春三季连旱,3 月中旬,西南干旱发展到最严重程度,大多数区域旱情基本维持在重旱等级以上;3 月下旬起,西南部分旱区出现降雨,贵州、云南以及四川等地气象干旱得到缓解或解除;至 5 月底,除云南中北部以及贵州西部部分地区存在轻度气象干旱外,西南大部分旱区旱情基本解除。旱情演变如图 1.8 所示。

截至 4 月下旬,云南农作物受灾 308.5 万公顷,绝收 90.9 万公顷;贵州农作物受灾 163.9 万公顷,绝收 46.0 万公顷;四川小春作物受旱 5.7 万公顷,重旱 2.7 万公顷,绝收 1.1 万公顷,有 30 万人、51 万头牲畜因旱饮水困难。

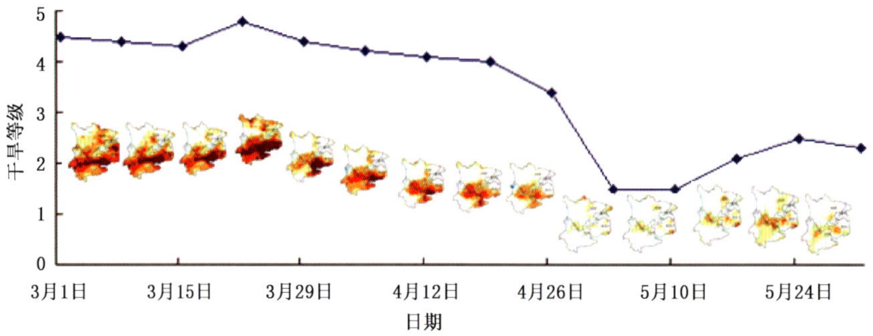


图 1.8　2010 年 3—5 月西南地区旱情演变

Fig. 1.8　Evolution of drought situations in Southwest China from March to May of 2010

2010 年,华南地区干旱主要发生在 3—4 月以及 10 月下旬至 12 月中旬两个时段内。3 月广西大部延续 2 月旱情,仍存在轻到中旱,桂东北和桂西北区域存在中度以上气象干旱,河池北部存在特旱,海南大部存在轻到中旱,中、东部存在重旱;4 月中旬起,广西旱情开始缓解,桂西南和桂东南区域旱情解除,桂北大部存在中到重旱,海南旱情加剧,大部存在重度以上气象干旱,中、东部有特旱;4 月下旬,各地旱情继续缓解,仅广西西北部存在轻到中旱;5 月,全区基本无旱情。10 月下旬,华南再次出现干旱,广西大部出现轻到中旱,粤西北出现轻旱;至 11 月中旬,桂西南和桂东北区域存在重到特旱,粤西存在轻到中旱,局地存在重旱;月末,旱情稍有缓解,存在轻到中旱;12 月上旬,广东旱情发展,大部存在轻到中旱;中旬后,旱情缓解,全区基本无旱情。总体来讲,2010 年,华南旱情最为严峻的时段是 3—4 月,其旱情演变趋势见图 1.9 所示。

截至 4 月下旬,广西农作物受灾面积 128.2 万公顷,绝收 8.3 万公顷。

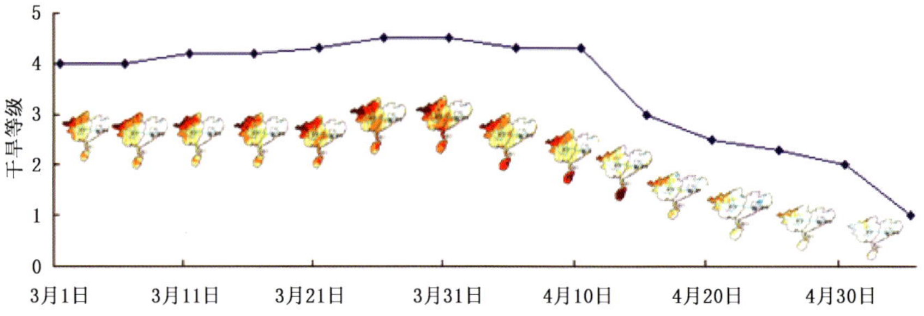


图 1.9　2010 年 3—4 月华南地区旱情演变

Fig. 1.9　Evolution of drought situations in South China from March to April of 2010

在北方旱区中，6月下旬，内蒙古东部根河市存在轻到重旱，并持续发展；7月上旬至8月上旬，内蒙古东部的赤峰市、中部锡林浩特市和西部呼和浩特市附近出现轻到中旱；8月中、下旬，西部和东北部旱情缓解，中部旱情持续；9月，旱情发展，中、东部存在中度以上气象干旱，东部的新巴尔虎左旗、中部的西乌珠穆沁旗附近存在特旱；10月，旱情开始缓解，局地存在轻旱；11月上旬，东部局地再次出现中旱；中旬起，旱情缓解，全区基本无旱情。总体来讲，7—9月是内蒙古旱情最为严峻的时段，其旱情演变见图1.10所示。

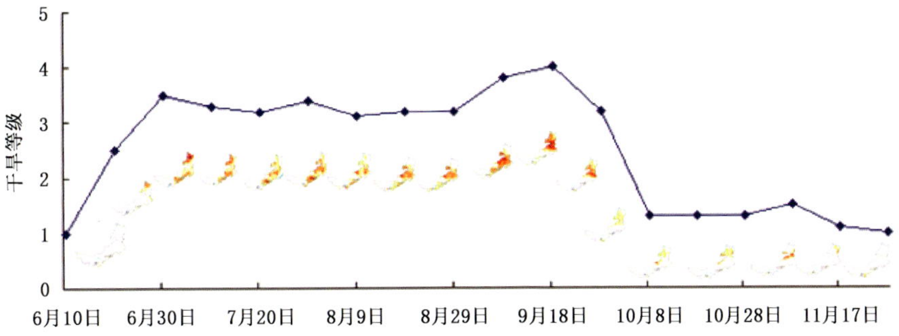


图1.10　2010年6月中旬至11月下旬内蒙古旱情演变

Fig. 1.10　Evolution of drought situations in Inner Mongolia of China from Mid June to late November of 2010

2010年，东北地区旱情主要发生在黑龙江和吉林两省，其旱情演变见图1.11所示。5月上中旬，黑龙江大兴安岭地区存在轻到重旱，漠河县存在重度以上气象干旱；下旬，旱情缓解，局地存在轻旱；6月中旬，旱情再次发展，大兴安岭、小兴安岭地区和牡丹江半山区存在轻到中旱，并持续发展；7月，旱情缓解，仅牡丹江市和漠河县局地存在轻到中旱，其余区域旱情解除；8月下旬至9月上旬，松嫩平原出现轻到中旱；9月中旬起，旱情加剧，全省均存在不同程度的干旱，西南部出现重到特旱；10月，旱情缓解，基本以轻到中旱为主，且范围不断缩小；11月下旬，全省基本无干旱。6月中旬，吉林东部出现轻到中旱，中旱区位于延边自治州；6月下旬，旱情发展，全省均有不同程度的旱情；7月上旬，旱情有所缓解；7月中旬到9月上旬，西部存在轻到重旱，其余区域无旱；9月中旬，西部旱情发展，大部分区域存在重度以上气象干旱，局地有特旱；10月后，旱情开始缓解；11月中旬后，全省基本无旱情。

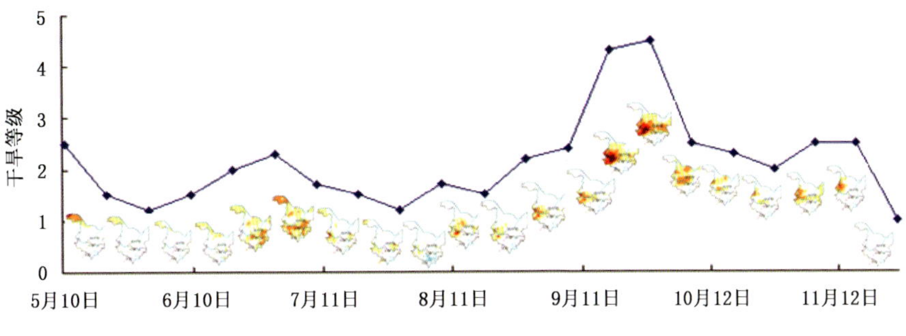


图1.11　2010年5—11月东北地区旱情演变

Fig. 1.11　Evolution of drought situations in Northeast China from May to November of 2010

2010年，西北地区干旱主要发生在甘肃、宁夏、青海以及陕西4省区的3月上旬至4月中旬、7月至9月中旬以及11月下旬至12月3个时段内。3月上旬至4月中旬，青海南部牧区和东部农区，甘肃的陇中、陇南、陇东以及陕北高原，宁夏中部和南部存在轻到中旱，局地有重到特旱；4月下旬，陕西、宁夏旱情解除，甘肃南部、青海南部牧区和东部农区存在轻到中旱；5月下旬，青海旱情解除，5

月底，甘肃旱情解除。7月，甘肃南部、陕西大部再次出现轻到中旱；7月下旬至8月上旬，甘肃陇中存在轻到中旱，陕西关中平原和秦巴山地旱情解除，陕北高原大部存在中旱；8月中旬至9月中旬，陕西旱情解除，陇中和青海东部存在轻到中旱；9月下旬后，全区基本无旱情。11月下旬，青海东部农区，甘肃陇中、陇东、陇南以及陕西大部，宁夏中、南部再次出现轻到中旱，陇南和陕北高原局部地区存在重旱；至12月下旬，旱情缓解，宁夏旱情解除，甘肃陇中、陇南存在轻旱，陇东有中旱，陕西大部存在轻到中旱。

2010年，西藏地区旱情主要发生在3月中旬至4月、6月中旬至8月中旬以及2011年2月3个时段内。2010年3月中旬，西藏中、东部局部地区存在轻到中旱，中旱区位于东部昌都地区；3月下旬，昌都地区出现重旱；4月，旱情有所缓解，以轻到中旱为主；5月后，旱情基本解除。6月中旬，西藏中部再次出现轻到中旱，局地有重旱，并持续发展；至6月底，中部尼玛县一带存在重到特旱；7月中旬，旱情开始缓解，重到特旱基本解除；8月下旬后，全区基本无旱情。2011年2月，西藏山南以及日喀则南部再次出现轻到中旱。

2010年，所属东部旱区的华北、黄淮、江淮和江南地区各省均有不同程度的干旱。3月中下旬，华北南部、黄淮北部存在轻到中旱；4月上旬，旱情发展，山西南部出现重度以上气象干旱；4月下旬，旱情有所缓解，局地存在轻旱；5月中旬至6月中旬，华北南部和山东北部存在中等以上气象干旱；6月下旬，旱情发展，河北南部、山西大部存在中等以上气象干旱，江淮存在轻到中旱；7月下旬，黄淮、江淮地区旱情缓解，局地存在轻旱；至8月底，整个华北、黄淮和江淮区域基本无干旱；10月中旬，旱情再次发展，山西南部、黄淮东部存在轻到中旱，并持续发展；至10月下旬末，整个黄淮地区均存在不同程度的干旱，山东菏泽市附近存在重旱，山西旱情开始缓解或解除；11月上旬，江淮地区出现轻到中旱；至11月中旬，江淮大部存在中度以上气象干旱，局地有重到特旱；11月下旬，江淮、黄淮、华北中部和南部大部分地区存在中度以上气象干旱，黄淮东部存在特旱；12月中旬，华北南部和黄淮存在重到特旱，并持续发展；至2011年2月中旬，黄淮西部旱情有所缓解，特旱区消失，华北南部基本无旱，黄淮东部旱情持续；2月底，华北、黄淮及江淮等地降水量普遍在5毫米以上，华北南部、黄淮、江淮等地为10～20毫米，部分地区超过20毫米，大部分地区气象干旱得到有效缓解。总体来看，2010年11月至2011年2月是华北、黄淮、江淮地区旱情最为严峻的时段，尤其是1月，其旱情演变趋势见图1.12所示。

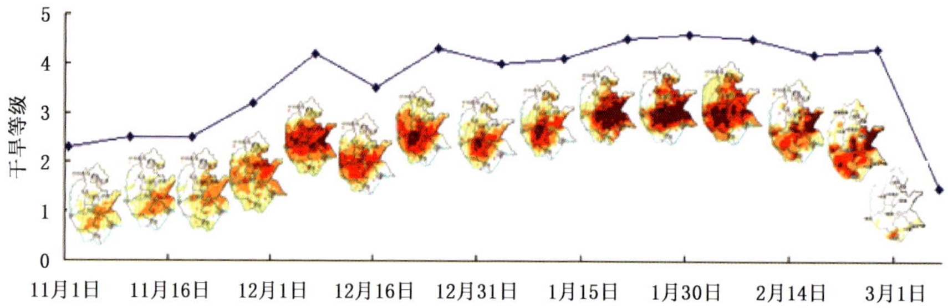


图1.12 2010年11月至2011年2月华北、黄淮、江淮地区旱情演变

Fig. 1.12 Evolution of drought situations in North China, Huang-Huai and Jiang-Huai area of China from November of 2010 to February of 2011

江南地区的干旱主要发生在10月至12月上旬。10月上中旬，江西南部存在轻到中旱；10月下旬，湘东南出现轻到中旱，并持续发展；至11月中旬，江南大部均有不同程度的干旱，湘东南存在重到特旱；11月下旬，湘东南旱情缓解，以轻到中旱为主，赣南旱情发展，存在中等以上气象干旱；12月上旬，湖南基本无干旱，江西南部存在轻到中旱；12月中旬后，江南地区基本无干旱。江南地区旱

情演变趋势见图 1.13 所示。

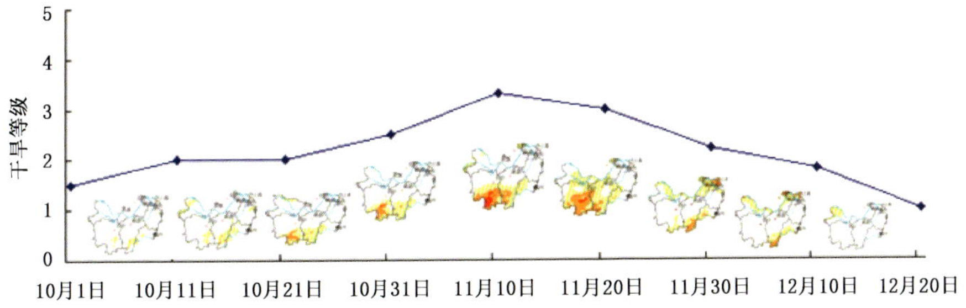


图 1.13　2010 年 10 月至 12 月中旬江南地区旱情演变

Fig. 1.13　Evolution of drought situations in Jiangnan area of China from October to Mid-December of 2010

2010 年全国干旱受灾面积 1325.8 万公顷，较常年偏小，是近 20 年来受灾面积次小的年份，且明显小于 2009 年(图 1.14)，但该年区域性和阶段性干旱异常严重，属干旱灾害中等年份。全国因旱农作物绝收面积 267.4 万公顷，其中云南、贵州、内蒙古、河北、吉林、山西 6 省(区)因旱绝收面积占全国因旱绝收面积的 88.7%；干旱造成全国 12704.2 万人受灾，饮水困难人口达 3384.2 万；因旱直接经济损失 756.7 亿元(中国气象局，2011)。

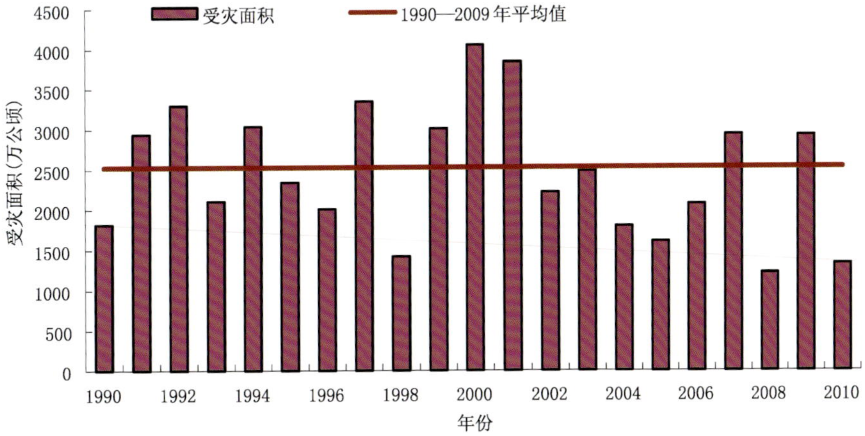


图 1.14　1990－2010 年全国干旱受灾面积变化

Fig. 1.14　Drought affected areas from 1990 to 2010 in China (unit: $10^4$ $hm^2$)

### 1.3.2　不同级别干旱概况

根据逐日 MCI 指数得到各等级旱日频率的空间分布(图 1.15)。具体来看，轻旱频率全国平均为 13.8%，内蒙古东北部、华北地区、黄淮地区、江南西南部、华南西部、西南地区东北部和西南部、西北地区东部以及西藏地区中部在 20%以上，是轻旱发生的高频区域，尤其是甘肃东南部、华北南部、四川东部以及云南和广西部分区域，轻旱频率在 25%以上，局地甚至超过 30%；全国其余大部地区轻旱发生频率为 10%～25%(图 1.15a)。中旱频率全国平均为 6.66%，内蒙古东北部、华北西南部、西南地区中南部以及甘肃东南部、西藏中部等地中旱频率在 10%以上，尤其是内蒙古东北部和西南地区西南部局地，发生频率在 15%以上，全国其余大部地区中旱频率在 5%左右(图 1.15b)。重旱频率全国平均为 2.58%，内蒙古东北部、黄淮中部、西南地区南部以及海南、甘肃东南、西藏中部局地发生频率较高，频率在 5%以上，西南地区南部、内蒙古东北部局地重旱频率达 15%～20%，全国其余大部地区重旱发生频率在 2%左右(图 1.15c)。特旱频率全国平均为 0.88%，范围很小，频率较低，高频区域主要位于云南、贵州、广西 3 省交界处，发生频率在 5%以上，局地高于 10%，全国其余大部地区发生频率在 2%左右(图 1.15d)。

总体来看，2010 年全国除了西南地区南部存在较大面积的重旱区域外，总体偏轻，以轻到中旱为主，内蒙古东北部、黄淮地区、西南地区中南部以及广西、海南、甘肃东南部、西藏中部等区域是各等级干旱发生的高频区域，其余大部地区干旱出现频率较低。

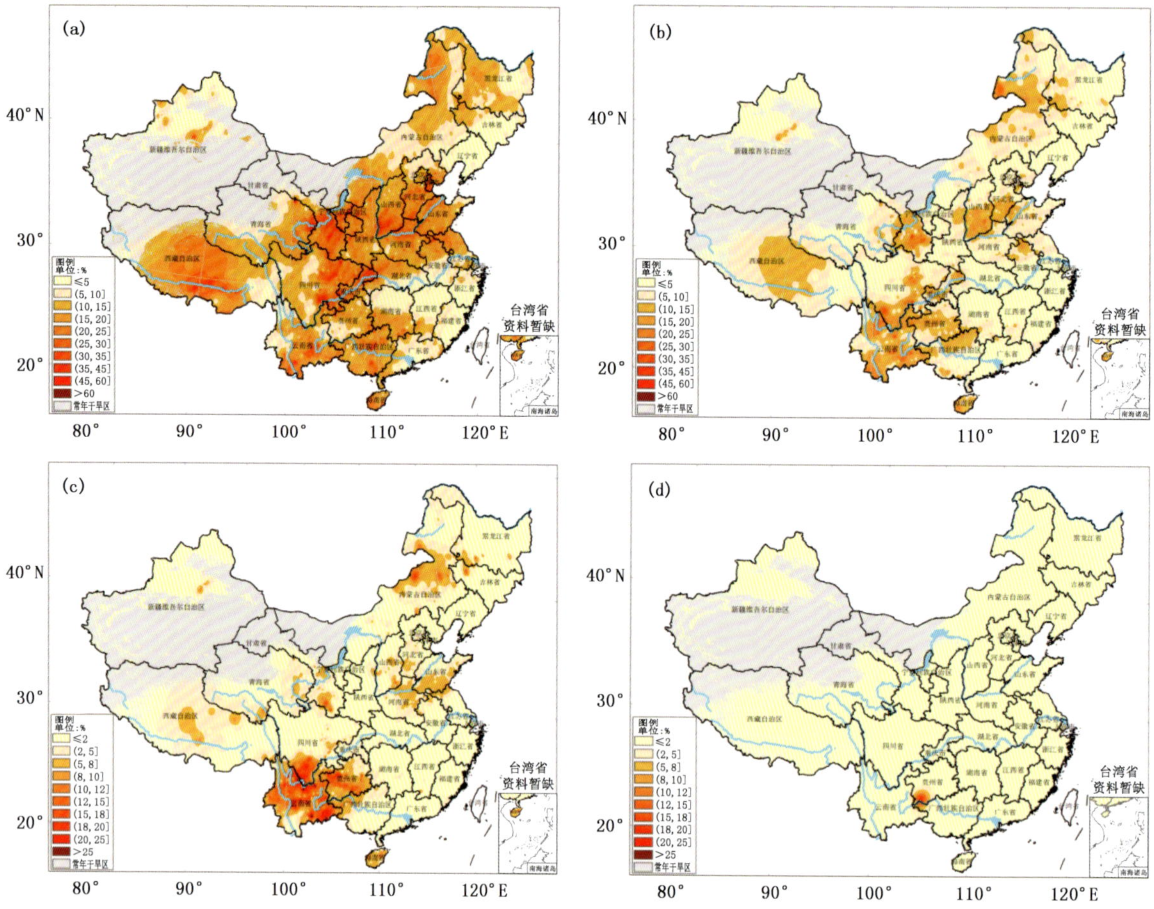


图 1.15　2010 年各等级旱日频率分布

(a)轻旱；(b)中旱；(c)重旱；(d)特旱

Fig. 1.15　Frequency of drought day with different grades over China in 2010 (unit: %)

(a)light drought; (b)moderate drought; (c) heavy drought; (d)extreme drought

## 1.4　中旱以上干旱日数分析

### 1.4.1　中旱以上干旱累计日数特征

2010 年各省(区、市)中旱累计日数分布(图 1.16)显示，全国有 27 个省(区、市)出现中旱，中旱累计日数超过 40 天的有 16 个省(区、市)，高于 30 年平均的有 5 个省(市)，云南省最多，达 116 天；超过 30 天的也是以上 16 个省(区、市)，主要分布在东北、华北、黄淮、华南、西南、西北地区以及内蒙古；新疆、浙江、吉林和辽宁该年未出现中旱。

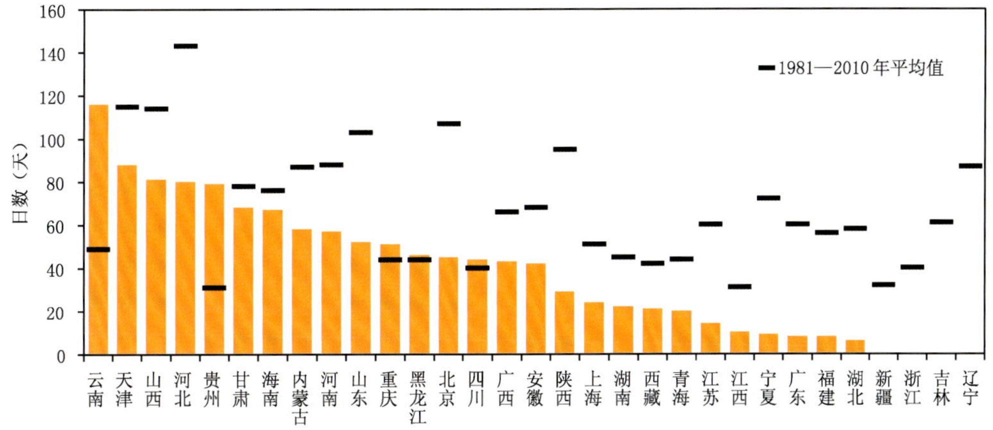


图 1.16　2010 年各省(区、市)中旱累计日数

Fig. 1.16　Accumulative days of moderate drought in different province (Autonomous Region, Municipality) of China in 2010 (unit:d)

2010 年各省(区、市)重旱累计日数分布(图 1.17)显示，全国有 15 省(区、市)出现重旱，其中重旱累计日数超过 10 天的有 7 个省(市)，高于 30 年平均的有 3 个省，云南省最多，达 90 天；云南省既是重旱超过 80 天的唯一省份，也是中旱超过 110 天的唯一省份。

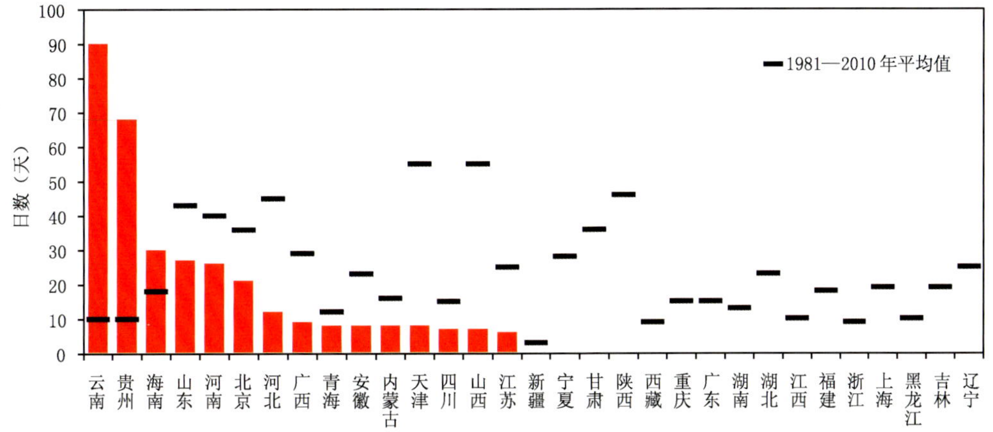


图 1.17　2010 年各省(区、市)重旱累计日数

Fig. 1.17　Accumulative days of heavy drought in different province (Autonomous Region, Municipality) of China in 2010 (unit:d)

2010 年各省(区、市)特旱累计日数分布(图 1.18)显示，全国有 10 省(区、市)出现特旱，特旱累计日数超过 10 天的有 5 个省，高于 30 年平均的有 2 个省，贵州省最多，达 91 天，云南省为次多，与贵州省一并成为特旱超过 70 天的 2 个省份。

结合各省(区、市)中旱、重旱以及特旱累计日数特征，云南、贵州、海南、山西、山东、河北、河南 7 省表现出旱情累计日数多、程度重的特征，北京、广西、青海、江苏 4 省(区、市)则相对表现出旱情累计日数少，但程度重的特征。

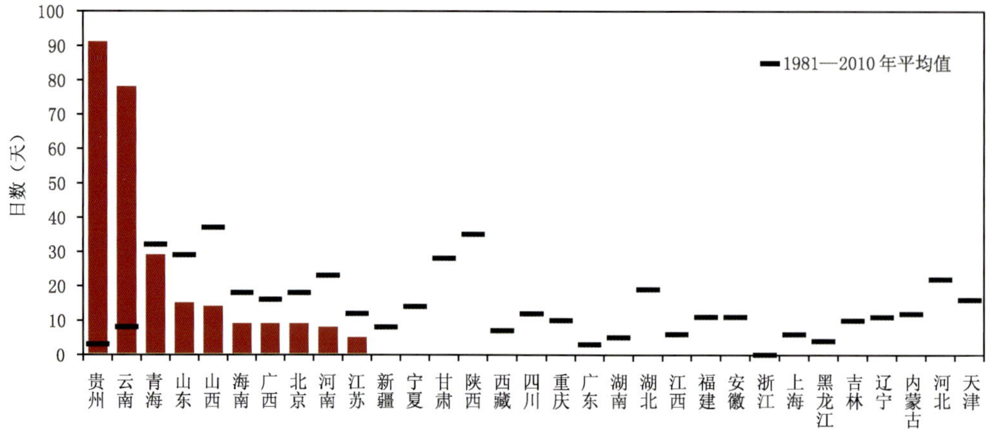


图 1.18　2010 年各省(区、市)特旱累计日数

Fig. 1.18　Accumulative days of extreme drought in different province (Autonomous Region, Municipality) of China in 2010 (unit: d)

### 1.4.2　中旱以上旱情逐月分布特征

2010 年 1 月全国各省(区、市)旱情空间分布(图 1.19)显示,全国大部分地区旱情较轻,存在中旱以下旱情,甘肃、四川、重庆、西藏 4 省(区、市)为中旱区,云南、贵州 2 省则旱情较重,中旱、重旱、特旱旱情均有出现。

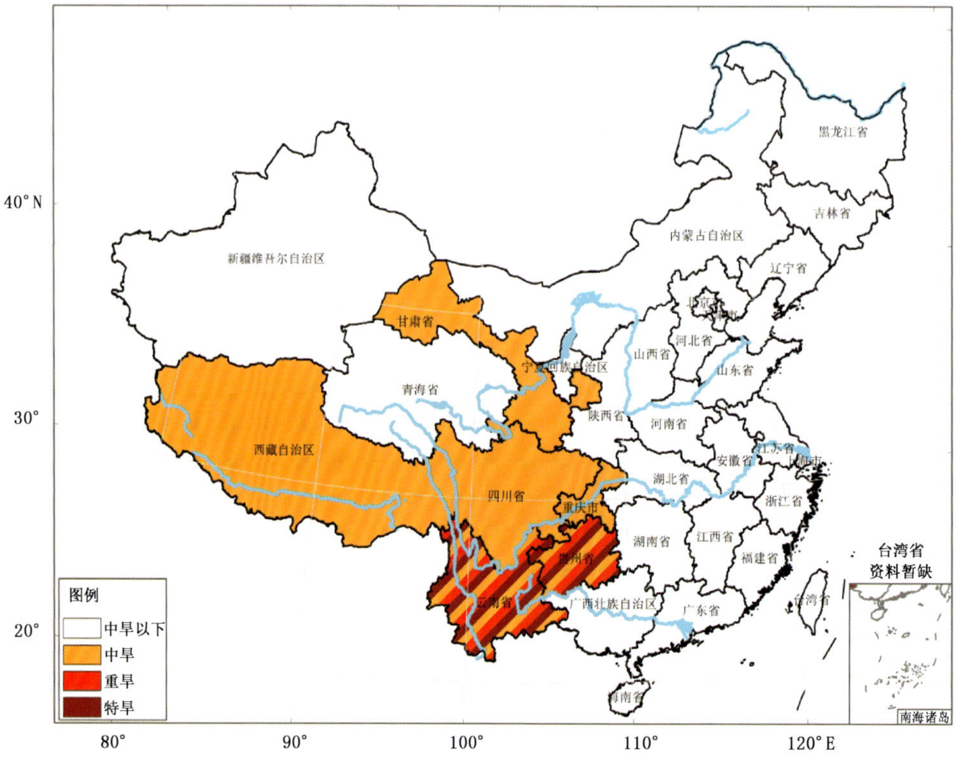


图 1.19　2010 年 1 月全国旱情空间分布特征

Fig. 1.19　Distribution of drought situation in China in January of 2010

2010年2月全国各省(区、市)旱情空间分布(图1.20)显示，全国旱情范围稍有减小，主要是由于西藏地区旱情缓解，中旱旱情东移至青海省；1月出现中旱以上旱情的其余5个省(市)，旱情程度不变；其余地区旱情没有变化。整体来说，2月的旱情覆盖范围稍有减小、程度变化不大。

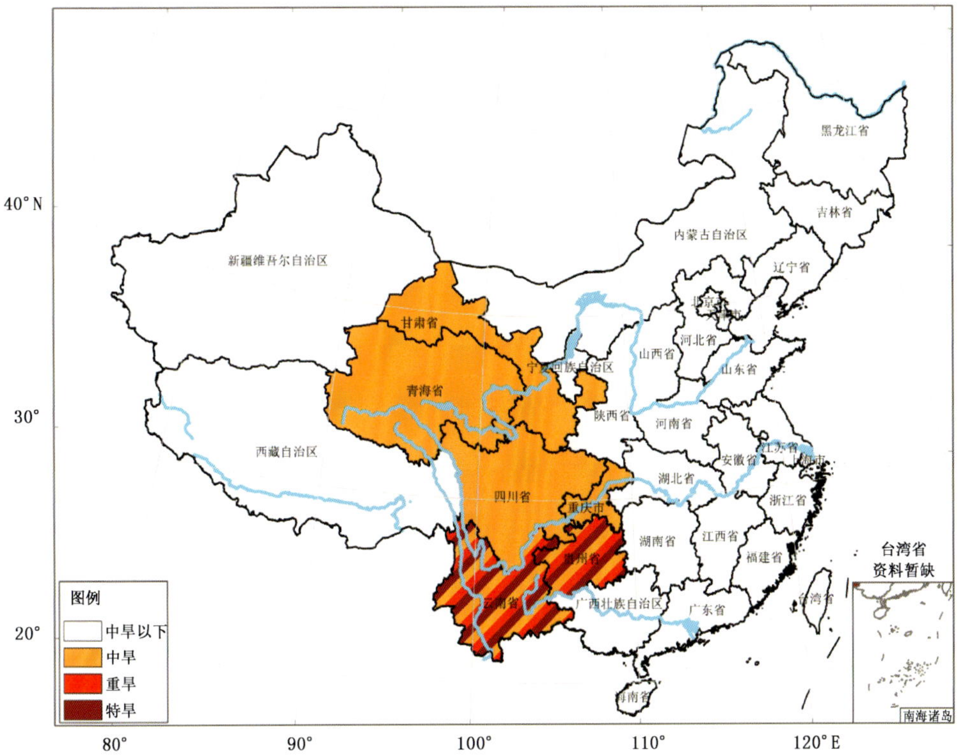


图1.20　2010年2月全国旱情空间分布特征

Fig. 1.20　Distribution of drought situation in China in February of 2010

2010年3月，旱情范围变化不大，但程度加重(图1.21)。青海省旱情加重，除中旱外，还有特旱出现；四川、云南2省旱情不变；贵州省旱情由中到特旱转为重旱到特旱；甘肃省和重庆市旱情解除，但旱区向东向南扩展；广西出现了中到特旱；海南省出现了中旱。整体来看，较2月的旱情分布特征，3月旱情整体范围变化不大、程度有所加重，旱区向东南方向转移，集中在西南地区及其周边。

2010年4月，旱情范围减小，除西藏地区外程度均有所变化(图1.22)。四川省旱情解除；云南省由中旱到特旱转为中旱和特旱；贵州省由重旱到特旱转为中旱到特旱；广西由中旱到特旱转为中旱和特旱；海南省旱情加重，除中旱外还出现了重旱和特旱。

2010年5月，随着雨季的来临，全国范围内的旱情得到缓解(图1.23)。各省(区、市)的旱情基本解除，没有中旱以上的旱情出现。

2010年6月，全国个别地区又出现旱情(图1.24)。华北地区的山西省、河北省、天津市以及上海市和海南省均有中旱出现。整体来看，全国旱情较轻。

2010年7月，旱情范围扩大，程度加重(图1.25)。旱区向北扩展，内蒙古出现中旱；华北地区旱情加重，山西省有特旱出现，河北省和北京市有重旱出现；海南省也出现了重旱，旱情加重；黄淮地区的河南省也有中旱旱情出现。整体来看，全国旱情发生地区集中在中北部地区，较6月范围扩大，程度加重。

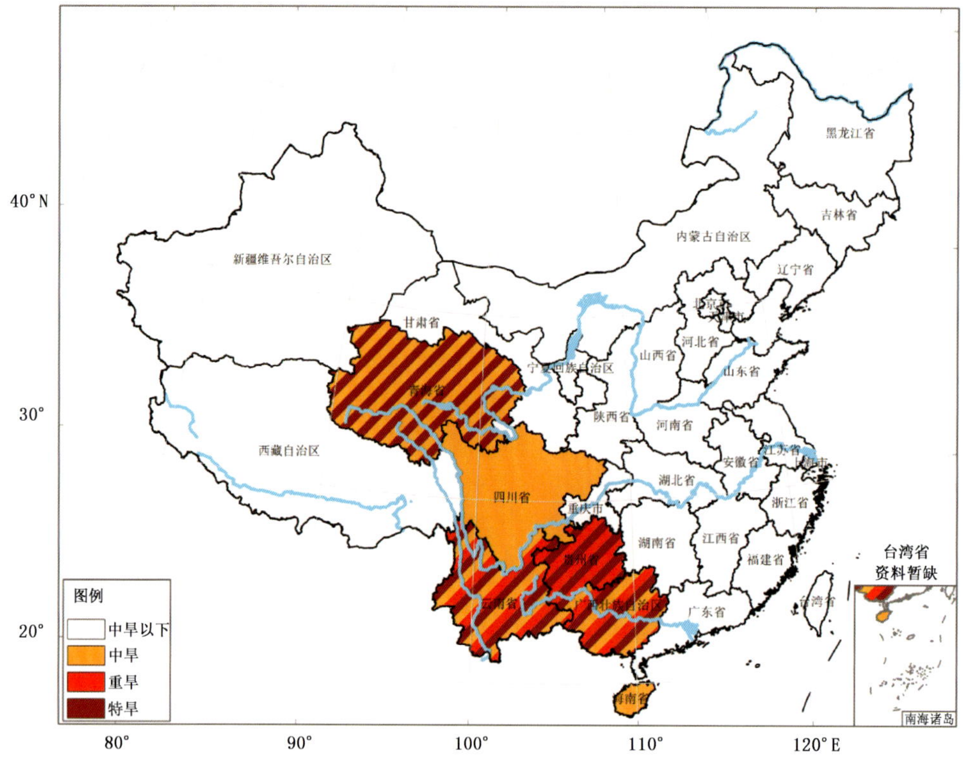


图 1.21　2010 年 3 月全国旱情空间分布特征

Fig. 1.21　Distribution of drought situation in China in March of 2010

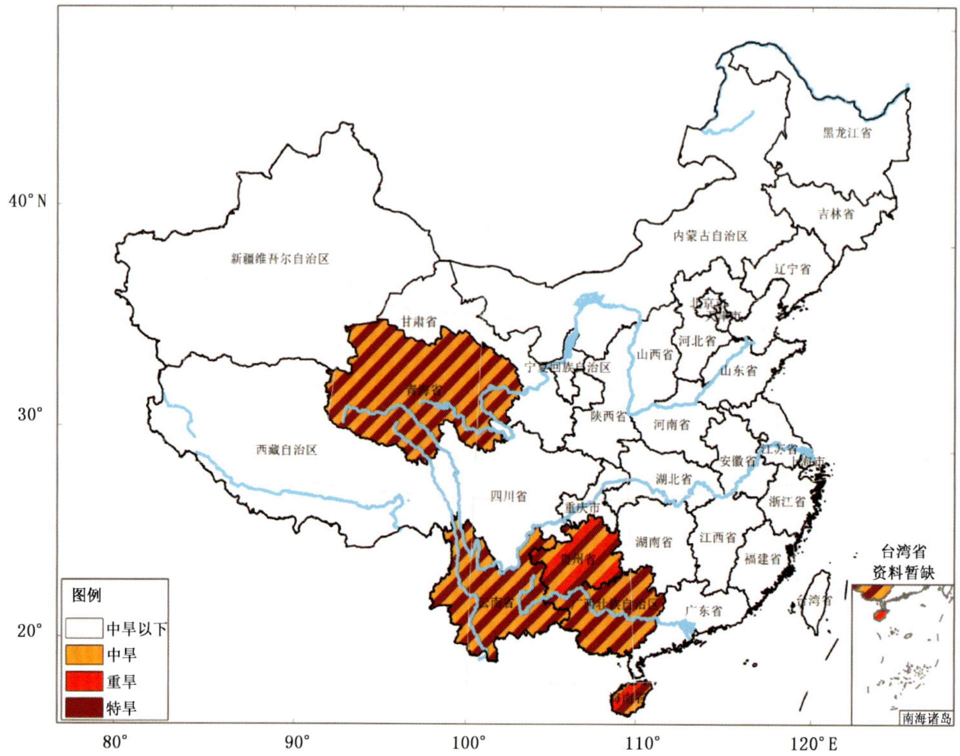


图 1.22　2010 年 4 月全国旱情空间分布特征

Fig. 1.22　Distribution of drought situation in China in April of 2010

图 1.23　2010 年 5 月全国旱情空间分布特征

Fig. 1.23　Distribution of drought situation in China in May of 2010

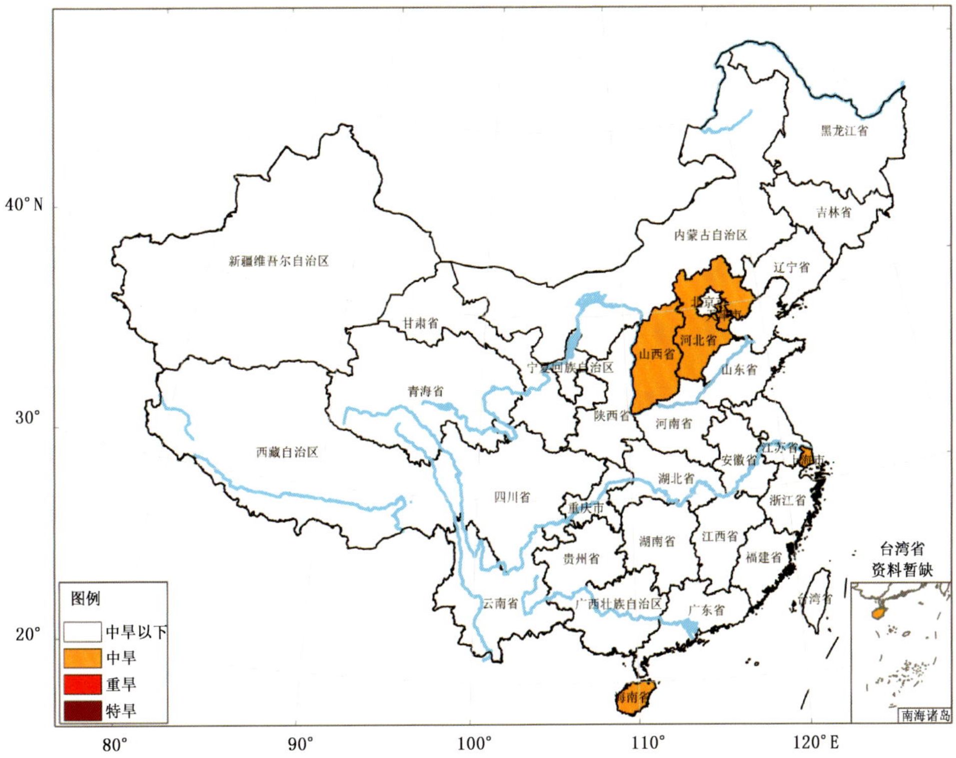


图 1.24　2010 年 6 月全国旱情空间分布特征

Fig. 1.24　Distribution of drought situation in China in June of 2010

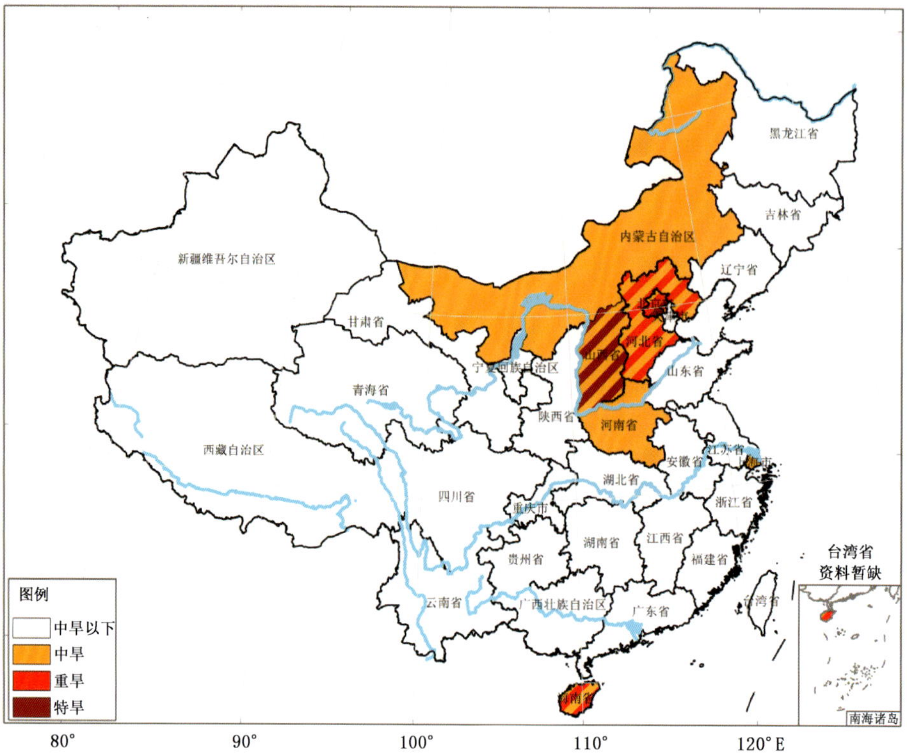


图 1.25　2010 年 7 月全国旱情空间分布特征

Fig. 1.25　Distribution of drought situation in China in July of 2010

2010 年 8 月，全国旱情范围变化不大，分布位置稍有变化，程度也略有改变(图 1.26)。北部旱情向西扩展，宁夏和甘肃有中旱出现；华北地区的河北和北京旱情由中旱到重旱转为单一重旱；河南和上海旱情解除，海南旱情减轻；天津、贵州又有新的中旱旱情出现。

2010 年 9 月，山西、河北以及南方的贵州和海南旱情解除，内蒙古、甘肃、北京和天津等地仍有中旱存在(图 1.27)。整体来看，旱情覆盖范围减小，集中分布在北部，程度减弱。

2010 年 10 月，旱情范围进一步缩小，并向东北转移，全国除黑龙江省出现新的中旱旱情外，其余地区的旱情均基本解除(图 1.28)。整体来看，旱情覆盖区域进一步减小，程度较轻。

2010 年 11 月，旱情向东部和南部地区发展，大致集中在东部 3 个区域(图 1.29)。东北部包括黑龙江；东部包括华北地区的山西、河北和天津，以及黄淮、江淮地区的河南、山东、安徽和江苏；南部包括重庆、湖南和广西。出现旱情的地区均为中旱。整体来看，旱情覆盖范围扩大，程度仍以中旱为主。

2010 年 12 月，东北地区和南部地区的旱情得以解除，东部地区的旱情向西北扩展，甘肃和陕西出现了中旱；黄淮地区旱情加重，河南发展为重旱，山东则出现重旱和特旱(图 1.30)。整体来看，旱情发生地区集中在中东部，程度较 11 月有所加重。

2010 年全国各省(区、市)旱情连续最长持续时间特征(图 1.31)显示，各省(区、市)中旱旱情连续最长持续时间最长达 87 天(云南省)，重旱旱情连续最长持续时间最长达 87 天(云南省)，特旱旱情连续最长持续时间最长达 88 天(贵州省)。可见，旱情连续最长持续时间特征也反映出 2010 年旱情主要集中在西南、西北和华北地区，特别是西南地区，干旱影响较为严重，即影响程度重、持续时间长。

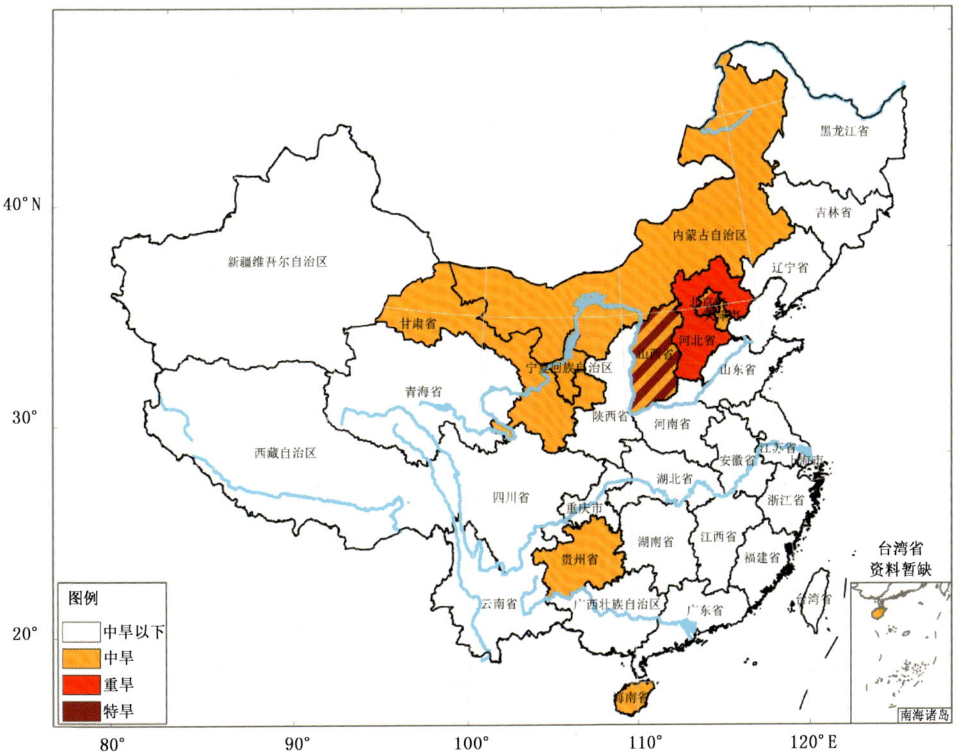


图 1.26　2010 年 8 月全国旱情空间分布特征

Fig. 1.26　Distribution of drought situation in China in August of 2010

图 1.27　2010 年 9 月全国旱情空间分布特征

Fig. 1.27　Distribution of drought situation in China in September of 2010

图 1.28　2010 年 10 月全国旱情空间分布特征

Fig. 1.28　Distribution of drought situation in China in October of 2010

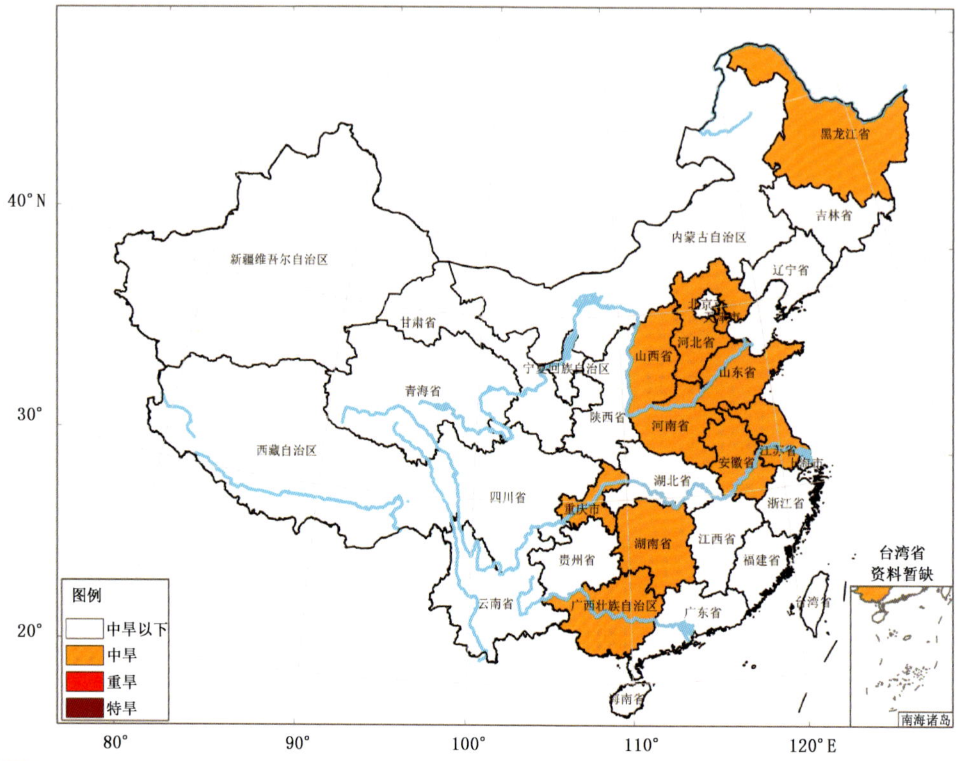


图 1.29　2010 年 11 月全国旱情空间分布特征

Fig. 1.29　Distribution of drought situation in China in November of 2010

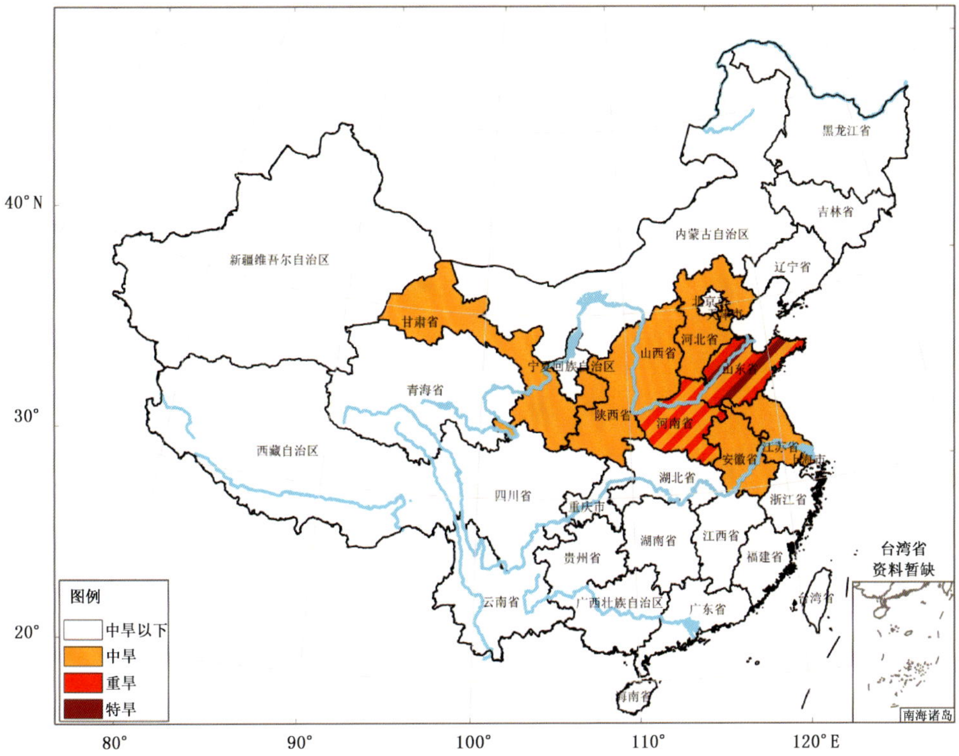


图 1.30　2010 年 12 月全国旱情空间分布特征

Fig. 1.30　Distribution of drought situation in China in December of 2010

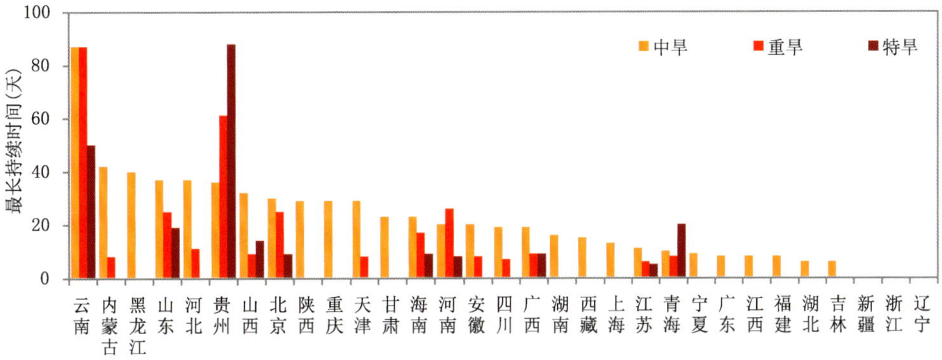


图 1.31　2010 年各省(区、市)旱情连续最长持续时间

Fig. 1.31　The longest continuous days of drought in provinces of China in 2010

2010 年全国出现旱情的主要季节分布特征(图 1.32)显示,各省(区、市)旱情在不同季节出现的区域相对较为集中。冬季旱情主要集中出现在西北和西南地区,包括甘肃、四川、重庆、云南、贵州以及西藏地区。春季旱情主要出现在西北、西南和华南地区,主要发生在青海、云南、贵州、广西和海南。夏季旱情主要出现在内蒙古和华北地区,主要发生在内蒙古、山西、河北、北京、天津,另外还有上海和海南。秋季旱情主要出现在东北和华北地区,包括黑龙江以及天津。

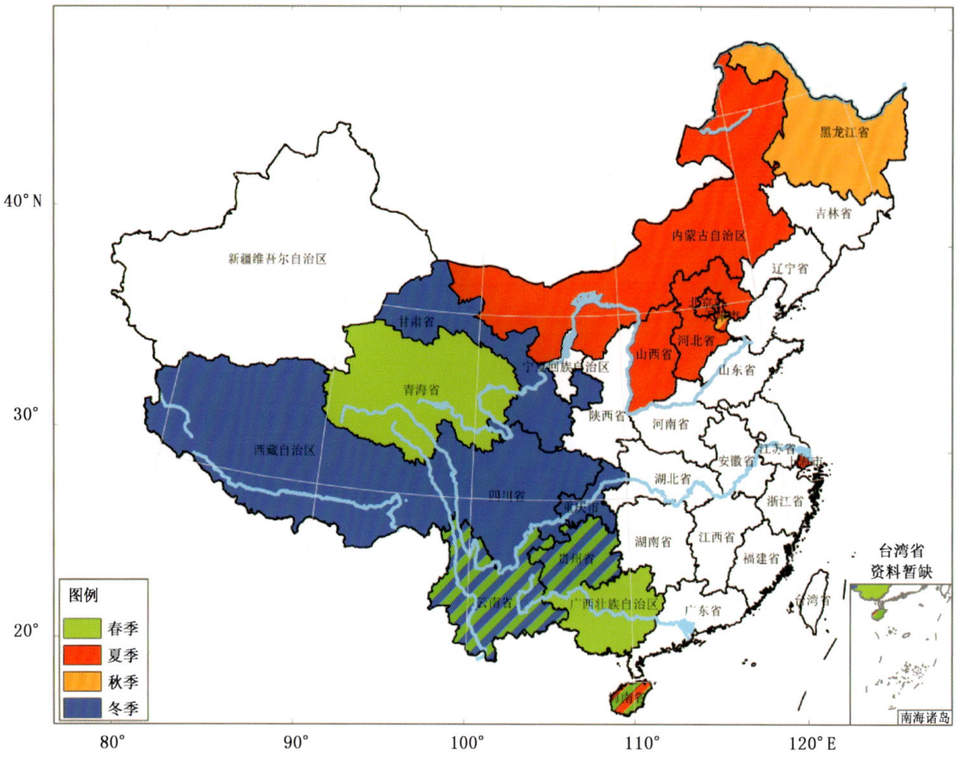


图 1.32　2010 年各省(区、市)旱情主要出现季节

Fig. 1.32　The main season of drought in provinces of China in 2010

# 第 2 章　区域干旱事件

2010 年，中国干旱面积总体较常年偏小，明显小于 2009 年，属干旱灾害中等年份，但区域性和阶段性干旱严重。主要存在 3 个干旱事件，即西南地区历史罕见秋冬春特大干旱，华北及内蒙古中东部夏旱明显，黄淮、华北南部及江淮北部秋冬连旱。

## 2.1　西南地区历史罕见秋冬春特大干旱

### 2.1.1　干旱状况

2010 年西南地区出现有气象记录以来最严重的秋冬春连旱，突破西南地区气象历史记录，位列当年中国十大天气气候事件之首。

2009 年秋至 2010 年春西南地区严重干旱(图 2.1)，自 2009 年 9 月开始一直延续到 2010 年 4 月，持续了 3 个季度计 8 个月，秋、冬、春三季连续大旱。同时，降水偏少严重(图 2.2)，自 2009 年 9 月至 2010 年 4 月，云南、贵州、广西西北部以及西藏东南部降水比常年同期偏少 40%以上，有些地区偏少 60%以上，达到持续严重干旱。2009 年 9 月至 2010 年 3 月中旬，云南、贵州、四川南部、重庆南部、广西北部持续少雨，气温偏高，降水量比常年同期偏少 30%～80%，云南、贵州降水量均为有气象观测记录以来最少值，平均气温分别为历史同期最高值(云南)和第 3 高值(贵州)。持续干旱造成云南、四川、广西等地森林火灾频发，农作物受灾严重，江河湖库水位明显下降，人畜饮水困难，社会经济发展和人民群众生产生活受到严重影响。

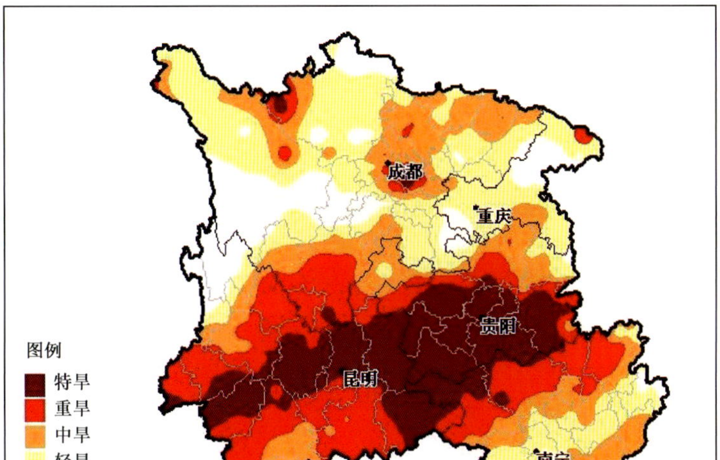


图 2.1　2010 年 3 月 21 日西南地区气象干旱监测图

Fig. 2.1　Sketch of meteorological drought in Southwest China on March 21,2010

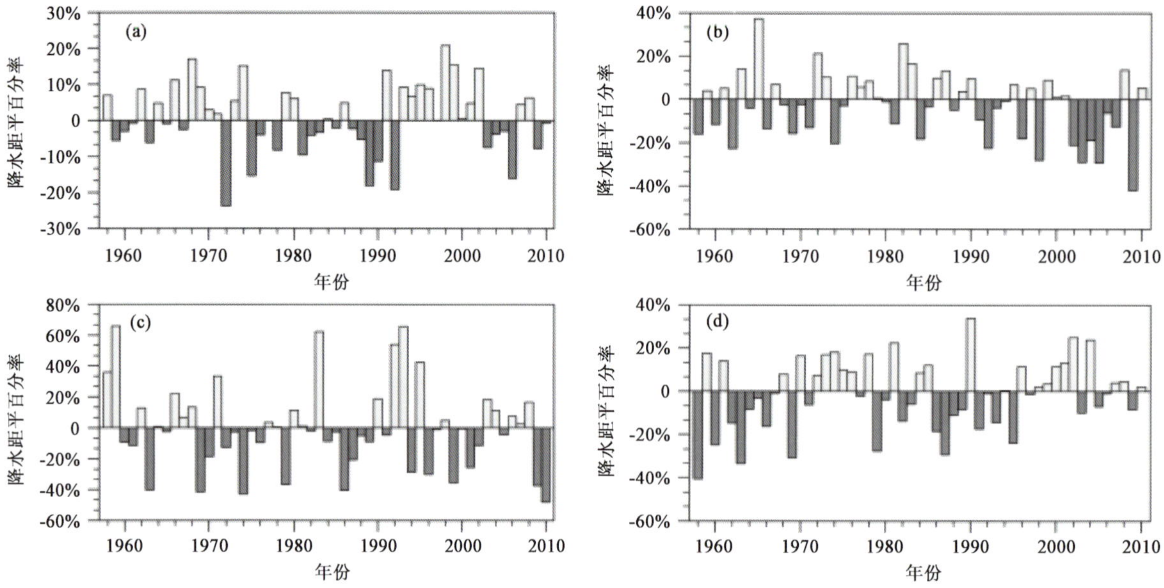


图 2.2 中国西南地区夏季(a)、秋季(b)、冬季(c)和春季(d)平均降水距平百分率的年际变化

Fig. 2.2 Inter-annual variations of rainfall anomaly percentages in Southwest China averaged for summer(a), autumn(b), winter(c) and spring(d)

### 2.1.2 干旱的演变过程

2009 年秋季，西南地区的云南、贵州、广西西北部和青藏高原的东部降水偏少 40%以上，发生干旱。到了 2009 年冬季，如图 2.2 所示，西南地区干旱不论面积还是程度都进一步发展。一方面，干旱不仅扩展到青藏高原东侧，即云贵高原的云南、贵州和广西西北部，而且从青藏高原的东南部扩展到高原的中部和东北部；另一方面，冬季降水距平百分率－40%线包括了整个青藏高原和云贵高原以及四川、重庆地区，特别在云南、贵州和青藏高原东部和东北部降水偏少了 60%以上，发生了严重干旱。2010 年 3—4 月，干旱区域分成两片，一片是青藏高原的南部和西部，另一片是云南、贵州和广西北部，这些区域 3—4 月降水仍偏少 40%左右，而四川、重庆地区的干旱得到缓和。因此，这次西南地区干旱以云南、贵州和广西西北部发生的干旱经历时间最长，跨越了 3 个季度，其他地区只跨越了 2 个季度或只有 1 个季度，并且降水偏少程度最严重的地区也在云南、贵州和广西西北部。从上面分析可以看到，这次西南严重干旱经历了三个阶段：第一阶段，干旱的起始阶段，在 2009 年秋季，干旱主要发生在云贵高原，降水比常年偏少 40%；第二阶段，干旱的发展阶段，在 2000 年冬季，降水比常年偏少 40%～60%，干旱范围从云贵高原扩展到整个青藏高原，干旱加重；第三阶段，干旱的衰减阶段，在 2010 年 3—4 月，干旱区域分成两片，四川、重庆地区干旱缓和，云南、贵州和广西西北部干旱持续。之后，西南地区干旱结束。

### 2.1.3 干旱成因分析

#### 2.1.3.1 大气环流异常状况

分析西南地区 2009 年秋、冬季和 2010 年 3—4 月 700 百帕、500 百帕、850 百帕南亚和东亚上空大气环流的异常情况。

700 百帕环流场的异常。图 2.3 给出了 2009 年秋季(9—11 月)、冬季(12—2 月)和 2010 年春季(3—4 月)东亚和南亚地区上空 700 百帕风场距平和 500 百帕垂直运动距平分布。从图 2.3a 可以看到，2009 年秋季，在热带西太平洋和中国南海上空 700 百帕有一气旋性距平环流，在热带印度洋和印度半岛上空有一反气旋性距平环流，在孟加拉湾、中南半岛和青藏高原东南部、云贵高原有西北风的异常，表明来自孟加拉湾的暖湿气流偏弱，不仅造成冷暖空气难以在云贵高原地区交汇，而且使孟加拉湾的水汽不能输送到中国西南地区，而是向东流向菲律宾及以东地区。从图 2.3a 还可以看到，在中国西南地区上空 500 百帕有强的下沉运动异常。这些都不利于西南地区秋季的降水。到了 2009 年冬季(图 2.3b)，南亚和东亚地区上空 700 百帕环流场有一个很大调整，在热带西太平洋和中国南海上空有一强的反气旋距平环流，中国华南、东南沿海和长江中下游地区有强的偏南风异常，热带太平洋厄尔尼诺事件成熟之后，在热带西太平洋上空出现的反气旋环流异常会加强华南、东南沿海和长江中下游的偏南气流，并导致这些区域有强的上升运动异常(图 2.3b)，造成上述地区降水偏多。从图 2.3b 还可以看到，孟加拉湾上空也有一弱的反气旋距平环流，中国中部上空有一低压槽异常，青藏高原东南部、中部上空有西北气流异常，这使得孟加拉湾来的水汽不能输送到中国西南地区。此外，在青藏高原东南部、中部和北部上空 500 百帕有强的下沉运动的异常。这些原因造成了上述区域降水严重偏少，发生严重干旱。至 2010 年 3—4 月(图 2.3c)，热带西太平洋上空反气旋距平环流向西移动，与孟加拉湾上空反气旋距平环流合并，成为一个跨越孟加拉湾、中南半岛和中国南海的强反气旋距平环流，伴随着热带太平洋厄尔尼诺事件的衰减所产生的热带西太平洋反气旋距平环流可以维持到 2010 年春季。这个反气旋距平环流导致了我国华南、东南沿海以及日本以南的西北太平洋上空有强的西南风异常和 500 百帕强上升运动异常，造成上述区域春季降水偏多。从图 2.3c 可以看到，2010 年春季虽然在青藏高原中部和北部有西北气流的异常，

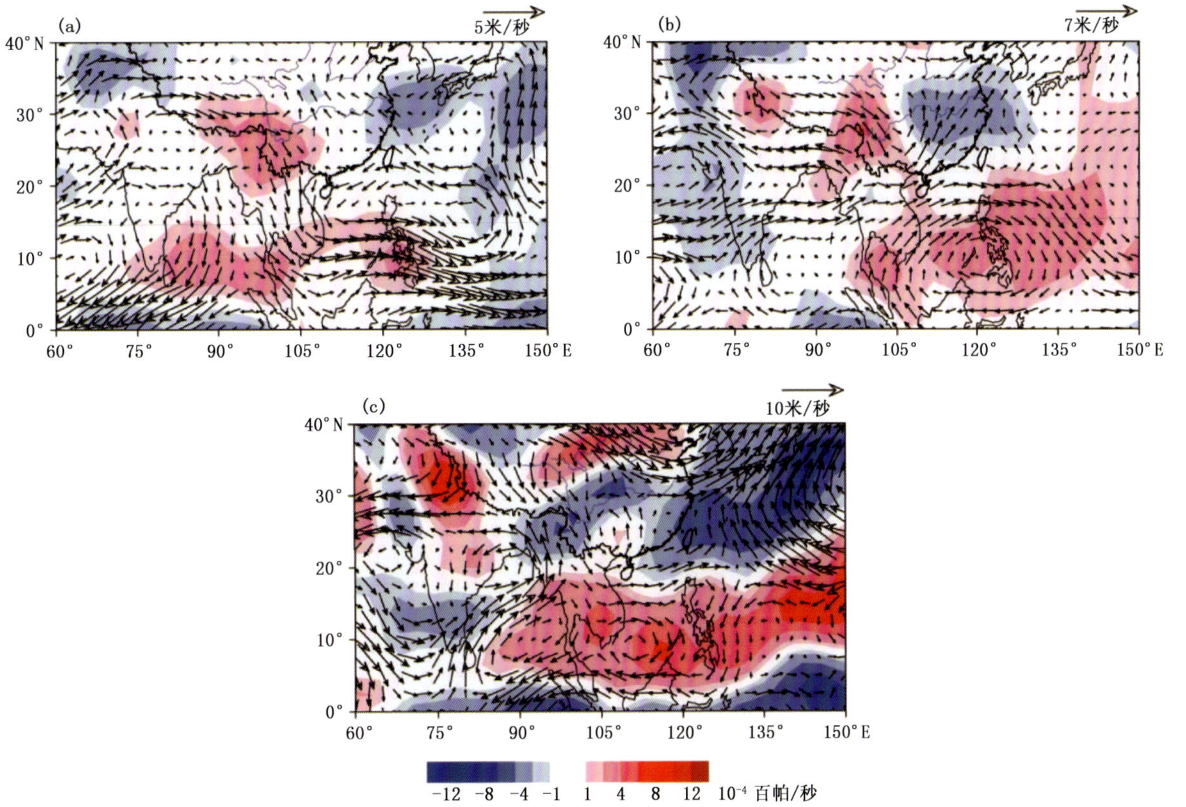


图 2.3 2009 年秋季(a)、冬季(b)和 2010 年 3—4 月(c)南亚和东亚地区上空 700 百帕距平风场和 500 百帕垂直运动距平分布(红、蓝色表示下沉和上升运动的距平)

Fig. 2.3 Distributions of the wind anomaly field at 700 hPa and vertical motion anomalies at 500 hPa over South Asia and East Asia in the autumn (a) and winter (b) of 2009 and Mar—Apr 2010 (c). (The descending and ascending motion anomalies are denoted by red and blue colors)

但在青藏高原的东侧出现了气旋性距平环流，并伴随有异常上升运动，因此，在青藏高原东侧的四川、重庆降水偏多，干旱得以缓和，而在云贵高原的东部仍为下沉运动异常，特别在云贵高原的西部和西北部仍有强的下沉运动异常，加之环流异常的原因，孟加拉湾的水汽还是难以流向上述地区，引起这些地区降水持续偏少。之后，由于青藏高原东侧所出现的气旋性环流异常和异常上升运动渐渐加强并扩展范围，才使得这次持续8个月的西南地区严重干旱结束。由于青藏高原平均海拔在4000米以上，为了解青藏高原上空环流异常对这次西南严重干旱的影响，研究分析了南亚和中亚上空500百帕的环流异常(图略)。结果表明，从2009年秋、冬季到2010年3—4月，无论热带西太平洋经我国南海到孟加拉湾上空的500百帕环流异常，或是青藏高原东南部和云贵高原上空的500百帕环流异常，基本上与上述700百帕环流异常相类似，在这3个季度期间，云贵高原上空一直出现西北气流的异常，这不利于孟加拉湾水汽流向我国西南地区，造成此地区降水持续严重偏少。导致这次西南地区严重干旱是青藏高原东南部的云贵高原上空出现长时间的西北气流和下沉运动异常，这些异常与热带西太平洋和南海上空反气旋距平环流密切相关。正是这些环流异常，才导致了孟加拉湾来的水汽难以流向我国西南地区，而是流向华南、东南沿海和长江中下游地区，引起西南地区持续严重干旱，华南、东南沿海地区降水偏多。

#### 2.1.3.2 热带海洋海表热力异常状态

热带西太平洋上空对流层低层反气旋环流异常对于我国西南地区2009年秋、冬季和2010年春季持续性严重干旱有重要影响。这个反气旋环流异常从2009年冬季一直维持到2010年春季，期间，厄尔尼诺事件达到成熟期，强对流活动中心东移到热带中太平洋上空，相对而言，热带西太平洋上空对流活动减弱，这利于热带西太平洋上空对流层下层产生反气旋环流异常。伴随热带太平洋厄尔尼诺事件的冬季和春季，沃克环流减弱以及热带西太平洋负的海温异常，使得热带西太平洋上空的对流潜热释放衰减，激发冷的罗斯贝波，使热带西太平洋上空对流层下层形成了反气旋环流异常。因此，有必要从热带海表热力状态异常来探讨这次西南地区严重干旱的影响。

2009年秋季至2010年春季热带太平洋海表热力状态异常对西南地区严重干旱的影响。图2.4给出了2009年秋、冬季和2010年3—4月热带和副热带太平洋和印度洋海表温度的距平分布。从图2.4a可以看到，2009年秋、冬季到2010年春季热带太平洋和热带印度洋热力异常所引起的低纬度地区大气环流异常以及北极涛动的异常及其所引起的北半球中高纬度大气环流的异常是西南地区此次严重干旱的成因。

2009年秋季，从热带中太平洋到热带东太平洋海表温度升高，正是厄尔尼诺事件处于发展阶段。到了2009年冬季(图2.4b)，热带中太平洋海表温度继续升高，从热带中太平洋到热带东太平洋海表温度距平为正距平，这时厄尔尼诺发展到成熟期。到2010年3—4月，如图2.4c所示，虽然热带中太平洋的海表温度开始下降，但从热带中太平洋到热带东太平洋海表温度距平仍为正，这次厄尔尼诺事件开始衰减。

2009—2010年春季热带太平洋海表温度距平的变化情况。分析2008年1月至2010年5月热带东太平洋Nino3区(5°S—5°N，150°W—90°W)以及热带中东太平洋Nino3.4区(5°S—5°N，170°W—100°W)平均海表温度距平随时间的变化(图2.4)，这次厄尔尼诺事件自2009年5月开始发展，到2009年12月热带东太平洋海表温度达到最高点，Nino3区平均海表温度距平达到1.5℃，2010年1月Nino3区平均海表温度距平开始下降，表明这次厄尔尼诺事件开始衰减，并一直持续到2010年春季。Nino3.4区平均SST距平随时间的变化也基本上与Nino3区平均海表温度距平的变化相同。以上情况表明这次厄尔尼诺事件在2009年冬季成熟，之后逐渐衰减，因此，2009年冬季和2010年春季正处于2009/2010年厄尔尼诺事件的衰减期，先在热带西太平洋上空，后从热带西太平洋经南海到孟加拉湾上空对流层下层出现了反气旋环流异常。

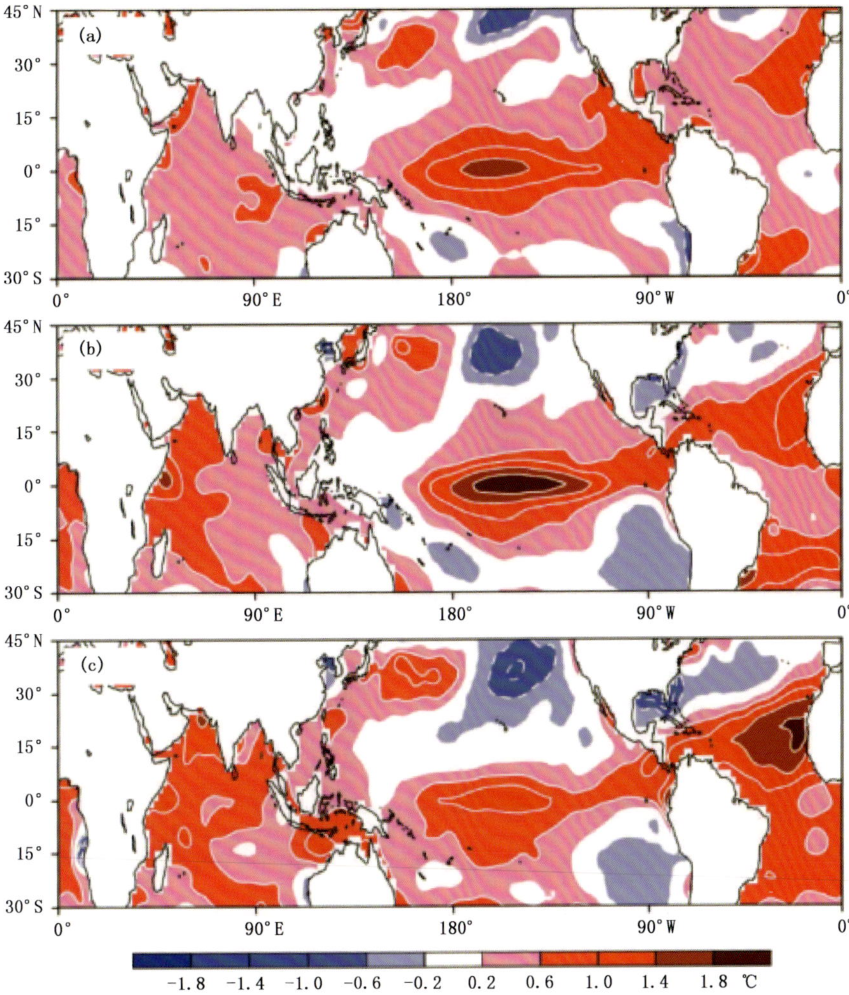


图 2.4 2009 年秋季(a)、冬季(b)和 2010 年 3—4 月(c)热带太平洋和印度洋海表温度距平分布

Fig. 2.4 Distributions of the SST anomalies in the tropical Pacific and the tropical Indian Ocean in the autumn (a) and winter (b) of 2009 and Mar—Apr 2010 (c). (The positive and negative anomalies are denoted by red and blue colors, respectively)

2009 年秋季至 2010 年春季热带北印度洋海表热力状态异常对西南地区严重干旱的影响。分析 2008 年 1 月至 2010 年 5 月热带印度洋(30°N—30°S,80°—100°E)区域平均逐月海表温度距平。热带印度洋海表温度从 2008 年 4 月开始偏高,至 2010 年春季此区域海表温度距平为最大值,达到 0.6℃。热带印度洋从 2009 年秋季至 2010 年春季的升温对于菲律宾周围热带西太平洋反气旋异常环流的形成有重要作用。热带印度洋存在滞后于热带中、东太平洋 3～4 个月的升温现象,这种滞后于赤道中、东太平洋的升温对于东亚夏季风系统的变异有重要影响。夏季西北太平洋反气旋异常与热带北印度洋海温有显著的正相关。热带印度洋冬、春季海表温度与中国西南和中南半岛上空的冬、春季降水有一个很好的负相关,而在日本北海道和日本海有一片正相关。南亚和东亚以及热带西太平洋上空冬、春季 700 百帕距平风场的分布,热带印度洋冬、春季海表温度异常与中国南海、孟加拉湾和中南半岛上空低层反气旋异常环流存在很好的正相关。这表明,若热带印度洋冬、春季海表温度偏高,则中国南海、孟加拉湾和中南半岛上空低层反气旋异常环流偏强;相反,若热带印度洋冬、春季海表温度偏低,则中国南海、孟加拉湾和中南半岛上空低层气旋异常环流偏强。

2009年冬季和2010年春季，由于热带印度洋海表温度偏高，故孟加拉湾和中南半岛上空反气旋距平风场增强。

#### 2.1.3.3 平流层环流异常

西南地区此次干旱与冬、春季热带西太平洋、孟加拉湾和中南半岛上空的环流异常密切相关，也与北半球中高纬度环流异常有一定关系，特别与东亚冬季风的变异关系密切。东亚冬季风的年际变化和异常与西伯利亚高压、阿留申低压的变化与异常密切相关，并且北半球准定常行星波在三维球面大气传播波导的年际振荡严重影响着东亚冬季风的年际变化。东亚冬季风与北极涛动北极涛动密切相关，而北极涛动依赖于北半球环状模的振荡，北半球环状模振荡直接与北半球准定常行星波传播波导的年际振荡密切相关。北半球冬季球面大气准定常行星波传播波导的振荡将会导致东亚冬季风的年际变化。

2008年1月至2010年3月逐月北极涛动值中，2009年12月至2010年3月北极涛动值为负值，特别是2010年2月北极涛动值达到－4.0，引起中国东北、华北、西北、广东及东南沿海地区冬季气温偏低。2009年冬季和2010年春季中国西北北疆地区和东部气温偏低，这与欧亚大陆中高纬度地区2009年冬季和2010年春季气温偏低相联系，青藏高原、西南地区和西北中、东部地区气温偏高，可以说是“西高东低”气温异常分布型。这种气温分布型说明到达中国西南地区的冷空气较弱，即冬、春季绕高原路径的寒潮很弱，导致中国西南地区2009年秋季至2010年春季降水偏少，发生了持续严重干旱。北极涛动与中国西南地区降水正相关，与东南沿海和华南地区的降水负相关。在北半球冬、春季，当北极涛动为负时，中国西南地区降水偏少，东南沿海地区降水偏多；相反，当北半球冬、春季北极涛动为正时，中国西南地区降水偏多，东南沿海地区降水偏少。2009年冬季和2010年春季（2009年12月至2010年3月）北极涛动值为较大的负值，因此，中国西南地区此时期降水偏少。

2009年冬季和2010年春季平流层准定常波传播波导振荡对北极涛动的影响。2009年12月至2010年3月北极涛动值为负值，特别是2009年12月至2010年2月北极涛动值为－4.0～－3.0，北极涛动的异常与北半球准定常行星波传播波导的振荡有密切相关。进一步分析2009年12月至2010年3月北半球逐月的准定常行星波E-P通量的分布，北半球准定常行星波传播的极地波导加强，低纬波导减弱，这引起60°N附近高纬地区上空对流层和平流层准定常行星波E-P通量的辐合，30°N附近上空对流层中高层准定常行星波E-P通量的辐散。根据波-流相互作用原理，2009年12月至2010年3月北半球准定常行星波传播波导的振荡将影响纬向平均流。2009年12月至2010年3月，北半球纬向平均气流在60°N附近上空的对流层和平流层西风减弱，在30°N附近的对流层中上层西风加强，导致北极涛动变成了较大的负值。

## 2.2 华北及内蒙古中东部夏旱

### 2.2.1 实况特征

2010年6—7月，华北西部、西北东北部以及内蒙古大部降水量较常年同期偏少30%～80%；内蒙古平均降水量为1961年以来历史同期最少值，华北地区为第4少值。同期，上述大部地区平均气温偏高2～4℃，内蒙古平均气温为1961年以来历史同期最高值。长时间温高雨少导致华北、西北东北部及内蒙古中东部出现不同程度干旱，内蒙古中东部、河北西部、山西、陕西北部等地一度出现重旱，局部地区达特旱，造成人畜饮水困难，农作物受灾。内蒙古中东部部分地区干旱持续到10月上旬。

2010年夏季，华北地区旱情主要发生在河北西南部、山西中部和东南部，河北西南部是河北省夏季干旱的多发区域。6月上中旬，华北东南部存在轻旱；6月下旬，河北西南部、山西东南部以及河南黄河以北部分区域出现中旱；7月上旬，河南黄河以北区域中旱解除，山西中部以及河北西南部旱情持续；7月中旬起，华北旱区旱情缓解，存在轻旱；7月底至8月上旬，旱情再次发展，山西中部、河北中部再次出现中旱。

内蒙古中东部旱情严峻。6月下旬，根河市存在中到重旱，并持续发展；7月上旬，锡林浩特市东北部和呼和浩特附近出现中旱；7月中旬，内蒙古中部和西部的旱情有所缓解，东部旱情仍持续，呼伦贝尔西部出现中到重旱；7月下旬，东部旱情缓解，存在轻旱，西部和中部再次出现重旱；8月上中旬，锡林郭勒盟北部存在中到重旱；8月下旬，呼伦贝尔西部再次出现中到重旱。

### 2.2.2 成因分析

#### 2.2.2.1 气候背景暖干化

6月，内蒙古东北部平均气温较常年同期偏高3～6℃；华北大部降水量较常年同期偏少3～8成，内蒙古东北部、山西中部、河北南部等地偏少8成以上。7月，内蒙古大部气温较常年同期偏高2～4℃，中部偏高4℃以上；降水量与常年同期相比，华北大部偏少3～8成，内蒙古中东部偏少8成以上。8月，内蒙古中东部局部地区及西部降水量较常年同期偏少3～8成。

#### 2.2.2.2 环流异常

图2.5给出了500百帕位势高度场特征。2010年6月，中纬度地区呈多波动环流形势，中国东北和西部大部分地区受弱高压脊控制，对应500百帕平均位势高度距平场，内蒙古、东北、华北大部、西南大部以及西藏大部位势高度较常年偏高，在内蒙古中东部和东北存在一位势高度正距平中心，中心值超过60位势米，这可能是造成这些区域干旱少雨原因之一。7月，中高纬度环流形势有所调整，总体呈现2脊2槽的分布形势，副热带高压北抬，我国华南以及江南地区受副热带高压控制，除北疆外，大部分地区处于蒙古高压脊内，内蒙古中部以及华北北部等地位势高度较常年明显偏高，引起内蒙古中部、西藏、西南以及华北部分区域干旱少雨，东北地区由于受东亚浅槽影响，旱情有所缓解。8月，副热带高压西伸北抬，我国西藏、西南、华南以及江南等地受其控制，江淮地区位势高度较常年明显偏高，使得该区域出现旱情，东北西北部的旱情缓解。

#### 2.2.2.3 物理量特征

明显的下沉运动是导致干旱少雨的动力因子，垂直速度场可以很好地反映下沉和上升运动（图2.6）。2010年6月，内蒙古西部和东部、东北大部以及云南部分地区处于下沉运动区，且从垂直速度距平场来看，东北地区存在明显的正距平中心，反映出这些地区下沉运动较常年明显偏强，受其影响，这些区域出现旱情。7月，内蒙古中部以及华北中北部等地仍处于下沉运动区，大部分地区旱情持续发展。8月，西藏部分地区上升运动增强，华北部分地区由下沉运动转为弱的上升运动，且从垂直速度距平图上看，这些地区也处于明显的负距平区，旱情得到一定程度的缓解；内蒙古仍受下沉运动影响，旱情持续。

700百帕相对湿度场变化表明（图2.7），2010年6—8月，内蒙古中东部、东北大部以及华北大部等严重干旱区相对湿度一直维持在50%左右，6—7月，内蒙古中东部、东北大部以及华北大部等严重干旱区处于相对湿度的负距平区，相对湿度较常年偏低15%左右，加之缺乏有利的动力条件，因此这些区域一直维持干旱少雨状态；进入8月以后，华北、东北以及西藏等区域的部分旱区相对湿度有所升高，部分地区旱情有所缓解或解除，内蒙古中部相对湿度仍维持在50%以下，且处于相对湿度的负距平区，旱情仍在持续，空中水汽不足是内蒙古夏季干旱的重要因素。

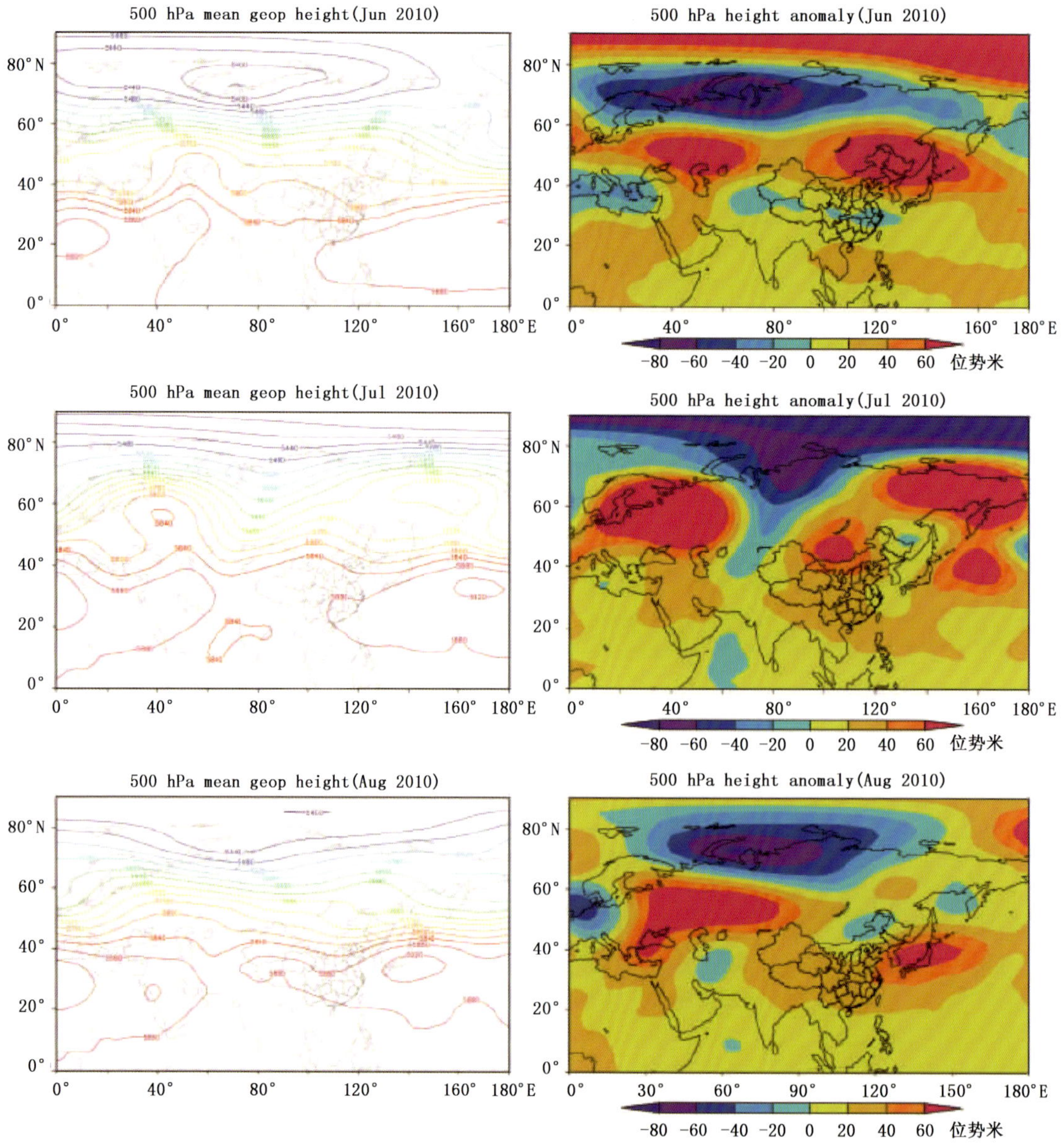


图 2.5　2010 年 6 月(上)、7 月(中)、8 月(下)500 百帕平均位势高度(左)及其距平(右)

Fig. 2.5　The 500 hPa mean geopotential height (left) and its anomaly (right) in summer 2010 (unit:gpm)

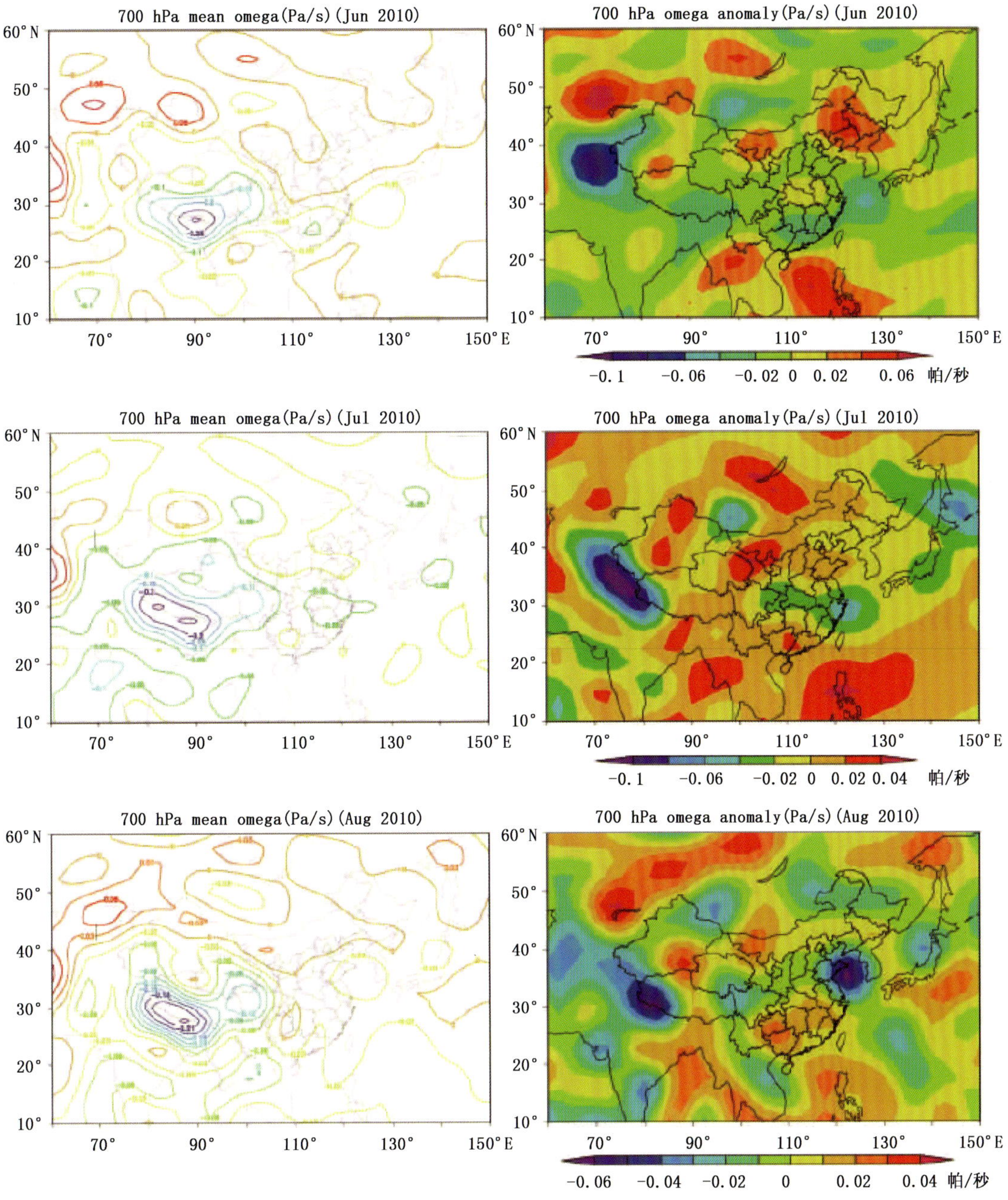


图 2.6　2010 年 6 月(上)、7 月(中)、8 月(下)700 百帕平均垂直速度(左)和垂直速度距平场(右)

Fig. 2.6　The 700 hPa mean Omega (left) and its anomaly (right) in summer 2010

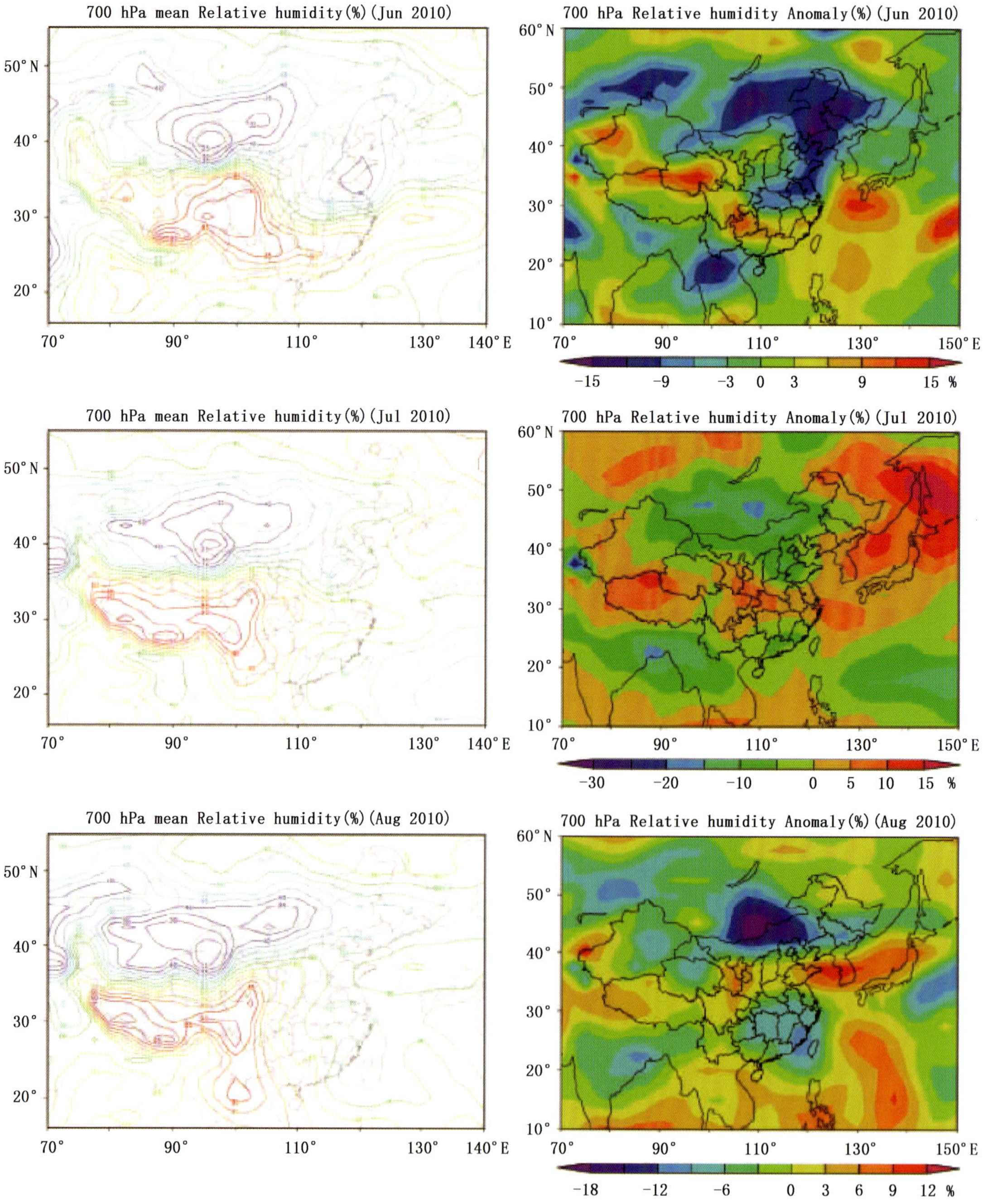


图 2.7　2010 年 6 月(上)、7 月(中)、8 月(下)700 百帕平均相对湿度(左)和相对湿度距平场(右)

Fig. 2.7　The 700 hPa mean relative humidity (left) and its anomaly (right) in summer 2010

## 2.3 各省(区、市)干旱时间年表

中国大陆31省(区、市)范围内,以MCI指数为基础,按照5个等级划分干旱类型,10%站点连续5天同时出现同一种类型干旱,其首日定为一次该类型区域干旱的开始日,期间小于或等于5天没有该类型干旱发生,则认为该类型区域干旱事件仍在持续,直至不足10%的站点能够达到中、重干旱标准,其末日认为是此次该类区域干旱事件结束日。另外,特旱标准为直至不足5%的站点能够达到特旱标准,其末日认为是此次该类区域干旱事件结束日。

**表2.1 2010年中国各省(区、市)干旱事件表**

**Tab. 2.1 The drought events in each province of China in 2010**

| 省(区、市) | 干旱等级 | 旱情主要时段 |
|---|---|---|
| 北京 | 中旱 | 2010年7月下旬至9月中旬 |
| | 重旱 | 2010年7月下旬至8月中旬 |
| | 特旱 | 2010年7月下旬至8月上旬 |
| 天津 | 中旱 | 2010年6月上旬、中旬<br>2010年8月上旬至9月中旬<br>2010年11月下旬 |
| | 重旱 | 无 |
| | 特旱 | 无 |
| 河北 | 中旱 | 2010年6月中旬至7月下旬 |
| | 重旱 | 2010年7月下旬<br>2010年8月上旬 |
| | 特旱 | 无 |
| 山西 | 中旱 | 2010年6月下旬至8月上旬<br>2010年11月下旬 |
| | 重旱 | 无 |
| | 特旱 | 2010年7月下旬、8月上旬 |
| 内蒙古 | 中旱 | 2010年7月下旬至9月中旬 |
| | 重旱 | 无 |
| | 特旱 | 无 |
| 辽宁 | 中旱 | 无 |
| | 重旱 | 无 |
| | 特旱 | 无 |
| 吉林 | 中旱 | 无 |
| | 重旱 | 无 |
| | 特旱 | 无 |
| 黑龙江 | 中旱 | 2010年10月上旬至11月中旬 |
| | 重旱 | 无 |
| | 特旱 | 无 |

续表

| 省(区、市) | 干旱等级 | 旱情主要时段 |
|---|---|---|
| 上海 | 中旱 | 2010 年 6 月下旬、7 月上旬 |
| | 重旱 | 无 |
| | 特旱 | 无 |
| 江苏 | 中旱 | 2010 年 11 月下旬 |
| | 重旱 | 无 |
| | 特旱 | 无 |
| 浙江 | 中旱 | 无 |
| | 重旱 | 无 |
| | 特旱 | 无 |
| 安徽 | 中旱 | 无 |
| | 重旱 | 无 |
| | 特旱 | 无 |
| 福建 | 中旱 | 无 |
| | 重旱 | 无 |
| | 特旱 | 无 |
| 江西 | 中旱 | 无 |
| | 重旱 | 无 |
| | 特旱 | 无 |
| 山东 | 中旱 | 2010 年 11 月 |
| | 重旱 | 无 |
| | 特旱 | 无 |
| 河南 | 中旱 | 2010 年 7 月上旬、中旬<br>2010 年 11 月 |
| | 重旱 | 无 |
| | 特旱 | 无 |
| 湖北 | 中旱 | 无 |
| | 重旱 | 无 |
| | 特旱 | 无 |
| 湖南 | 中旱 | 2010 年 11 月中旬、下旬 |
| | 重旱 | 无 |
| | 特旱 | 无 |
| 广东 | 中旱 | 无 |
| | 重旱 | 无 |
| | 特旱 | 无 |
| 广西 | 中旱 | 2009 年 12 月<br>2010 年 3 月上旬至 4 月上旬<br>2010 年 11 月中旬、下旬 |
| | 重旱 | 2009 年 12 月<br>2010 年 3 月下旬 |
| | 特旱 | 2010 年 3 月下旬、4 月上旬 |

续表

| 省(区、市) | 干旱等级 | 旱情主要时段 |
|---|---|---|
| 海南 | 中旱 | 2010 年 3 月下旬至 4 月下旬<br>2010 年 6 月中旬至 8 月上旬 |
| | 重旱 | 2010 年 4 月上旬、中旬<br>2010 年 7 月上旬、中旬 |
| | 特旱 | 2010 年 4 月中旬 |
| 重庆 | 中旱 | 2010 年 1 月上旬至 2 月下旬<br>2010 年 11 月上旬、中旬 |
| | 重旱 | 无 |
| | 特旱 | 无 |
| 四川 | 中旱 | 2010 年 1 月中旬至 3 月上旬 |
| | 重旱 | 无 |
| | 特旱 | 无 |
| 贵州 | 中旱 | 2009 年 12 月上旬至 2010 年 2 月下旬<br>2010 年 4 月中旬、下旬<br>2010 年 8 月上旬、中旬 |
| | 重旱 | 2009 年 12 月上旬至 2020 年 4 月上旬 |
| | 特旱 | 2010 年 1 月中旬至 4 月中旬 |
| 云南 | 中旱 | 2009 年 12 月上旬至 2020 年 4 月下旬 |
| | 重旱 | 2009 年 12 月上旬至 2020 年 3 月下旬 |
| | 特旱 | 2009 年 12 月上旬至 2020 年 4 月上旬 |
| 西藏 | 中旱 | 2009 年 12 月上旬至 2020 年 1 月下旬 |
| | 重旱 | 无 |
| | 特旱 | 无 |
| 陕西 | 中旱 | 无 |
| | 重旱 | 无 |
| | 特旱 | 无 |
| 甘肃 | 中旱 | 2010 年 1 月下旬、2 月上旬<br>2010 年 8 月中旬至 9 月中旬 |
| | 重旱 | 无 |
| | 特旱 | 无 |
| 青海 | 中旱 | 2010 年 2 月下旬、3 月上旬<br>2010 年 4 月中旬 |
| | 重旱 | 无 |
| | 特旱 | 2010 年 3 月下旬至 4 月中旬 |
| 宁夏 | 中旱 | 2010 年 8 月上旬 |
| | 重旱 | 无 |
| | 特旱 | 无 |
| 新疆 | 中旱 | 无 |
| | 重旱 | 无 |

# 第3章　干旱的影响

2010年，中国干旱灾害属中等年份。云南、贵州、广西和四川等地区干旱持续时间长，程度重。2010年旱情主要有4个特点：

(1) 因旱饮水困难问题突出。4月初，全国有2595万人、1844万头大牲畜因旱饮水困难，比多年同期平均值分别偏多127%和106%，其中80%集中在西南5省(区、市)。

由于西南旱区大部分群众居住在山区和半山区，居住分散，水源工程条件差，曾出现1422万人靠人背牲畜驮解决基本生活用水的情况，部分村民饮水困难时间长达半年，拉水距离长达几千米甚至几十千米。

(2) 受旱区域集中，持续时间长。全国重旱区主要集中在西南地区和华北北部，云南、贵州、广西、重庆、四川、内蒙古、山西、河北、甘肃9省(区、市)农作物受灾面积、绝收面积、人畜因旱饮水困难数量的合计值占全国的7成以上。此区域受旱持续时间长，云南、贵州、广西重旱区持续时间长达半年，为历史罕见，内蒙古重旱区持续时间超过3个月。

(3) 重旱区旱灾损失大。严重干旱造成西南5省(区、市)粮食作物绝收120.67万公顷，粮食减产350万吨；经济作物绝收39.47万公顷，损失190亿元；估计因旱直接经济损失达769亿元。内蒙古有58.07万公顷作物因旱绝收，有46.7万公顷草场受旱。

(4)北方大部旱情轻于往年。全国耕地受旱面积自5月以来均小于多年同期均值，且大部分时间为近10年来同期最小值或次小值，主要原因是往年经常受旱的东北、西北大部和黄淮海地区2010年大部分时间降水均匀，没有发生大范围的干旱。

## 3.1　干旱对农业的影响

### 3.1.1　西南地区发生历史罕见秋冬春特大干旱，农业受灾严重

2009年9月至2010年3月中旬，与常年同期相比，云南、贵州、重庆、四川南部以及广西西北部降水量偏少3成以上，云南中部和东部、贵州西南部，以及广西西北部部分地区偏少5～8成。2009年9月1日至2010年3月19日，云南省平均降水量为175.2毫米，比常年同期偏少50.6%；贵州省平均降水量为166.5毫米，比常年同期偏少50.3%，两省降水量均是有气象观测记录以来的最少值。同期，西南地区大部及广西气温比常年同期偏高1～2℃；云南平均气温15.3℃，为1952年以来历史同期最高值；贵州省平均气温12.5℃，为1952年以来历史同期第3高值。雨少温高导致西南地区气象干旱持续发展，出现有气象记录以来最严重的秋冬春连旱。云南省重旱以上气象干旱平均日数为81天，其中最大日数达179天；贵州省重旱以上气象干旱平均日数为49天，其中最大日数达148天；四川重旱以上气象干旱平均日数为25天，其中最大日数达117天；广西重旱以上气象干旱平均日数为33天，其中最大日数达168天。干旱导致云南、贵州夏收粮油作物大幅度减产或绝收；特色经济作物甘蔗、烤烟、橡胶、茶叶、咖啡、蚕桑、水果等大面积受灾；部分地区烤烟、一季稻栽

插困难，春播进度推迟。

### 3.1.2 华北及内蒙古中东部夏旱明显，影响农作物生长发育及畜牧业

6月，北方地区高温少雨，西北地区大部、华北大部及内蒙古、黑龙江南部、吉林西部、辽宁西部降水量不足50毫米，东北、华北及内蒙古等地降水量偏少3～8成；同时，上述大部地区平均气温偏高1～4℃，内蒙古东北部、黑龙江偏高4～8℃。降水明显偏少，气温偏高，土壤失墒快，华北大部及内蒙古中东部、吉林、陕西北部等地干旱显现并呈发展态势。7月，北方大部仍持续高温少雨，华北大部降水量不足100毫米，内蒙古大部、陕西北部、宁夏、甘肃西部不足50毫米，上述大部地区降水量较常年同期偏少3～8成。北京降水量仅35.8毫米，为1961年以来历史同期第3少值；内蒙古7月降水量仅55.6毫米，为1961年以来历史同期第5少值。华北中西部及内蒙古中东部、陕西北部等地干旱持续发展。8月1日至9月6日，华北大部及陕西大部降水量为100～200毫米，与常年同期相比，上述大部地区接近常年或偏多，华北及陕西北部的气象干旱得以解除，但内蒙古中东部、吉林西部降水量在100毫米以下，内蒙古西部及中部部分地区不足50毫米，较常年同期偏少3～8成，局部偏少8成以上，内蒙古中东部及吉林西部气象干旱持续。干旱造成吉林、内蒙古和河北近600万公顷农作物受灾，至少80万公顷农作物绝收，有197.2万人、433.4万头大牲畜因旱发生饮水困难，内蒙古数十万头(只)牲畜死亡。

### 3.1.3 华北、黄淮等地出现秋冬连旱，农业生产受到严重影响

2010年10—12月，华北大部、黄淮等地降水量普遍在50毫米以下，山东大部、河北南部不足10毫米，与常年同期相比，华北中南部、黄淮大部地区降水量偏少5～8成，河北南部、河南东部、山东大部、安徽北部、江苏北部偏少8成以上。河北、山西、山东、河南、江苏、安徽6省区域平均降水量为39.7毫米，仅次于1970年和1989年，为1961年以来历史同期第3少值，河南、山东分别为最少值和次少值；6省区域平均最长连续无降水日数为43天，仅次于1974年和1989年，为1961年以来历史同期第3多值。同期，华北西部、黄淮西部、西北地区东北部和西部等地气温较常年同期偏高1～2℃。截至12月底，干旱共造成河南、江苏、山东、安徽275万公顷农作物受灾，受灾人口1800多万，直接经济损失超过20亿元。山东因旱受灾人口838.7万人，农作物受灾面积77.0万公顷，饮水困难人口14.9万人，饮水困难大牲畜18.1万头，直接经济损失8.9亿元；河南小麦受旱面积达90.3万公顷，严重干旱10万公顷；江苏徐州、连云港、宿迁3市受灾人口486.2万人，农作物受灾面积41.5万公顷，绝收1.5万公顷，直接经济损失6.7亿元；安徽阜阳、蚌埠、淮南、滁州、六安、亳州、宿州7市受灾人口542.1万人，农作物受灾面积66.3万公顷，直接经济损失4.7亿元。

### 3.1.4 各省(区、市)干旱情况及其对农业的影响

**黑龙江省** 2010年黑龙江省共有2个时段发生干旱事件。后春至初夏干旱正处于农作物生长发育期，对农业生产造成了不利的影响；9月发生干旱时农田作物已进入收获期，对农业生产影响不大。5月末至6月末黑龙江省持续高温少雨，土壤水分蒸发快，重旱地区主要分布在大兴安岭、牡丹江等地，呼玛为特旱。全省因干旱造成109.6万人受灾，农作物受灾80.6万公顷，直接经济损失7.1亿元。

**吉林省** 2010年6月吉林省出现持续高温少雨天气，全省月平均气温为22.8℃，比常年同期高3.4℃，突破历史极值。高温多发，30、35℃高温日数均打破历史纪录。此间，全省月平均降水量为39.8毫米，比常年同期少60%，居历史同期少雨的第3位，近一半县、市6月连续无有效降雨(≥10毫米)日数在26天以上，中西部地区17县市6月连续无有效降雨日数达30天，突破同期历史极值。受持续高温少雨影响，吉林省中西部部分地方出现不同程度的干旱。据统计，全省因旱受灾人口142.7万人，饮水困难0.4万人；农作物受灾面积34.9万公顷，绝收12万公顷；直接经济损失10.3

亿元。

**辽宁省** 2010 年辽宁省因干旱农作物受灾 1.8 万公顷，49.1 万人饮水困难，直接经济损失 2.7 亿元。

**内蒙古自治区** 2010 年内蒙古自治区 12 个盟(市)均有不同程度干旱发生，以夏旱为主。因旱受灾人口 658.4 万人，饮水困难 110.7 万人；农作物受灾 143.4 万公顷，绝收 51.1 万公顷；直接经济损失 100.5 亿元。2010 年 6—7 月，内蒙古巴彦淖尔市乌拉特后旗降水持续偏少，气温偏高，不少草场牧草返青后又枯死，发生旱灾。截至 7 月底，全旗 5 个苏木(镇)40 个嘎查(村)受灾，受灾人口 1.1 万人，受灾草场 169.3 万公顷，受灾牲畜 45 万头(只)，重灾人口 3100 人，重灾牲畜 17 万头(只)，饮水困难人口 2000 人，饮水困难牲畜 17 万头(只)，直接经济损失 460 万元。

**北京市** 2010 年汛期降水量比常年同期偏少 4 成，部分区、县出现严重旱情。密云县西田各庄镇出现严重旱灾，秧苗大面积枯死，受灾面积 667 公顷，成灾面积 166.8 公顷，受灾人口 8500 人，5950 人需要救助。

**山西省** 2010 年 5 月上中旬，山西省中南部麦区降水以阵性为主，降水量持续偏少，运城、临汾、晋城等地土壤墒情下降明显。据 5 月 23 日部分测站土壤墒情资料显示，南部部分县(市)出现严重或中度干旱，万荣、泽州的土壤干土层厚度分别为 6 和 10 厘米，旱情对冬小麦抽穗灌浆有不利影响。2010 年 5 月 22—25 日，运城市气温持续偏高，大部分县、市日最高气温在 30℃以上，23 日稷山县出现干热风，24 日绛县出现干热风，29 日运城市降水之后气温回升，河津、稷山、万荣、临猗和垣曲出现干热风天气，对小麦灌浆十分不利。6—7 月由于大部分地区降水量偏少，加之气温持续偏高，致使部分地区发生严重干旱，太原市娄烦、阳曲、清徐表层土壤出现了 4～10 厘米的干土层。6 月，晋中市月平均降水量 12.7 毫米，榆次、祁县、平遥、灵石降水量不到 5 毫米，降水量偏少 9 成以上，出现了重旱，其余县、市为中旱。6 月，大同市降水偏少，气温偏高，干旱明显，月内仅有个别县区出现过一次 5 毫米的有效降水，加之 6 月中下旬气温持续偏高，各地干旱更为严重。据 6 月 28 日土壤墒情分析，大同各地干旱严重，土壤表层(0～20 厘米)，除大同县、左云墒情适宜外，市区、浑源、天镇、广灵墒情不足 30%，属严重干旱，阳高、灵丘为轻度干旱；土壤深层(20～50 厘米)墒情好于表层，除左云、天镇墒情适宜外，市区、浑源墒情不足 30%，属严重干旱，其余各地墒情均为轻度干旱。2010 年 7 月中旬后大同市出现了明显的阶段性干旱，7 月 11—31 日全市平均降水量仅为 21.4 毫米，同比偏少 71%，加之下旬持续高温，大部分地区干旱严重。7 月太原市气候异常，气温持续偏高，降水异常偏少，特别是 7 月中旬以后，持续高温少雨，无大范围有效降水过程，清徐、古交、阳曲出现特旱，大秋作物生长发育受到严重影响，玉米、谷子等高秆作物遭受了严重的“卡脖子旱”。7 月下旬，阳泉市降水持续偏少，大部分地区达中到重度干旱，作物受旱面积 5.5 万公顷，轻旱 2.3 万公顷，重旱 2.3 万公顷，干枯 0.9 万公顷。7 月长治市降水偏少且分布不均，3 个县站出现轻旱，1 个县站为中旱，3 个县站为重旱，襄垣、平顺、武乡旱情严重。进入 10 月以后，山西省因持续降水偏少、气温偏高，旱情不断发展，全省大部分地区均发生不同程度的气象干旱。干旱少雨的天气使得森林火险等级趋高，加大了森林防火的难度。

**河北省** 2010 年河北省以阶段性干旱为主，年内主要出现了夏旱及秋冬连旱，夏季发生的阶段性干旱给部分地区农业生产带来严重影响，造成农作物大面积绝收和大量人员及大牲畜出现临时饮水困难，特别是西部太行山区大部和张家口坝上地区受灾较重。据统计，2010 年全省因旱受灾人口 870.2 万人；农作物受灾面积 95.5 万公顷，绝收 15.9 万公顷；直接经济损失 28.4 亿元。2010 年 6—7 月，河北省中南部及张家口地区持续高温少雨，期间全省平均降水量为 139.9 毫米，比常年同期(230.9 毫米)偏少 40%，保定、邢台和邯郸 3 市的大部及张家口、石家庄 2 市的局部地区降水比常年偏少 50%以上，大部分地区出现了阶段性夏旱，且旱情较重。至 7 月 31 日，全省 64%的地区达到中度以上干旱程度，局部达重旱或特旱程度。进入8月以后，伴随几次明显降水过程，全省旱情逐步缓解或解除。2010年10月25日以后，全省75%的地区最长连续无降水日数在48天以上，35%的地区最长连续无降水日数在67天以上。期间全省平均降水量仅为1.6毫米，比常年同期(18.8毫米)偏少91%，为历史同期降水第2少的年份。受降水偏少、气温偏高影响，全省干旱持续发展，干旱范围不断扩大。进入12月后，出现2次小雨雪天气，降雪量虽然不大，但缓和了部分地区的旱情。

**山东省** 2010年9月中旬以后，山东大部分时段降水稀少，部分地区旱情持续发展。据12月28日卫星遥感监测资料分析，全省干旱面积1.34万公顷，重旱0.25万公顷，轻旱1.09万公顷，旱情主要分布在鲁南、鲁中和山东半岛南部等地。

**河南省** 2010年10—12月，河南省平均降水量仅为12.6毫米，较常年同期偏少86%，为1961年以来同期最少值，豫北和中东部地区降水量不足10毫米，豫东局部甚至滴雨未下，加之同期气温明显偏高，多大风天气，土壤失墒较快，旱情持续发展。全省农作物受旱面积为5万公顷，干旱主要出现在北中部地区，对冬小麦安全越冬产生不利影响。2010年干旱灾害与常年相比为偏轻年份。

**安徽省** 2010年10月1日至12月11日，沿淮淮北地区累计降水量仅为13.3毫米，较常年同期异常偏少86%，为1961年以来第3少值；平均无降水日数达65天，占总天数的90%。期间，平均气温异常偏高1.6℃。降水持续偏少，气温偏高，导致沿淮淮北旱情持续加重，至12月11日全省气象干旱等级达最高级，江北大部出现重度以上气象干旱，淮北北部及江淮之间东北部出现特旱。总体来看，此次干旱过程具有持续时间长、影响范围广、旱情重等特征。据12月31日统计，全省农作物受旱82.5万公顷，绝收653公顷；受灾人口833.0万；直接经济损失6.0亿元，全部为农业损失。12月12日出现转折性天气，安徽气象部门利用有利天气条件开展立体人工增雨作业，实施飞机增雨作业5架次，高炮、火箭作业56次，作业面积达8万平方千米。12—15日全省平均降水量达22.1毫米，沿淮及其以南地区旱情得到有效缓解，淮北地区干旱有所减轻，但16日开始至月末，沿淮淮北基本无降水，致使旱情持续。

**湖南省** 2010年湖南省气象干旱分为2个阶段，一是冬末春初干旱，二是夏秋干旱。进入2010年以后，全省因降雨持续偏少，2月下旬开始干旱程度逐渐加重，范围也迅速扩大，至3月上旬，高峰期一度有近40%的县(市)出现气象干旱，与西南特大干旱区接壤。受后期降水影响，气象干旱逐渐缓解，至4月上旬气象干旱彻底解除。根据综合气象干旱指数监测，此间全省共有53个县(市)出现了气象干旱，有25个县(市)达到重度以上气象干旱，桑植、花垣、古丈、吉首、新晃、芷江、溆浦、邵东、会同等地出现特旱。2010年湖南夏秋干旱主要分布于湘中以南地区，且存在2个高峰期，第一个高峰期出现在8月，第二个高峰期出现在11月。自6月底开始南部地区出现轻度气象干旱，7月下旬，由于湘中以南地区降雨量偏少，气象干旱加强。8月全省大部分地区降水较常年同期偏少，干旱范围继续扩大，全省共有76个县(市)出现气象干旱，冷水滩、衡阳县、衡南、浏阳、辰溪、新晃、洪江、靖州等地一度出现重、特旱。郴州市全市有72条河流断流、36座水库干涸，有11.51万人因旱饮水困难。嘉禾县钟水乡肴山塘坡岭自然村自7月底开始，400余人每天不得不从1千米之外处挑水来解决饮水问题。永州市76条河道断流，38座水库干涸，受灾严重的祁阳县梅溪镇龟山村晚稻脱水面积达27公顷多，羊角塘镇老平安乡200多公顷稻田无法下插秧苗，该乡万福村13公顷多晚稻绝收，300多人饮水困难。截至8月底，全省有8个市(州)49个县(市)出现不同程度的干旱，336.73万人受灾，有近90万人出现饮水困难，农作物受旱29.33万公顷，直接经济损失13.29亿元，其中农业损失11.21亿元。9月下旬因雨量特多，干旱县(市)数持续减少，至9月末，仅有13个县(市)出现气象干旱，且等级均为轻度。10月全省平均降水量较常年同期偏少23%，湘中及其以南大部分地区降水偏少50%以上，湘东南部分地区偏少90%以上，导致全省气象干旱迅速发展。截至2010年11月20日，全省共有82个县(市)出现气象干旱，会同、靖县、辰溪等40个县(市)达中旱，攸县、祁东、邵东等 8 个县(市)达重旱，衡南、衡阳达特旱。11 月下旬出现了 3 次降水过程，全省气象干旱得到有效缓解。

**江西省** 2010 年 10 月下旬开始，江西持续干旱少雨，长江九江段水位持续偏低，致使赣江等 5 河及鄱阳湖水位快速下降，水位持续走低。12 月 1 日，赣江南昌站水位降至 13.01 米，距历史最低水位不到 10 厘米。鄱阳湖水位也急剧下降，鄱阳湖星子站 1 日水位降至 8.67 米，处于特枯期，湖面迅速缩小，大面积的河滩、草洲显露水面。根据 2010 年 11 月 22 日 Terra 卫星对鄱阳湖水面的遥感监测，鄱阳湖主体及附近水域面积为 15.8 万公顷，较 2010 年 11 月 8 日监测的水面(鄱阳湖水面为 19.3 万公顷)缩小 3.5 万公顷。鄱阳湖进入枯水季节，水面和上一年度相比基本持平，但比历史同期偏小(同期多年平均值为 19.4 万公顷)。

**江苏省** 2010 年 9 月中旬，淮北大部分地区降水开始偏少，10 月后降水偏少区域扩大，淮北及江淮之间东北部地区出现较重气象干旱。11 月中旬至 12 月底，淮北大部分地区降水异常偏少，旱情进一步发展，各地均受到不同程度的干旱影响，以淮北、江淮之间的东北部地区受灾最为严重，高亢地区旱茬麦田受旱程度重于稻茬麦田，部分麦田出现缺苗断垄、次生根发育不全、基部叶片枯黄等现象，严重的田块甚至出现干枯死苗。

**广西壮族自治区** 2009 年 8 月至 2010 年 4 月中旬、2010 年 9—11 月，广西分别出现夏秋冬春连旱和秋旱。全区 1309.0 万人受灾，饮水困难 324.5 万人；农作物受旱面积 107.9 万公顷，绝收面积 4.2 万公顷；直接经济损失 36.9 亿元，其中农业经济损失 26.0 亿元。

**海南省** 2010 年中西部部分地区出现冬春连旱。全省 49.3 万人次受灾，22.8 万人饮水困难；农作物受旱 4.2 万公顷，绝收 5000 公顷；直接经济损失 2.0 亿元。

**四川省** 2010 年冬季干旱严重，全省先后有 137 个县(市)发生不同程度的冬季干旱，其中四川盆地 86 县(市)，高原中南部 51 县(市)。冬季干旱区域主要分布在凉山、攀枝花市大部，以及资阳、内江、乐山、眉山、成都、德阳、绵阳、广元市等地区。暖干气候导致川西南山地出现“五十年不遇”的秋旱连冬旱，部分地方人畜饮水困难，森林火险气象等级长期居高不下，森林防火形势十分严峻。年内，全省有 58 个县(市、区)发生了春旱，83 县(市、区)发生了夏旱，春旱全省总体偏轻，但川西南山地严重；夏旱出现范围一般，持续时间较短，大部分地方旱情偏轻；伏旱出现范围小，持续时间短，旱情总体偏轻。

**重庆市** 2009 年 12 月至 2010 年 3 月中旬重庆市平均气温 9.5℃，较常年同期偏高 1.0℃，为历史同期第 4 高值；降水 57.7 毫米，较常年同期显著偏少 3 成，为历史同期第 5 低值，2010 年 2 月降水量较常年同期显著偏少约 6 成，为 1951 年以来的第 4 低值。冬季整体呈现“干”“暖”的气候特点，全市各地均出现不同程度的气象干旱，东北部部分地区轻到中旱，其余地区达到重旱至特旱等级。至 3 月 2 日，中西部旱情略有缓和，但东部旱情持续发展；至 3 月 9 日，受几次降水过程的影响，大部分地区旱情得到缓解或解除，中东部地区轻到中旱；3 月 22—23 日，各地普降小到中雨，局部地区大雨，全市气象干旱得到缓解或解除；至 4 月 9 日，全市气象干旱彻底解除。此次干旱呈现发生较早、强度中等、持续时间较长的特点。

**贵州省** 2009 年 7 月以后出现历史罕见夏秋冬春连旱，为特大气象干旱。据监测，累计出现重旱以上有 83 个县(市)，占 98.8%，特旱达 76 个县(市)，占 90.5%。由于前期干旱叠加，使 2010 年全省冬春季干旱影响更为明显，干旱范围和强度均突破气象历史极值，尤以西部及南部最为严重。据贵州省民政厅灾情统计数据，截至 5 月 11 日，全省 9 个市(州、地)88 个县(市、区)中有 85 个县(市、区)不同程度遭受旱灾；受灾总人口 1868.9 万，饮水困难人口 247 万；农作物受灾 163.9 万公顷，成灾 105.6 万公顷，绝收 49.47 万公顷；194.35 万头大牲畜饮水困难；直接经济损失 132.3 亿元，其中农业直接经济损失 92.51 亿元，工业、基础设施等损失 39.79 亿元。

**云南省** 2009年11月至2010年5月，云南降水量持续偏少，气温持续偏高，全省大部分地区出现罕见的秋、冬、春干旱灾害，致使小春作物严重受灾，人畜饮水困难，楚雄州、大理州、丽江市、昆明市西部、玉溪市北部、文山州西部、红河州中北部等重旱区的灾害持续至7月，大春作物的栽插、生长受影响。全省16个州市2497.7万人受灾；农作物受灾295.7万公顷，绝收101.5万公顷；直接经济损失273.3亿元，其中农业经济损失198.6亿元。

**陕西省** 2010年6月中下旬陕西遭遇严重干旱，各地雨水稀少，出现了大范围持续高温天气，加快了土壤水分耗散，旱情迅速发展。全省大部降水偏少6～8成，35℃以上高温连续超过11天；泾、洛、渭等主要河流偏枯3～7成，洛河下游出口南荣华站连续干涸7天。同期各地降水普遍偏少25～30毫米，延安地区偏少幅度最大，达41.2毫米；20—22日全省出现最强一次高温天气过程，陕北、关中大部分地区出现35℃以上的持续高温天气，关中东部部分地市气温持续在38℃以上，造成陕北、关中出现大范围干旱，局地出现中旱，严重影响夏播及作物出苗，对春播作物幼苗生长也不利。至6月28日，全省轻旱面积31.8万公顷，旱情较重的渭南、咸阳两地作物受旱面积超过20万公顷。

**宁夏回族自治区** 2010年1月中旬，宁夏南部山区及中部干旱带的部分地区出现了轻度干旱，2月上旬干旱强度有所发展，2月9—11日的全区性降雪过程使旱情得到了极大的缓解。2月中旬至3月中下旬，大风天气相对较多，气温回升快，加速了干旱的发展，加之2010年1月至3月中旬中部干旱带及南部山区的大部分地区气温偏高，降水偏少1～8成，兴仁、海原、麻黄山、同心及六盘山偏少6成以上，中部干旱带及南部山区的大部分地区出现了不同程度的干旱，同心、海原及固原的局部地区达到了中到重度干旱，范围及强度均强于2009年同期。据统计，干旱造成中部干旱带及南部山区59.27万人饮水困难，42.65万人需政府救济饮水；22.65万只(头)大家畜缺水，112.47万只羊缺水；直接经济损失6.0亿元。

**甘肃省** 2009/2010年冬季，河西地区降水量偏多2成至4倍，河东大部分地区比常年同期偏少2～9成，甘南高原、陇南南部偏少8成以上，加之2009年11月至2010年2月全省平均气温持续偏高，加剧了表层土壤水分的散失，陇东、陇南土壤保墒较差，出现冬旱。4月下旬至5月中旬，河西西部和河东大部分地区降水比常年同期持续偏少4～8成，各旬降水量比常年同期偏少5～9成，河东旱作农业区浅层墒情持续下降，重旱区主要在陇中北部、陇东大部及陇南北部。夏季全省大部分地区气温持续偏高，7月上旬至8月下旬，河西、陇中部分地区降水偏少4～9成，陇东西南部个别地方和陇南西部个别地方降水偏少4～6成。截至8月底，0～50厘米平均土壤相对湿度，河东大部在60%以下，陇中北部、平凉市西部及通渭、陇西、武山等地在40%以下，陇中北部及通渭干土层厚11～17厘米，陇中部分地区、陇东北部个别地方和陇南西部个别地方出现干旱。8月中旬至9月中旬，陇中北部部分地区持续干旱，陇中和陇东北部春末旱连夏旱，影响较重。秋末(11月)，陇中大部墒情较差，加之气温偏高，光照充足，加剧了土壤水分蒸发，全省大部出现中到重旱。频繁的干旱事件，给冬小麦越冬、开花灌浆造成一定影响，并对春小麦拔节孕穗及大秋作物苗期生长产生一定影响，同时高温少雨天气不利于玉米花期授粉、灌浆乳熟及马铃薯的块茎膨大，秋末干旱影响冬小麦苗期生长，但有利于秋季作物的收获和晾晒。据不完全统计，全年各时段干旱共造成147.3万人受灾，20.2万人饮水困难；农作物受灾31.6万公顷，成灾19.4万公顷，绝收2.0万公顷，损失粮食2940万千克；水库干涸16座，机井出水不足636眼；直接经济损失4.7亿元，其中农业经济损失4.2亿元。

**青海省** 2010年，青海省出现阶段性干旱，对农牧业生产和河流来水量产生不同程度的影响。1—4月全省气温偏高，降水偏少，风沙天气多，农业区部分地区出现不同程度的干旱，给春播生产和牧草返青造成一定影响；7月下旬至8月上旬青海省北部地区出现2001年以来最严重的高温天气过程，部分地区农作物发生大面积青死。干旱火害共造成全省 185.5 万人受灾，4.1 万人饮水困难，农作物受灾 15.8 万公顷，直接经济损失 4.3 亿元。

**西藏自治区** 2010 年春季至初夏，西藏自治区沿雅鲁藏布江一线主要农区出现了春季、初夏连旱，气象干旱较 2009 年偏重，日喀则、谢通门等地达到重旱，是全国干旱最重地区之一。据统计，全区农作物受灾总面积达 4.1 万公顷，占受灾总面积的 68%，绝收 6450 公顷。入汛后，拉萨、山南、日喀则等地区降水持续偏少，气温偏高，雨季开始期较正常年份偏晚 15～27 天。高温少雨天气造成全区受旱面积达 21757.5 公顷，其中轻旱 14874 公顷，中旱 3428 公顷，重旱 3455 公顷，同时还造成 2848 公顷农田未播种。

## 3.2 干旱对水资源的影响

### 3.2.1 水资源总量状况

2010 年水资源总量评估结果显示，全国年水资源总量 31035.3 亿立方米，属于异常丰富年份。其中辽宁、吉林、浙江、福建、江西、海南、新疆等地年水资源总量属于异常丰富年份，湖南、西藏、青海属于比较丰富年份，其余 21 个省(区、市)均属正常年份(表 3.1)。

**表 3.1 2010 年全国及各省(区、市)水资源总量评估结果和采用的指标及参数**

**Table 3.1 Total water resources, evaluate indicators and parameters of the national and provinces in 2010 (unit: $10^8 m^3$)**

| 地 区 | 年水资源总量(亿立方米) | 评估结果 | 指标 1(亿立方米) | 指标 2(亿立方米) | 指标 3(亿立方米) | 指标 4(亿立方米) | $a$ | $b$ |
|---|---|---|---|---|---|---|---|---|
| 北 京 | 28.3 | 正常 | 44.0 | 36.8 | 24.0 | 16.7 | −5.175 | 0.370 |
| 天 津 | 10.7 | 正常 | 23.4 | 18.1 | 8.8 | 3.5 | −11.554 | 0.398 |
| 河 北 | 205.0 | 正常 | 270.8 | 225.9 | 147.2 | 102.3 | −116.115 | 0.307 |
| 山 西 | 94.2 | 正常 | 125.8 | 111.0 | 85.0 | 70.2 | −19.769 | 0.161 |
| 内蒙古 | 534.3 | 正常 | 754.7 | 638.9 | 436.3 | 320.5 | −505.354 | 0.296 |
| 辽 宁 | 642.2 | 异常丰富 | 513.5 | 418.8 | 253.2 | 158.5 | −361.749 | 0.705 |
| 吉 林 | 596.5 | 异常丰富 | 497.6 | 441.3 | 342.8 | 286.5 | −226.732 | 0.527 |
| 黑龙江 | 898.6 | 正常 | 1043.8 | 914.1 | 687.1 | 557.4 | −562.258 | 0.579 |
| 上 海 | 35.0 | 正常 | 56.7 | 44.3 | 22.7 | 10.3 | −36.896 | 0.987 |
| 江 苏 | 354.1 | 正常 | 638.3 | 497.5 | 251.1 | 110.2 | −638.133 | 0.957 |
| 浙 江 | 1274.3 | 异常丰富 | 1232.6 | 1080.4 | 813.9 | 661.7 | −450.483 | 0.950 |
| 安 徽 | 898.9 | 正常 | 1125.0 | 929.8 | 588.3 | 393.1 | −764.162 | 0.914 |
| 福 建 | 1549.1 | 异常丰富 | 1465.0 | 1302.3 | 1017.6 | 854.9 | −363.048 | 0.774 |
| 江 西 | 2209.8 | 异常丰富 | 2073.6 | 1804.3 | 1333.0 | 1063.8 | −700.905 | 0.813 |
| 山 东 | 343.3 | 正常 | 422.3 | 346.6 | 214.1 | 138.3 | −220.166 | 0.497 |
| 河 南 | 414.8 | 正常 | 554.4 | 464.8 | 308.0 | 218.4 | −262.223 | 0.523 |
| 湖 北 | 1202.6 | 正常 | 1415.2 | 1210.4 | 852.0 | 647.2 | −677.263 | 0.802 |
| 湖 南 | 2130.3 | 比较丰富 | 2171.4 | 2012.8 | 1735.4 | 1576.9 | 5.685 | 0.614 |
| 广 东 | 1944.1 | 正常 | 2306.0 | 2051.2 | 1605.5 | 1350.8 | −529.810 | 0.752 |
| 广 西 | 1969.2 | 正常 | 2335.3 | 2136.3 | 1788.1 | 1589.1 | −153.510 | 0.570 |
| 海 南 | 473.4 | 异常丰富 | 449.9 | 388.2 | 280.2 | 218.5 | −165.386 | 0.853 |

续表

| 地区 | 年水资源总量(亿立方米) | 评估结果 | 指标1(亿立方米) | 指标2(亿立方米) | 指标3(亿立方米) | 指标4(亿立方米) | a | b |
|---|---|---|---|---|---|---|---|---|
| 四川 | 2655.2 | 正常 | 2892.2 | 2675.9 | 2297.3 | 2081.0 | −1458.741 | 0.876 |
| 重庆 | 491.5 | 正常 | 689.2 | 616.0 | 487.9 | 414.8 | −201.967 | 0.751 |
| 贵州 | 1087.7 | 正常 | 1277.5 | 1177.9 | 1003.6 | 904.1 | −214.541 | 0.656 |
| 云南 | 2171.6 | 正常 | 2465.9 | 2328.0 | 2086.8 | 1949.0 | −277.838 | 0.553 |
| 西藏 | 4478.6 | 比较丰富 | 4747.0 | 4436.6 | 3893.2 | 3582.8 | 487.079 | 0.691 |
| 陕西 | 441.5 | 正常 | 530.1 | 447.5 | 303.0 | 220.4 | −249.597 | 0.464 |
| 甘肃 | 198.7 | 正常 | 241.8 | 223.6 | 191.8 | 173.6 | 32.097 | 0.148 |
| 青海 | 676.4 | 比较丰富 | 681.6 | 640.4 | 568.2 | 527.0 | 72.701 | 0.224 |
| 宁夏 | 10.0 | 正常 | 13.8 | 11.9 | 8.4 | 6.4 | −1.865 | 0.087 |
| 新疆 | 1015.3 | 异常丰富 | 963.5 | 935.9 | 887.6 | 860.0 | 719.360 | 0.099 |
| 全国 | 31035.3 | 异常丰富 | 30329.8 | 28844.5 | 26245.3 | 24760.0 | | |

* 资料取自中国640个水文站；年水资源总量($W$)丰枯等级划分标准为：$W>$指标1为异常丰富；指标1$\geqslant W\geqslant$指标2为比较丰富；指标2$>W>$指标3为正常；指标3$\geqslant W\geqslant$指标4为较为欠缺；指标4$>W$为异常欠缺。$a$、$b$为参数，无单位。

### 3.2.2 四大流域水资源状况

2010年长江流域的赣江和汉江、淮河流域、黄河中游及海河流域的年地表水资源量总体呈现偏多态势。长江流域的赣江、汉江流域年地表水资源量普遍较常年偏多10%～40%。黄河流域偏多10%～26%。海河流域大部分子流域较常年普遍偏多13%～50%，其中宽城、承德偏多达98%～125%，仅紫荆关、戴营、李营3个子流域较常年偏少15%～40%。淮河流域大部分站点及子流域也较常年同期偏多13%～56%，漯河偏多达173.8%，王家坝、固镇和宿县、临沂(沂河)、大官庄(沭河)等站及子流域偏少20%～60%。总之，4个主要流域的大部分子流域年地表水资源量较2009年偏多，仅海河流域紫荆关、阜平，淮河流域固镇和宿县、临沂(沂河)、大官庄(沭河)，黄河流域后大成等站点及子流域较2009年偏少。

### 3.2.3 干旱对水资源影响的典型事件

(1)西南地区出现历史罕见秋冬春连旱，水资源匮乏

西南地区出现历史罕见秋冬春连旱，云南、广西、贵州水资源受影响大。云南境内金沙江、澜沧江、红河、珠江几大水系水量锐减。2月，香格里拉境内平常200～500米宽的金沙江面缩减至50～100米，部分江段不需渡船可直接涉水过江。澜沧江上游来水量锐减，致使澜沧江至湄公河河段被迫停运，26艘船只在澜沧江至湄公河老挝、缅甸段搁浅。红河、珠江部分河段也见河底。大量库塘干涸，人畜饮水困难，部分城市供水受到影响，昆明市禄劝县、东川区、宜良县城区不能正常供水，石林县也因旱实行定时限量供水。4月下旬，云南九大高原湖泊平均水位比2009年同期下降1米，缩水约7亿立方米。

广西，3月全区部分中小河流出现了历史最低水位。南流江常乐站3月14日出现历史新低水位(11.58米)，比历史最低水位低0.01米；白沙江南义水文站16日出现92.08米超低水位，较历史最低水位低0.14米；右江田东站20日水位89.01米，较历史最低水位低0.12米；贝江勾滩站3月20日水位114.86米，较历史最低水位低0.03米。

贵州，由于夏秋连旱叠加冬春旱，主要水库(塘)以及小水窖、水井蓄水量严重不足，多个水库水位严重下降。3月23日，贵州省库塘蓄水量仅为7.79亿立方米，较2009年同期减少32%，大量水

利设施干裂，损坏严重。

(2)江南地区秋季持续少雨，水资源受到影响

10月下旬至11月下旬，江南中西部地区降水量较常年同期偏少5～8成，部分河段水位持续走低，给人们生活、航运、渔业造成一定影响。湖南湘江湘潭段水位11月18日为26.44米，是2007年以来连续第4年刷新历史最低水位。江西赣江及鄱阳湖水位快速下降，鄱阳湖星子站12月1日水位降至8.67米，处于特枯期，湖面迅速缩小，大面积河滩、草洲显露水面，鄱阳湖周边农村地区群众饮水困难，渔业捕捞场所大量减少。

(3)全国大Ⅰ型水库(10亿立方米)上游流域降水量情况

全国69个大Ⅰ型水库(个别为大Ⅱ型)上游流域年降水量统计分析表明，70%的水库上游流域平均年降水量较常年偏多，辽宁、吉林的水库降水量偏多明显，一般偏多30%～70%，对水库蓄水有利；其余30%的水库上游流域平均年降水量较常年偏少，主要分布在广西、贵州、天津、山东、重庆、江苏、西藏等地，此外，河北、河南、湖北、吉林、内蒙古、云南等地的部分水库上游流域降水量也较常年偏少，对水库蓄水有不利影响。

## 3.3 干旱对生态环境的影响

2010年全国阶段性严重干旱和低温较为明显，对植被的影响较大。年初，西南5省(区)出现了有气象记录以来最严重的秋冬春连旱；东北、华北发生40年来罕见的冬春持续低温。夏季全国高温天气频繁，东北初夏炎热，多地最高气温突破历史极值。北方春季沙尘天气多，影响范围广，局地强度强。冬季华北南部、黄淮、江淮等地出现较为严重干旱。这些灾害对当地的植被生长造成一定影响。从空间格局来看，2010年中国东北地区大部、华北东南部、黄淮、江淮、长江中下游及其以南地区，西南地区中东部以及新疆西北部局地等植被覆盖较好；西北大部、西南中西部、华北大部以及东北西部等地区植被覆盖较差(图3.1a)。与2009年相比，东北地区北部、内蒙古东部、青藏高原东部、西北地区东部、华北北部、江汉、江南中部以及广东东部、福建西部、新疆北部等地的植被长势偏好；东北地区西南部、华北南部、黄淮、江淮、江南东部、华南南部、西南地区东南部等地植被长势偏差；全国其余大部地区植被长势与2009年相当(图3.1b)。总体来看，2010年的植被长势不如2009年。

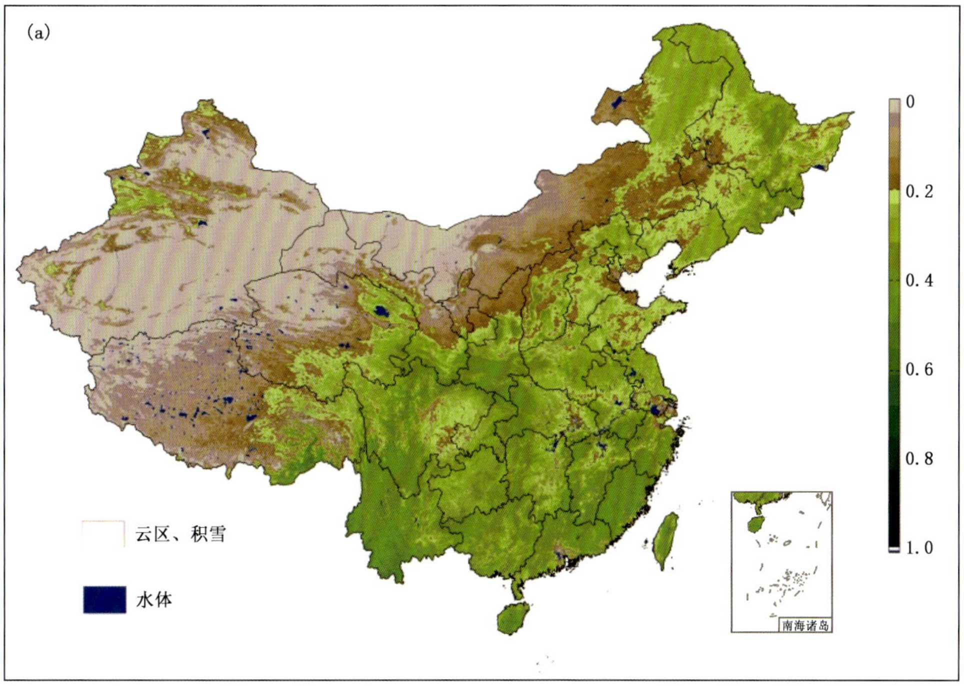


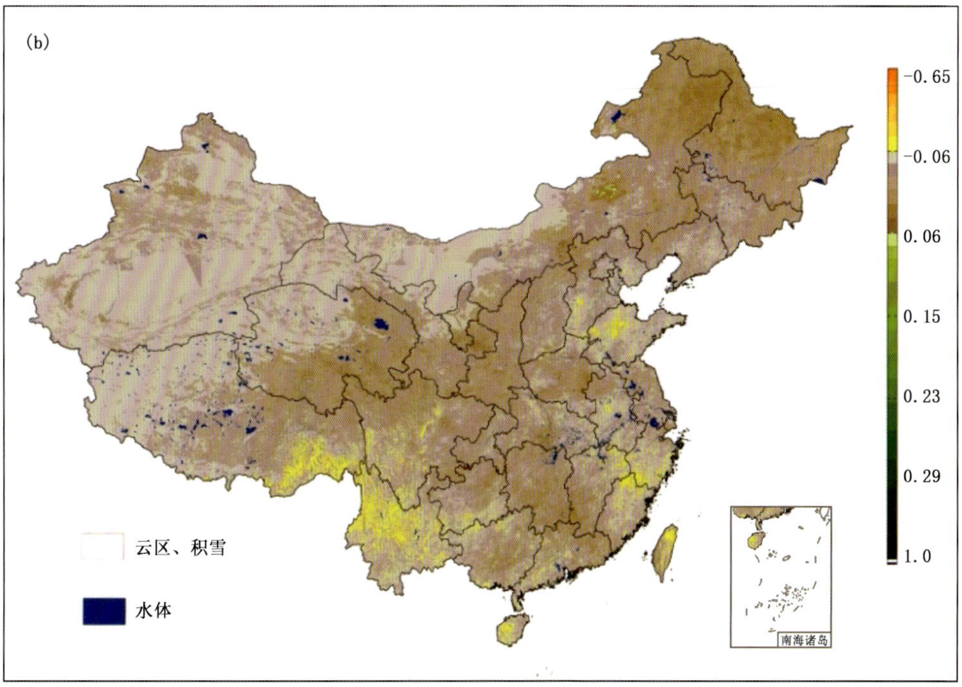


图 3.1　2010 年全国植被指数(a)及其与 2009 年植被指数的差(b)

Fig. 3.1　Vegetation index(a) and differences with 2009 (b) in 2010

# 第4章　抗旱减灾服务

## 4.1　气象部门抗旱减灾工作

2010年，中国干旱受灾面积较常年偏小，且明显小于2009年，属干旱灾害中等年份，但区域性和阶段性干旱严重，西南地区发生历史罕见秋、冬、春特大干旱。气象部门从以下几个方面开展了抗旱减灾工作。

### 4.1.1　贯彻党中央、国务院指示精神，全力以赴做好气象服务

在党中央、国务院及有关部门的领导及指导下，全国气象部门全力以赴做好抗旱减灾服务工作。年初，国家防汛抗旱总指挥部和国家减灾委员会在北京召开联席会议，会议研究部署了2010年防汛抗旱和减灾救灾工作，中国气象局矫梅燕副局长参加会议。针对西南地区严重干旱，2月24—26日，中共中央政治局委员、国务院副总理、国家防汛抗旱总指挥部总指挥回良玉赴云南省考察指导抗旱救灾和森林防火工作，代表党中央、国务院看望慰问灾区各族干部群众，中国气象局局长郑国光随同指导气象抗旱减灾工作。为应对云南、贵州大部、四川南部和广西西北部部分地区出现的严重气象干旱，2月27日9时，许小峰副局长签发中国气象局启动重大气象灾害（干旱）Ⅲ级应急响应命令（2010－7号），中国气象局相关单位和云南、贵州、广西、四川等省（区）气象局进入Ⅲ级应急响应状态。4月1日，中共中央政治局委员、国务院副总理回良玉在国家防汛抗旱总指挥部指挥中心主持召开国务院专题会议，传达贯彻胡锦涛总书记、温家宝总理重要指示精神，分析研究当前的旱情、灾情、农情和低温对部分地区农业生产的影响，进一步安排部署抗旱救灾和春季农业生产工作。专题会议强调，目前西南地区旱情仍在持续，全国旱情还在发展，抗旱减灾任务相当艰巨；黄淮海及华北冬麦区连续低温，影响春耕、春播、春管，农业生产面临的形势不容乐观。要坚持科学抗旱，继续把解决群众饮水困难放在抗旱工作的首位，做好人工增雨和找水、打井、送水工作，加强水源的统一管理和调配，并积极调整旱区农业结构，加强受灾群众的生活救助。要高度重视低温对粮食生产的危害，加强分类指导，强化春季田间管理，促进苗情转化，力争夏粮获得好收成。要坚持抗大旱和防洪涝两手抓，切实加快水利基础设施建设，从根本上提高防御自然灾害和农业综合生产能力。中国气象局副局长许小峰、矫梅燕出席会议。4月2日，在2010年春季中共中国气象局党组中心组学习会议上，许小峰、矫梅燕传达了国务院专题会议精神，并要求有针对性地做好各项春季气象服务工作，特别是当前抗旱和春季农业生产气象服务工作，使气象服务更敏感、更主动，充分发挥气象服务的作用和效益。4月4日，中国气象局与农业部联合召开部（局）会商交流会，会商云南等旱区春季天气气候形势，交流农业生产形势，并就如何积极应对全球气候变化对农业的影响进行了深入探讨。4月22日，国务院召开切实做好当前农业生产工作紧急电视电话会议，部署应对异常天气影响、做好抗旱保春耕工作。中共中央政治局委员、国务院副总理回良玉出席会议并讲话。矫梅燕副局长参加会议。4月22日9时，矫梅燕副局长签发中国气象局解除重大气象灾害（干旱）Ⅲ

级应急响应命令(2010—9号)。西南地区严重干旱得到缓解。

### 4.1.2 依照法律条例,积极主动做好抗旱减灾决策服务

1月27日,国务院总理温家宝签发国务院第570号令,公布《气象灾害防御条例》。该条例自2010年4月1日起施行。《气象灾害防御条例》是继《人工影响天气管理条例》之后,我国制定的第二部与《中华人民共和国气象法》配套的气象行政法规。在客观总结我国气象灾害防御工作取得的显著成绩和历史经验的基础上,高度概括和集中体现了党中央、国务院长期以来关于气象灾害防御工作的一系列方针、政策,是地方各级人民政府、有关部门和社会各界长期关心和支持气象灾害防御工作的结果。3月31日,中国气象局召开学习宣传和贯彻实施《气象灾害防御条例》电视电话会议。许小峰副局长主持会议,郑国光局长出席会议并发表重要讲话,强调各级气象部门要结合当地气象灾害防御工作的实际需要和气象服务的实际需求,全力做好学习宣传和贯彻实施《气象灾害防御条例》的各项工作。会上,郑国光还从加强天气监测、天气预报会商和天气联防,强化决策气象服务,加强农业气象服务等方面,对当前各项气象服务工作进行了部署。沈晓农、矫梅燕副局长,纪检组组长孙先健出席会议。各内设机构、各直属单位以及北京市气象局主要负责人在主会场参加了会议。各省(区、市)气象局主要负责人,分管法规、业务、应急工作的局领导,有关职能处室和业务单位负责人以及当地民政、交通、水利、农业、法制等有关部门的领导在所在地分会场参加了会议。

2010年6月30日,国务院第117次常务会议通过《自然灾害救助条例》,这是我国灾害管理工作的一项重大突破。《自然灾害救助条例》的出台从法律上肯定了灾害救助工作多年来形成的工作原则、制度、方法,确立了灾害救助工作在国家应急法律体系中的地位,使灾害救助工作进入依法行政的历史发展新阶段,也为抗旱减灾提供了法律依据。

2010年中国气象局认真贯彻落实《气象灾害防御条例》《国家气象灾害应急预案》有关要求,各级气象部门认真履行气象防灾减灾职责,以防灾减灾气象服务为重点,加强灾害性天气监测、预报、预警服务,积极做好应急处置,强化公共气象服务,为各级党委、政府和有关部门有效组织防灾、减灾、救灾和群众避灾自救提供了有力保障,为经济社会发展提供了优质气象服务。组织召开汛期气象服务动员电视电话会议,4次气象服务工作领导小组会议及18次专题会议,并多次印发通知,对全年气象服务工作进行安排和部署。先后派出25个工作组赴天津、河北、辽宁、吉林、内蒙古等20个省(区、市)指导气象服务工作。各级气象部门根据重大灾害性天气预报服务需求,及时启动气象灾害应急响应,加强值守,强化预报服务。全年中国气象局启动应急响应31次,累计应急时间208天。汛期,全国各级气象部门发布预警短信33亿余人次,特别是向乡村气象信息员发布预警短信近3700万人次,发布新闻通稿、接受媒体采访近1700次。全国接收决策预警短信的决策部门负责人、气象灾害应急联系人、防汛责任人、中小学校安全责任人等总人数超过100万,决策预警短信发送近3000万人次。

### 4.1.3 上下协调,围绕需求,采用多种科技手段减轻灾害影响

面对部分省(区)的严重干旱,中国气象局围绕需求,努力提高决策气象服务及时性、敏感性、针对性、综合性和通俗性,及时向党中央、国务院和各部门滚动报送《重大气象服务专报》《中国气象局值班信息》等材料,努力做好干旱等重大气象灾害应急气象保障。全年共向党中央、国务院及各相关部门报送专题报告29期、《重大气象信息专报》139期、《气象灾害预警服务快报》171期、《中国气象局值班信息》940期,中央领导同志在决策气象服务材料上批示74次。

针对2010年出现的干旱、冰雹等灾害,以抗旱防雹、水库增蓄、森林(草原)火灾扑救、生态环境保护,以及亚运会、亚残运会保障等重大社会活动为目标,除上海之外的30个省(区、市)组织开展了人工影响天气作业,增雨作业目标区达到518.7万平方千米,比上年增长41.7%。

北京、天津、河北、山西、内蒙古、辽宁、吉林、黑龙江、江苏、安徽、江西、山东、河南、湖南、湖北、广东、广西、重庆、四川、贵州、云南、陕西、甘肃、青海、宁夏、新疆等26个省(区、市)气象部门,在空军、民航等相关部门的大力支持下,租用增雨飞机52架,组织开展飞机人工影响天气作业飞行1049架次。

除上海外的各省(区、市)、计划单列市,以及新疆生产建设兵团等气象部门开展了地面人工影响天气作业。地面增雨作业27497次,使用增雨炮弹170214发,新型火箭弹61050枚,其他火箭弹12989枚,增雨量累计达到528.46亿吨;地面防雹作业28617次,使用增雨炮弹699877发,新型火箭弹21138枚,其他火箭弹18439枚,防雹效益达到79.29亿元。全国各地增雨防雹作业共投入使用高炮6902门,新型火箭架5527个,其他火箭架1507个;投入经费约11.25亿元,包括地方财政投入9.52亿元,中央财政支持1.73亿元。

为做好国家级人工影响天气业务指导服务工作,国家人工影响天气中心完善业务服务内容,规范业务流程,进行作业信息收集和分析,开展对旱区的指导服务,并多次派遣专家及时赴旱区对抗旱增雨作业进行指导,取得了一定效果。重庆、贵州、广西、四川、云南等省(区、市)人工影响天气办公室抓住有利天气过程大力实施人工影响天气作业,发挥区域合作互助模式的优势,形成作业规模,取得了很好的社会及经济效益。各大主要媒体纷纷对各省人工影响天气作业进行了采访和跟踪报道,人工影响天气工作得到了各级政府、社会各界和广大民众的一致好评。

## 4.2 部分省(区)抗旱减灾气象服务

### 4.2.1 广西特大旱灾气象服务

2009年8月上旬至2010年4月中旬,广西遭遇了历史上罕见的秋冬春连旱。干旱过程历时8个多月,受旱县(市、区)个数超过全区总县(市、区)数的90%,给农业生产、人民生活造成了严重影响,其中桂西北旱情尤为严重。统计数据表明,全区109个县(市、区)中有100个受灾,受灾1237.23万人,饮水困难324.5万人,饮水困难大牲畜159.95万头;全区农作物受灾107.98万公顷,成灾34.44万公顷,绝收3.16万公顷;直接经济损失33.16亿元。

面对严峻的干旱形势,广西各级气象部门加强旱情发展态势和土壤墒情的滚动监测,积极与各级农业部门加强信息沟通,做好旱情分析和影响评估。抗旱期间,自治区气象局领导分别到河池、百色等旱区检查指导抗旱气象服务工作,同时,派出3个工作小组深入旱区,检查指导抗旱气象服务工作,并向河池、百色、崇左、桂林、柳州等重旱区赠送了700多枚价值近200万元的人工增雨火箭弹,以实际行动支援重旱区基层台站的抗旱救灾服务工作。

在驻桂空军、民航等有关部门的大力支持和密切配合下,2009年8月1日至2010年4月21日,各级气象部门共组织实施飞机人工增雨作业66架次,作业飞行近175个小时,并于3月初首次在广西和云南两省(区)开展了跨省区飞机增雨作业,支援兄弟省的抗旱工作。同时有14个市的85个县(市、区)开展火箭人工增雨作业1446次,发射火箭弹3550枚,受益面积约21.6万平方千米,缓解了旱情。

### 4.2.2 云南人工增雨抗御百年大旱

2010年,为抗御百年罕见的特大干旱,云南省各地抓住有利条件,积极实施人工增雨作业。新年伊始,16个州(市)申请报批作业点449个,准备就绪流动作业车141辆,高炮77门、火箭发射架234套。全省315名人工影响天气指挥人员、977名作业人员严阵以待,做好了随时开展人工增雨作业的各项准备。1—10月,共有120个县开展了抗旱增雨作业,昆明、大理、丽江、迪庆、怒江等森林覆盖较高的地区，同时开展了抗旱和预防森林火灾的人工增雨作业，共实施地面人工增雨作业 6443 点次，发射各型火箭 17104 枚，炮弹 22547 发。人工增雨增加降水约 11.69 亿立方米(不含飞机增雨试验)，增加库塘蓄水约 11382 万立方米，受益农田 75.36 万公顷，直接经济效益约 3.25 亿元。另外，还参与扑灭森林火灾 25 起，同时，在广西自治区政府和成都空军的支援下，云南省开展了飞机人工增雨试验。这是云南省历年来增雨规模最大、作业次数最多、用弹量最多的地面人工增雨抗旱作业，也是近 30 年来首次开展的飞机增雨试验。人工增雨在抗击干旱、缓和严重旱情中发挥了重要作用。

### 4.2.3 贵州省气象抗旱减灾服务

2010 年贵州省大部分地区出现历史罕见的冬春连旱，部分地区出现自 2009 年开始的夏秋冬春连旱，旱灾影响严重。本次特大气象干旱，中旱以上日数在 10 天(赤水)至 242 天(兴仁)之间，铜仁地区大部、遵义市东西部、黔东南州东部边缘地区以及荔波、贵定在 100 天以下，其余地区在 100 天以上，其中贵州中部以西、以南地区以及黔东南州西部在 150 天以上，黔西南州大部、六盘水市南部、黔南州西部、安顺市南部、台江超过 200 天。累计出现重旱以上有 83 个县(市)，占 98.8%，特重旱达 76 个县(市)，占 90.5%。干旱范围和强度均突破历史极值，尤以贵州省西部及南部最为严重。

7 月 14 日至 8 月 14 日，贵州省大部分地区以晴热少雨天气为主，有 36 个县(市)出现 35℃以上的高温天气，14 个县(市)超过 38℃；镇远出现特旱，岑巩、万山、天柱、锦屏、台江等 5 县出现重旱。全省农作物受旱 19.3 万公顷，绝收 2 万公顷，损失严重。

在抗旱减灾服务中，贵州省气象局密切监视天气气候演变趋势，紧紧围绕全省经济建设和各级政府安排部署工农业生产、抢灾救灾等，全年为贵州省委省政府及相关部门制作《重大天气预报》10 期、《专题气象服务》20 期、《气象服务信息》22 期、《雨情公报》82 期，分别在 3 月、6 月、9 月为政府及相关部门提供《春、夏、秋季决策气象服务》。报送的关于重大灾害性天气决策气象服务材料得到贵州省委、省政府主要领导的高度重视，多次做出重要批示并转发各级政府，为有效减轻气象灾害造成的损失和安排部署农业生产提供可靠的决策气象依据。

针对可能造成严重影响的灾害性天气，在灾害来临之前及时启动气象灾害应急响应，各级气象台站密切跟踪监视天气形势变化，协同联防，为各级政府提供防灾减灾决策气象服务信息。如针对历史罕见的干旱于 2 月 24 日、27 日和 3 月 2 日、10 日分别启动了干旱Ⅳ级、Ⅲ级、Ⅱ级、Ⅰ级气象应急响应服务。面对严重旱情，贵州省气象局周密部署，有条不紊地开展各项工作。在 1 月 28 日《降雨偏少仍将持续》的决策服务材料中指出，贵州省继 2009 年秋冬降雨总体偏少 30%后，未来大部分地区降水继续偏少 5 成到 1 倍。由于 2009 年秋冬以来全省降雨一直偏少，导致库塘蓄水不足，而 2010 年 2 月西部地区降雨仍将偏少，防范因水库(塘)蓄水不足带来的严重影响，建议采取相应措施确保生产、生活用水。进入 2 月后，随着干旱加剧，及时向贵州省委省政府报送针对干旱的专题气象服务材料，建议加强森林和城镇防火，加强节水保水和长期抗旱工作。尤其是在 2 月 5 日专送主管副省长禄智明同志的材料中，详细分析了当前旱情，提供气象预报预测，特别指出 2 月降水总量不多，建议省政府进一步加强节水保水和长期抗旱工作。干旱期间共向贵州省委省政府及相关部门报送《抗旱保民生专题气象服务》70 期，在温家宝总理视察贵州干旱期间，积极按照省政府的指示精神，制作重要决策气象服务材料作为省政府汇报材料的附件，提供准确的预报预测信息，提出科学抗旱的建议措施。

针对年初贵州省各地日益加剧的旱情和春季雷雨冰雹天气，全省各级人工影响天气部门按照贵州省气象局的统一部署，自 2 月 1 日开始提前进入值班状态。抓住一切有利时机，积极组织开展飞机、火箭、高炮配合的地空立体人工增雨防雹作业，共组织飞机人工增雨作业 50 架次，地面火箭、高炮配合开展人工防雹增雨作业4306次，发射增雨火箭弹69390发、火箭弹1760枚，防雹有效率达90%以上，有效抑制了冰雹危害；开展人工增雨作业累计影响范围达10万平方千米，保护农业生产土地167万公顷，增加降水量约32.5亿吨，效益显著，对缓解旱情、降低森林火险等级、增加水库蓄水发电等方面发挥了积极作用。

充分利用电视、广播、短信、声讯和网站等媒介向社会公众发布干旱预警12次，使公众能及时了解和掌握灾害性天气信息，提前做好自我防范，减少灾害损失。以服务"三农"为重点，通过多种方式和渠道开展为农气象服务，扩大免费农业气象短信服务覆盖面，为更多农村手机用户开通早间农业气象预报服务，服务用户达24.3万，并开通农业气象声讯信箱，制作为农气象服务专题节目，通过多彩气象天气频道播出，气象服务已深入到农村基层。

#### 4.2.4 湖南省人工增雨抗旱减灾服务

2010年8月湖南省大部分地区降水较常年同期偏少，干旱范围持续扩大，全省共有76个县（市）出现气象干旱，冷水滩、衡阳县、衡南、浏阳、辰溪、新晃、洪江、靖州等地一度出现重旱、特旱。全省有8个市（州）49个县（市）出现不同程度的干旱，336.73万人受灾，有近90万人出现饮水困难，农作物受旱29.33万公顷，直接经济损失13.29亿元，其中农业损失11.21亿元。

面对日益严重的旱情，各级人工影响天气部门积极开展人工增雨作业。8月15—19日，长沙、湘潭、衡阳等12市（州）36县（市、区）出动高炮40门，火箭27架，作业96次，发射增雨炮弹2600余发，火箭弹240枚。8月20日至9月10日，长沙等12市（州）连续开展大规模人工增雨作业，30县（市、区）出动高炮35门，火箭22架，开展作业85次，发射增雨炮弹600余发，火箭弹180枚。作业效果显著，作业影响区域普降中到大雨。据初步估计，人工增雨累计作业影响面积达12000平方千米，增加降水约1.7亿吨，有效缓解了局部旱情，降低了城区气温。

### 4.3 水利部门抗旱减灾工作

党中央、国务院高度重视抗旱减灾工作。国家防汛抗旱总指挥部、水利部精心组织，加强指导，及时安排；各有关部门积极配合，形成合力；旱区各级党委、政府把抗旱作为中心工作来抓，组织动员广大干部群众全力抗旱、齐心抗灾，形成了全民参与、全社会抗旱的良好局面。抗旱高峰期，全国共投入抗旱劳动力6064万人，启动机电井218万眼、泵站5.06万处、机动抗旱设备445万台（套），出动各类机动运水车199万辆。全年全国累计投入抗旱资金112亿元（其中中央特大抗旱补助费3.15亿元、综合抗旱资金10亿元）、抗旱用电52亿千瓦·时、用油23万吨。完成抗旱浇地1813.33万公顷，抗旱挽回粮食损失180亿千克，经济作物损失257亿元；各地通过采取各种应急措施解决了2910万人和1739万头大牲畜的临时饮水困难。

2010年抗旱工作的主要做法：

（1）领导重视，统一指挥。党中央、国务院高度重视抗旱工作，胡锦涛总书记、温家宝总理和回良玉副总理等中央领导多次对抗旱工作作出重要批示，温家宝总理、习近平副主席、李克强副总理、回良玉副总理先后多次赴云南、贵州、广西等重旱区视察，检查指导抗旱工作，回良玉副总理多次主持召开专题会议，全面安排部署西南地区抗旱减灾工作。国家防汛抗旱总指挥部、水利部把抗旱工作作为重中之重，主要领导亲自部署并多次赴旱区检查指导。西南抗旱期间，国家防汛抗旱总指挥部副总指挥、水利部部长陈雷多次主持召开抗旱会商，贯彻落实中央领导的重要批示和指示精神，并从应急保障和长远建设两个层次对抗旱工作作出全面部署；国家防汛抗旱总指挥部副总指挥、水利部副部长鄂竟平，国家防汛抗旱总指挥部秘书长、水利部副部长刘宁也多次主持召开抗旱会商，对各项抗旱工作进行具体安排。陈雷部长和水利部各位部领导还先后率领工作组深入旱区一线，帮助和指导地方做好抗旱工作。旱区各级党委、政府把抗旱减灾作为中心工作，主要领导靠前指挥，组织带领广大干部群众积极行动，努力减轻旱灾影响和损失。

(2)全面部署，组织有力。国家防汛抗旱总指挥部、水利部密切监视全国旱情发展变化情况，及时对各阶段抗旱工作进行安排部署。在西南抗旱期间，国家防总于2月5日和24日先后启动了Ⅲ级和Ⅱ级抗旱应急响应，多次召开抗旱会商，分析研判旱情形势，专题研究部署抗旱工作。国家防汛抗旱总指挥部、水利部先后发出20多条紧急通知、派出40多个工作组和专家组指导各地抗旱。此外，国家防汛抗旱总指挥部办公室加强对抗旱宣传工作的指导，精心组织抗旱宣传，及时召开新闻发布会。各受旱省(区、市)防汛抗旱指挥部加强会商研判，及时安排部署，适时启动应急响应，并派出大批工作组和专家组深入旱区，做到“旱情不除，人员不撤”。

(3)以人为本，保障供水。国家防汛抗旱总指挥部、水利部要求受旱地区坚持以人为本，始终把保障城乡居民基本生活用水放在抗旱工作的首位，督导旱区及时编制完善和落实人饮解困方案。在西南地区抗旱的关键时期，国家防汛抗旱总指挥部发出专门通知，要求各级防汛抗旱指挥部和水利部门科学合理调度水利工程蓄水，保障抗旱水源。国家防汛抗旱总指挥部、水利部还组织协调北京、天津、上海、江苏、浙江等10个省(市)水利部门和七大流域机构及科研院校对重旱省进行对口帮扶和支援。旱区各级水利部门全面摸底排查人饮困难、抗旱水源和工程情况，认真编制完善人饮解困方案，在充分发挥现有水利工程设施作用的基础上，采取水库供水、应急调水、打井取水、拉水送水等各项应急措施，确保了人饮解困工作不漏一村、不漏一户、不漏一人。据统计，大旱期间，西南5省(区、市)共新建抗旱水源井2.4万眼、抗旱应急调水工程678处、“五小”水利工程(小水窖、小水池、小泵站、小塘坝、小水渠)7.75万处，通过采取各种措施解决了旱情高峰时2088万人的因旱饮水困难。

为确保天津市供水安全，维护白洋淀生态系统，国家防汛抗旱总指挥部、水利部组织实施了2009年度引黄济津、济淀应急调水，为天津市调水2.585亿立方米，为白洋淀调水1亿立方米，组织实施了总投资9.2亿元的新辟引黄济津潘庄线路工程建设，于10月下旬建成通水，计划为天津市(九宣闸)送水5亿立方米。组织实施了2010年引黄济冀应急调水和2009—2010年度珠江枯水期水量统一调度，为珠海提供淡水1.83亿立方米，为澳门供水3585万立方米，超前部署了2010—2011年度枯水期珠江水量调度工作。

(4)加大投入，强化保障。为加大对重旱省份的支持力度，在西南地区大旱期间，国家防汛抗旱总指挥部、水利部积极协商国家发展改革委员会、财政部提前下达农村饮水安全、灌区改造配套、病险水库除险加固和农田水利建设重点县等建设资金64亿元；财政部先后向西南受旱省(区、市)安排特大抗旱补助费2.8亿元、综合抗旱资金10亿元。国家发展改革委员会对新辟引黄济津潘庄线路工程建设给予了大力支持，安排工程建设资金1.2亿元。旱区各地也加大了抗旱投入，仅西南5省(区、市)在抗旱期间累计投入各类抗旱资金就达45.5亿元，内蒙古自治区安排主席预备金7300万元用于抗旱，吉林省安排抗旱专项补助资金2000万元。

(5)团结协作，合力抗旱。中央和国务院有关部门全力做好抗旱工作。国家发展和改革委员会全力支持农村饮水安全工程、大中型水库除险加固项目建设，全力保障抗旱煤、电、油的运输和供应。财政部及时安排拨付资金支持旱区抗旱减灾，对重旱区抗旱工作给予重点倾斜。国家减灾委员会、民政部及时启动应急响应7次，协调安排旱灾救灾资金2亿元，妥善做好旱区受灾群众生活救助工作，指导开展救灾捐赠活动。国土资源部派出由部领导带队的工作组和专业队伍深入旱区，协助地方找水打井。交通运输部、铁道部为西南抗旱物资的运送提供保障。农业部组织指导旱区做好农资供应保障、农技指导、补种毁种等农业抗旱工作，并派出多个工作组和专家组深入重旱区指导。卫生部加强对旱区饮用水安全管理和传染病防控工作，并向旱区派出医疗防疫队伍，制定了旱灾地区抗旱救灾卫生应急预案和生活用水消毒指南。国家林业局及时下拨专项资金，增调灭火设备，全力做好森林防火各项工作。中国气象局启动应急响应，密切监视、预报旱区天气变化，组织指导旱区开展人工增雨作业。中央统战部广泛动员统一战线各方面力量，参与和支持抗旱救灾。中宣部对新闻宣传做出安排部署，中央主要新闻媒体开辟专题栏目，对抗旱工作进行全面报道。社会各界给予抗旱工作高度关注和大力支持。据不完全统计，仅云南、广西两省(区)就收到各类捐款约8.6亿元。中央军委领导对抗旱救灾工作高度重视，多次做出重要指示。解放军、武警部队全力支援地方抗旱，圆满完成了支援旱区抗旱减灾任务。

(6)强化基础，抓好科研。国家防汛抗旱总指挥部、水利部继续加大力度，全力推进抗旱基础工作。组织编制了《全国抗旱规划》，经有关部门审定，已报国务院审查批准。全国有31个省(区、市)和新疆生产建设兵团编制完成了省级抗旱规划。水利部安排公益性项目经费1400多万元，对涉及抗旱减灾和应急管理的关键支撑技术进行科研攻关。继安徽、浙江、天津、云南、重庆等5省(市)出台抗旱法规后，2010年江西省和河南省出台了抗旱条例，还有7个省(区)完成抗旱条例或实施细则的调研、编制和审批，组织编制《跨省区、跨流域水量应急调度预案编制大纲》《抗旱预案编制导则》《抗旱规划编制导则》。国家防汛抗旱指挥系统一期工程抗旱管理应用系统完成验收并投入运行；完成了抗旱会商系统改造和历史旱情数据整编入库工作，以及抗旱统计信息管理系统的升级。

# 第 5 章　全球气象干旱

## 5.1　概况

根据世界气象组织(WMO)发布的《2010 年全球气候状况声明》,2010 年全球温度比 1961—1990 年年平均温度(14℃)高 0.53℃±0.09℃(图 5.1),这使 2010 年成为自 1880 年有气象观测记录以来最暖的一年(表 5.1)。2010 年的温度距平(+0.53℃)恰好位于 2005 年距平(+0.52℃)和 1998 年距平(+0.51℃)之前。来自欧洲中期天气预报中心(ECMWF)的 ERA-临时再分析资料表明,2010 年为全球第 2 个最暖的年份。

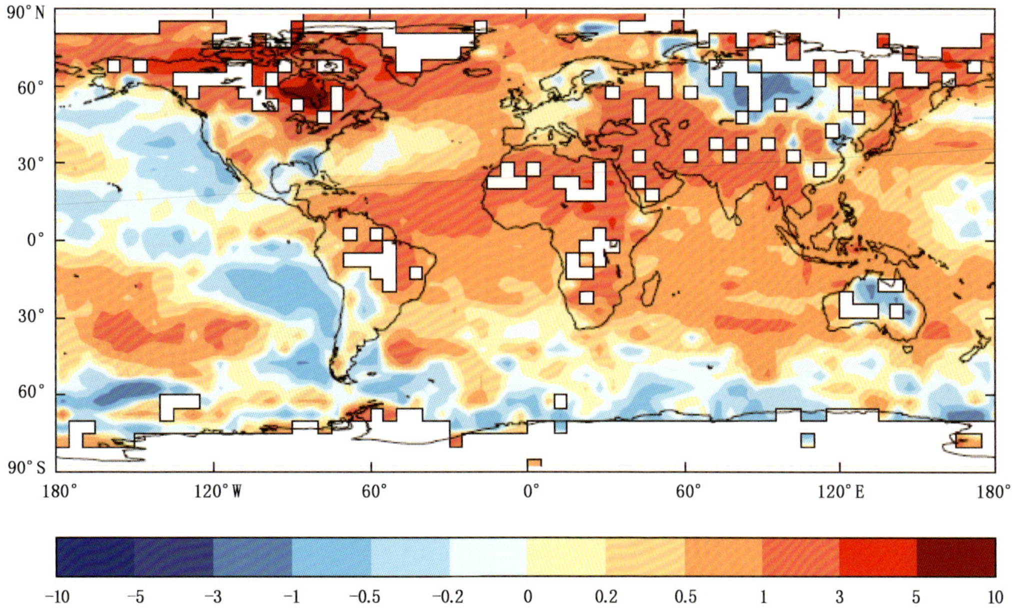


图 5.1　2010 年全球地表和海表温度相对于 1961—1990 年的距平(℃)

Fig. 5.1　2010 global surface and sea surface temperature anomaly relative to 1961—1990(unit:℃)

就北半球和非洲而言,2010 年是有气象观测记录以来最暖的一年。对于 6 个次区域,即西非、撒哈拉/阿拉伯地区、地中海、南亚、中亚/西南亚和格陵兰/加拿大北极地区,也是有气象观测记录以来最暖的一年,一些地区创下了超过平均温度接近 1℃的纪录。低于平均温度的地区较少,最显著的地区包括西伯利亚西部和中部、澳大利亚北部和中部、北欧部分地区、美国东南部以及中国东北部以北京为中心的地区。2010 年阿拉斯加出现自 1918 年有气象观测记录以来第 3 个最干的 1 月,墨西哥出现自 1948 年以来最干旱的 10 月,加拿大出现有气象观测记录以来最暖和最干燥的冬季(2009 年 12 月至 2010 年 2 月)。亚马孙北部和西部发生了 40 年来最严重的干旱,里奥内格罗河的水位跌至自 1902 年开始有水文记录以来的最低值(13.6 米)。2009 年末至 2010 年初几个加勒比国家发生了创纪录的干旱。俄罗斯西部地区 6—7 月出现高温,莫斯科创下最高温度(38.2℃)的纪录(上次纪录是在 91 年前创下的),极暖天气加剧了旱情,出现自 1972 年以来最严重的干旱。关岛出现自 1998 年以来 1—5 月最严重的干旱(图 5.2、5.3、表 5.2)。

**表 5.1 1880—2010 年全球陆地、海洋平均温度前 10 排名**

**Tab. 5.1 Top 10 global average land and sea temperatures in 1880－2010**

| 排名 (1＝最高) | 年份 | 距平(℃) |
|---|---|---|
| 1 | 2010 | 0.62 |
| 2 | 2005 | 0.62 |
| 3 | 1998 | 0.60 |
| 4 | 2003 | 0.58 |
| 5 | 2002 | 0.58 |
| 6 | 2009 | 0.56 |
| 7 | 2006 | 0.56 |
| 8 | 2007 | 0.55 |
| 9 | 2004 | 0.54 |
| 10 | 2001 | 0.52 |

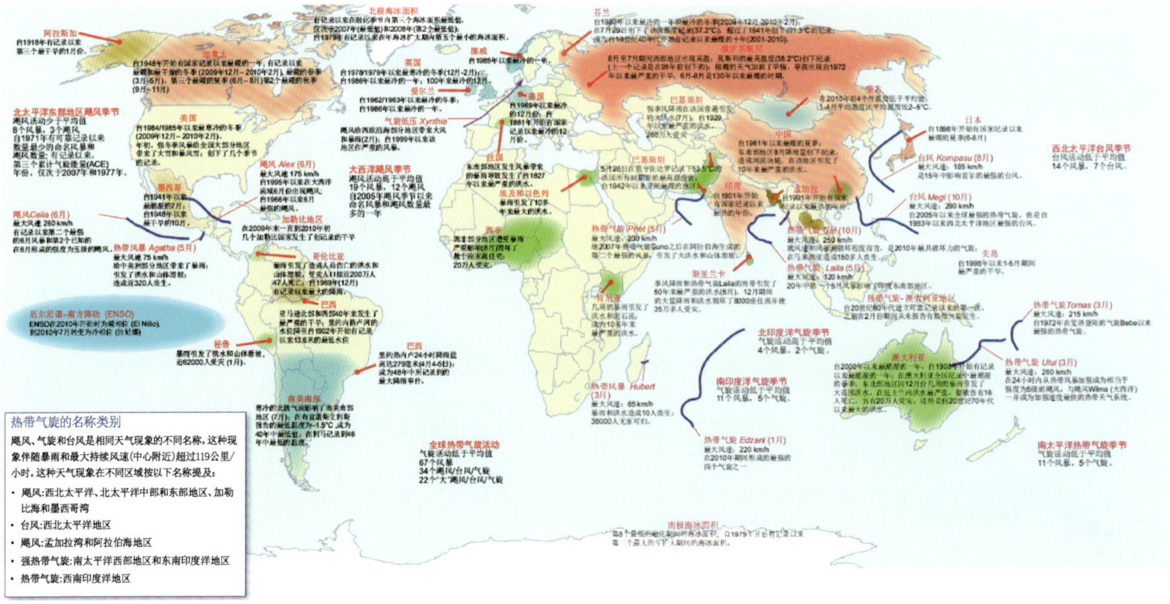


图 5.2 2010 年重大气候异常事件

Fig. 5.2 Global significant weather and climate events in 2010

亚马孙河流域的部分地区在 2010 年下半年遭受了干旱的严重影响。巴西西北部 7—9 月罕见的干旱导致亚马孙河流域许多河流流量大幅度减少,亚马孙河的一个重要支流,里奥内格罗河的水位跌至创纪录的最低值。2010 年初,加勒比群岛东部地区发生严重干旱,2009 年 10 月至 2010 年 3 月降雨量处于有观测记录以来降水量最少的 10%范围内。南美大陆最北部也非常干燥,虽然其中许多地区在这一年后期遭受了严重洪水,但委内瑞拉经历了 100 年来最干旱的 1—3 月,哥伦比亚和圭亚那也受灾严重。阿根廷和乌拉圭河床地区 10—12 月的雨量偏少了 50%以上。

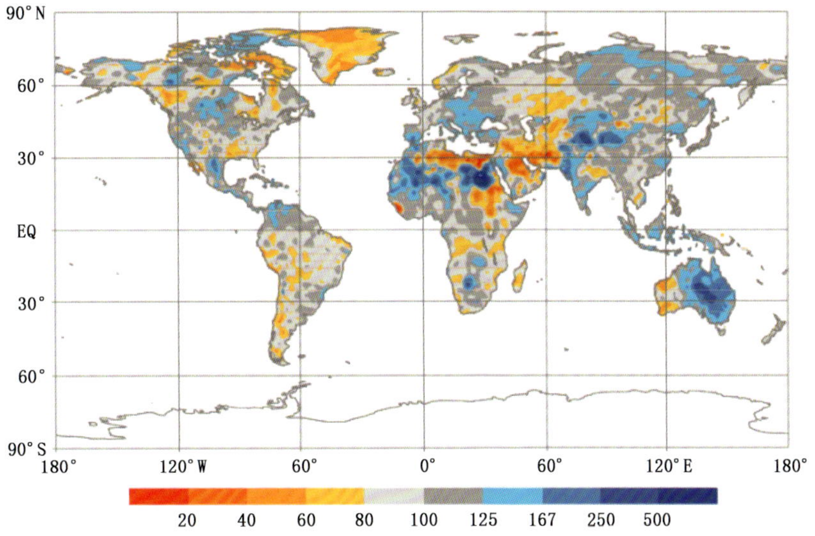


图 5.3　2010 年全球陆地降水距平(毫米)

Fig. 5.3　Precipitation anomalies over global land areas in 2010(unit:mm)

亚洲,中国西南部地区自 2009 年底到 2010 年初经历了严重的干旱(表 5.2)。云南和贵州两省 2009 年 9 月至 2010 年 3 月中旬的降雨量创下了最少纪录,总降雨量普遍比常年偏少 30%～80%。干燥状况还伴随着偏高的气温和多起森林火灾。中国东部主要产粮区在 2010 年下半年发生了干旱,北京以南的 6 省自 2010 年 10 月至 2011 年 1 月的降雨量是 1961 年以来的第 2 个最少值。巴基斯坦也在 2010 年初季风暴发之前的几个月经历了干旱。南亚其他一些地区,包括印度东北部、孟加拉国、泰国和越南的局部地区在主要季风季节相对干燥,但随后 10 月泰国和越南又遭受了洪水袭击。

偏多的降雨缓解了澳大利亚许多地区的长期旱情,但西南地区则明显例外,2010 年澳大利亚西南地区经历了有气象观测记录以来最干旱的一年。

英国出现了自 1929 年以来最干旱的 1—6 月。挪威西部经历了有观测记录以来最干旱的冬季。

东非地区 2010 年底的几个月中干旱状况有所发展,特别是赤道地区的肯尼亚和坦桑尼亚,该地区多地 9—12 月的降水量不足常年的一半,对农业和供水产生了不利影响。

**表 5.2　2010 年全球 10 大天气/气候事件**

**Tab. 5.2　Top 10 global weather/climate events in 2010**

| 排名 | 事件 | 发生时段 |
|---|---|---|
| 1 | 俄罗斯一欧洲一亚洲热浪 | 夏季 |
| 2 | 有观测记录以来的最暖年份 | 全年 |
| 3 | 巴基斯坦洪灾 | 7 月末至 8 月初 |
| 4 | 厄尔尼诺向拉尼娜急转 | 北半球春季后期 |
| 5 | 北大西洋涛动 | 12 月至次年 2 月 |
| 6 | 巴西干旱 | 持续 |
| 7(并列) | 东北太平洋气旋历史性不活跃 | 5 月 15 日至 11 月 30 日 |
| 7(并列) | 北半球历史性的雪线后移 | 2—6 月 |
| 9 | 海冰面积扩大的最少 | 9 月中旬 |
| 10 | 中国干旱 | 2010 年上半年 |

(1)热浪与寒潮

2010 年 6—8 月，欧亚大陆数个地区出现了不同寻常的热浪。最为极端的热浪中心位于俄罗斯联邦的西部地区，峰值从 7 月初延续到 8 月中旬。莫斯科 7 月的平均温度高于多年平均温度 7.6℃，成为该市有观测记录以来最炎热的 7 月，温度偏高一直持续到 8 月下旬出现较凉状况为止。7 月 29 日温度达到 38.2℃，创下了该市新的高温纪录，且连续 33 天出现 30℃以上的高温（相比之下，2009 年夏季无温度高于 30℃的日数）。仅在莫斯科，夏季极热天气导致约 1.1 万人死亡。俄罗斯联邦欧洲中部部分地区夏季平均温度超过多年平均温度 5℃以上。与炎热相随的是破坏性林火和严重干旱，造成大面积作物歉收。附近国家也受到影响。俄罗斯联邦、白俄罗斯和芬兰都出现了有观测记录以来的最高温度。塞尔维亚的一些台站创下了高于 20℃夜晚数量最多的纪录。

2010 年初，亚洲南部地区出现不同寻常的季风前炎热天气。5 月 26 日，巴基斯坦莫亨佐达罗的温度达到创纪录的 53.5℃，是亚洲地区至少自 1942 年以来的最高温度。夏季，极热天气甚至影响到北非、土耳其和阿拉伯半岛。值得关注的高温值包括吉达（沙特阿拉伯）的 52.0℃、多哈的 50.4℃、塔鲁丹特（摩洛哥）的 47.7℃以及穆特（土耳其）的 46.7℃。

2010 年年初和年末，北欧和西欧大部分地区出现异常寒冷天气。2 月 19 日，霍瑟达-哈德（俄罗斯联邦）的温度降至－57.0℃，是欧洲有观测记录以来第二个最低温度。除俄罗斯联邦外，2009/2010 年，欧洲冬季持续的寒冷状况比个别极端事件更为不同寻常，例如，瑞典中部一些地区出现了连续 0℃以下温度的最长周期。

极端寒冷天气在 11 月底再现北欧和西欧，并持续了整个 12 月的大部分时间。在英格兰中部地区 350 多年的观测中，这是第二个最寒冷的 12 月。挪威和瑞典部分地区的月平均温度比常年低 10℃以上；北欧大部分地区的温度比常年低 5℃以上。降雪给交通造成严重干扰。北爱尔兰卡斯尔德格在 12 月 23 日创下了－18.7℃的低温纪录；丹麦霍尔拜克在 12 月 22 日的温度为－23℃，创下了该国 1987 年以来的最低温度纪录。

给北欧带来严寒的异常大气环流使其他地区（尤其是加拿大北极地区、格陵兰岛和欧洲最东南部地区）异常温暖。加拿大北部地区一些台站 12 月的平均温度比常年高 14℃；俄罗斯联邦的弗拉季卡夫卡兹地区 12 月 6 日的温度为 27.1℃，比该国（2010 年 2 月索契）冬季最高温度纪录高 3.3℃。

(2)降水

根据美国国家气候资料中心（NCDC）分析，2010 年全球陆地平均降水量为有观测记录以来最多，比 1961—1990 年 1033 毫米的平均降水量多 52 毫米。之前降水最多的年份是 1956 年和 2000 年，同时伴随着强的拉尼娜事件。

2010 年亚洲和澳大利亚东部的大部分地区雨量偏多，这是澳大利亚有观测记录以来第二个最潮湿的年份（比 1961—1990 年的平均降雨量多 52%），这与强的拉尼娜事件有关（在创纪录的 1974 年也出现一次强的拉尼娜事件）。印度尼西亚、日本和中国东南部的大部分地区的降雨量远高于平均值。2010 年巴基斯坦季风期降雨量是该国有观测记录以来第 4 多的年份，印度西部地区也是多雨。

对中欧和东南欧的大部分地区以及亚洲邻近地区而言，2010 年也是一个非常多雨的年份，部分地区的降雨量超过常年 50%或更高。匈牙利 2010 年的降雨量是 1901 年以来最多的一年，许多地区的降雨量是有观测记录以来的最高值，包括土耳其的布尔萨、塞尔维亚的诺维萨德和摩尔多瓦的几个台站。伊比利亚半岛大部分地区也多雨。葡萄牙的降雨量是过去十年中最多的（比常年多 20%），西班牙西南部部分地区的降雨量比常年高 50%以上。

2010 年西非大部分地区的降雨量高于平均值，包括萨赫勒地区。南美洲西北部及相邻地区的降雨量也远高于平均值，尤其是哥伦比亚北部和西部地区以及委内瑞拉北部地区。卡塔赫纳 5—12

月降雨量达到 2485 毫米(比常年多 150%),哥伦比亚许多地区的降雨量为有观测记录以来的最高值。降雨量偏多的其他重要地区包括美国北部和西部地区、加拿大大平原和巴西东南部。

总体上,虽然 2010 年全球遭遇干旱的地区较少,但一些地区也遭受了严重旱灾。2010 年年降雨量远低于平均值的地区包括西北欧、阿根廷和智利大部分地区,太平洋中部和东部地区的许多岛屿以及澳大利亚西南部。

(3)热带气旋

2010 年全球热带气旋活动创下了自现代卫星时代(从 1970 年至今)以来的最低纪录。总共发生了 67 个风暴,其中 34 个达到飓风/台风级别(持续风速不低于 120 千米/时)。这个数字打破了自 1970 年以来在 1976 年和 1977 年观测到的 68 个风暴的最低总数,与 1970—2009 年平均 85 个相比,约减少 20%,飓风/台风数量也远低于 44 个的长期平均值。北大西洋地区是唯一一个比常年平均活跃的洋盆。

2010 年最强的 4 次气旋是 1 月南印度洋的“艾德扎尼”、3 月西南太平洋的“乌卢伊”、6 月东北太平洋的“西莉亚”和 10 月西北太平洋的“鲇鱼”。这 4 个气旋 10 分钟最大持续风速达到至少 215 千米/时(萨菲尔-辛普森等级中的第五级)。特别引人注目的是 2010 年最强的热带气旋“鲇鱼”,其中心最低气压 885 百帕,使其成为自 2005 年以来全球最强气旋,也是自 1984 年以来西北太平洋最强的气旋。它也是 2010 年登陆时最强的气旋,袭击菲律宾的吕宋岛时强度几乎达到峰值。从大风和风暴潮的危害方面来看,2010 年最具破坏力的气旋是 10 月登陆缅甸的“吉里”,造成至少 150 人死亡。其他强的气旋引起的破坏性洪灾也给当地造成了相当大的损失,特别是中美洲的“阿加莎”“亚历克斯”和“马修”,以及菲律宾的“康森”、中国南部的“凡那比”。

(4)2010 年其他极端天气事件

2 月底的一次严重的温带风暴“辛西亚”穿越西北欧,带来了大范围大风和风暴潮天气,超过 60 人死亡,大部分是由法国西部的风暴潮造成的,拉罗切利的风暴潮高达 1.5 米。法国和德国的保险损失超过 40 亿美元,也给西班牙、比利时、荷兰、瑞士和奥地利造成了严重的破坏。在法国比利牛斯山脉的皮克度米迪记录到的阵风风速高达 238 千米/时,法国和瑞士的低地的风速普遍达到 120～140 千米/时。

12 月初以色列经历了有史以来最严重的森林火灾,此次火灾发生在海法附近的卡梅尔山,造成超过 40 人死亡。随后是极端暖干时期,8—11 月是海法地区有观测记录以来的最干旱时期,也是有观测记录以来以色列的最暖时期。

7 月 23 日美国南达科他州维维安发生风暴期间观测到美国有史以来最大的冰雹,直径达到 20 厘米。3 月澳大利亚也出现了 2 次严重的雹灾,3 月 6 日墨尔本出现的冰雹直径达到 10 厘米,3 月 22 日出现在珀斯的冰雹直径为 6 厘米。从冰雹大小和影响来看,2 次冰雹都是各自地区有观测记录以来最大的雹灾,2 个地区的损失均超过 10 亿美元。加拿大也经历了破坏力最大的雹灾,7 月 12 日发生在卡尔加里,损失高达 4 亿美元。

## 5.2 亚马孙河流域的严重干旱

2010 年亚马孙河流域干旱的严重程度和影响范围超过 2005 年。位于平原南部的玻利维亚北部地区和平原东南部的巴西马托格罗索州受到干旱的严重影响。

干旱制约树木的生长,反复干旱可能导致树木完全死亡。在异常干旱的时期,更可能发生森林火灾,2010 年玻利维亚北部就发生了大火。所有这些因素相结合,使得 2010 年的亚马孙河流域成为碳排放源而不是汇。有科学家计算出 2010 年干旱造成 22 亿吨碳从生物中释放到大气中。

国际能源机构估计，22亿吨的碳排放与2008年印度和中国燃料燃烧产生的碳排放量相当。2010年亚马孙地区干旱对温室气体的影响与2个最大的发展中国家的排放量一样大。

亚马孙地区干旱往往与太平洋(厄尔尼诺现象)和大西洋的海温异常同时发生。气候模型预测出海温异常和亚马孙地区干旱的频率和严重程度都将增加。但是接连发生的2次严重干旱也可能仅代表天气异常的年份(图5.4)，如果降雨恢复正常，受到干旱影响的森林可能会迅速恢复。如果气候模型预测是正确的，那么未来几十年亚马孙河流域会出现更严重的干旱。

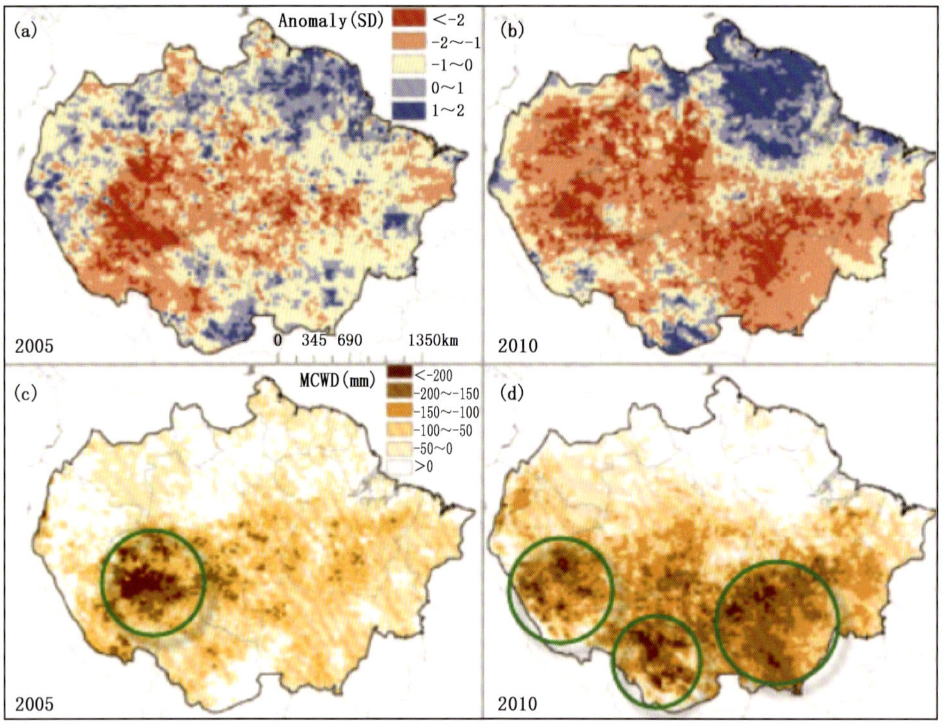


图5.4 卫星数据反演的亚马孙地区21世纪以来最严重的2次干旱季降水距平(a、b)和12个月(10月至次年9月)的MCWD指数十年距平(不包括2005年和2010年)(c、d)
(MCWD指数是一个和树木死亡相关的干旱程度的度量)

Fig. 5.4 Satellite-derived standardized anomalies for dry-season rainfall for the two most extensive droughts of the 21st century in Amazonia(a and b); the difference in the 12-month (October to next September) MCWD from the decadal mean (excluding 2005 and 2010)(c and d)

## 5.3 加勒比地区的重旱

2009—2010年，加勒比大部分地区发生了重到特旱。加勒比东部地区2009年10月开始发生干旱并由南向北蔓延。干旱对农业地区的影响最为严重，加勒比地区很多国家的水资源受到严重影响，被迫实施限水措施。

2009年的雨季至次年的4—5月加勒比地区的降水显著偏少。圭亚那和多米尼加以其丰富的降雨量而闻名，但受到2009—2010年干旱的影响，降雨量显著减少，这也是干旱对整个加勒比地区造成严重影响的表现之一，2010年2月的降水量处于有观测记录以来最低降雨总量范围的10%以内(表5.3，图5.5)。

表 5.3　加勒比部分国家 2005—2010 年第一季度降水

Tab. 5.3　First quarter rainfall data for selected Caribbean countries from 2005 to 2010

| | 圭亚那 | | | 多米尼加 | | | | | |
|---|---|---|---|---|---|---|---|---|---|
| | Georgetown | | | Canefield Airport | | | Melville Hall Airport | | |
| 年份 | 1月 | 2月 | 3月 | 1月 | 2月 | 3月 | 1月 | 2月 | 3月 |
| 2005 | 1108.2 | 203.7 | 78.5 | 97.5 | 62.9 | 5.5 | 168.3 | 196.5 | 31.2 |
| 2006 | 573.3 | 73.2 | 43.8 | 170.8 | 65.3 | 38.7 | 94.3 | 51.6 | 94.8 |
| 2007 | 156.5 | 26.3 | 121.8 | 45.5 | 27.9 | 32.5 | 174.0 | 53.6 | 79.9 |
| 2008 | 203.6 | 365.0 | 210.2 | 67.5 | 85.1 | 59.2 | 129.8 | 134.9 | 108.6 |
| 2009 | 474.7 | 151.5 | 66.0 | 145.3 | 46.8 | 7.7 | 152.2 | 85.8 | 49.0 |
| 2010 | 20.6 | 24.7 | 41.0 | 32.8 | 0.4 | 22.4 | 76.1 | 4.2 | 61.0 |
| 2005—2010 年平均 | 422.8 | 140.7 | 93.6 | 93.2 | 48.1 | 27.7 | 132.5 | 87.8 | 70.8 |
| 2010 年降水占 6 年平均的百分比 | 4.9 | 17.6 | 43.8 | 35.2 | 0.8 | 81.0 | 57.5 | 4.8 | 86.2 |

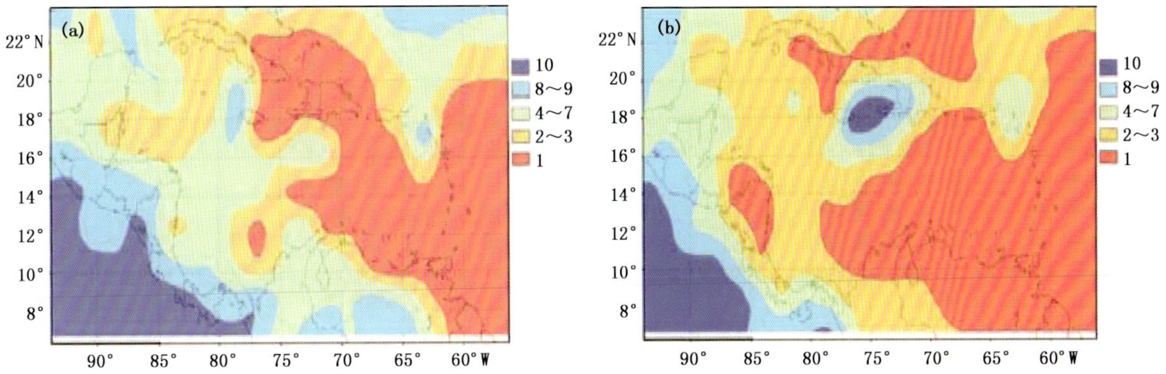


图 5.5　2010 年 2 月的 1 个月十分位图(a)和 3 个月十分位图(b)

Fig. 5.5　1-(a)and 3-(b)month decile maps for February 2010

干旱造成一些国家农业就业至少减少 20%，伯利兹、多米尼加和圭亚那接近 30%；多米尼加的香蕉产量相比 2009 年下降 43%；安提瓜和巴布达的洋葱减产 25%，有些地区番茄减产近 30%。

## 5.4 “一带一路”地区的干旱

干旱是一种世界范围的自然灾害，长期影响各国农业生产和社会经济活动。“一带一路”沿线地区生态环境脆弱、农业耕地集中、干旱灾害频繁，利用遥感卫星监测大区域的干旱水平及其时空变化，对于科学掌握“一带一路”地区的干旱格局、区域分异特征，及其对农业耕地的影响具有重要的科学和现实意义。“一带一路”地区冬季的干旱主要分布在东北亚、东南亚和南亚地区，夏季的干旱主要分布在中亚和西亚地区，干旱的发生具有明显的季节周期性。近年来，东北亚、西亚北非、南亚和中东欧地区的干旱平均水平呈现小范围的减轻趋势，中亚地区的干旱平均水平呈现小范围的增强趋势，东南亚地区的干旱平均水平呈现先减后增的波动特征。“一带一路”地区干旱总面积趋于减少。

“一带一路”地区干旱的发生和分布具有明显的区域差别，东北亚、中亚和西亚发生干旱一般在中旱以下；东南亚和中东欧一般是轻旱甚至无旱；南亚的干旱一般比较严重，大多是中到重旱。

2009—2010年印度发生长达23个月的干旱(从2009年2月至2010年12月),对印度的4个地区都造成严重影响,特别是中部和西北部的储水赤字(water storage deficit index)高达−26.31。

## 5.5 2009—2010年冬春中国西南地区严重干旱

2010年是近10年来中国极端天气气候事件发生频率、强度及影响最大的一年。

2010年夏季高温日数为1961年以来最多值,平均最高气温为1961年以来最高值。全国平均高温日数为9.7天,较常年偏多3.5天,为1961年以来历史同期最多值;全国平均极端最高气温为35.0℃,较常年偏高2.0℃,为1961年以来历史同期最高值。

极端降水事件为1961年以来最多。全国共有97个气象站的日降水量突破历史极值,133个气象站的过程累计降水量突破历史极值。

台风登陆比例为有观测记录以来最高。虽然西太平洋台风生成个数是新中国成立以来最少的一年,但全年有7个热带气旋在中国华南沿海登陆,登陆比例达到50%,为有观测记录以来最高值。台风生成时间和登陆地点集中,8月底至9月初的近10天内有5个热带气旋生成,全年有5个热带气旋在福建沿海登陆。

2010年中国十大天气气候事件:

(1)秋、冬、春特大干旱刷新西南地区气象观测记录;

(2)甘肃舟曲发生新中国成立以来特大山洪泥石流灾害;

(3)新疆北部出现有气象观测记录以来最严重的雪灾;

(4)14次强降雨轮番袭击南方,汛情严重;

(5)东北、华北冬春持续低温,40年来罕见;

(6)10月海南出现1961年以来同期罕见强降水;

(7)云、贵、川等地汛期频发泥石流、滑坡灾害;

(8)东北初夏炎热,最高温度达40℃;

(9)3月江南出现历史罕见早汛;

(10)强沙尘暴横扫21省(区、市)。

中国西南地区自2009年秋季至2010年春季发生了严重干旱,这次干旱无论持续时间和发生区域或降水减少程度都是近50年来所罕见的。2009年到2010年春季,云南、贵州和广西西北部发生了持续近8个月的严重干旱,受旱达800万公顷。严重干旱不仅使云南、贵州和广西西北部大量农作物歉收或绝收,而且使2500万人生活用水困难,造成了巨大经济损失。

西南地区严重干旱具有以下两个特征,一是持续时期长,自2009年9月开始一直延续到2010年4月,持续了3个季度计8个月,这表明此地区发生了秋、冬、春3季连续大旱;二是降水偏少严重,2009年9月到2010年4月,云南、贵州和广西西北部以及西藏东南部降水偏少40%以上,一些地区甚至偏少60%以上,达到持续严重干旱的程度(图5.6、5.7)。从图5.6可以看到,西南地区,特别是西藏东南部和云南、贵州和广西西北部,2009年9月至2010年4月降水距平为−40%~−60%,表明此次干旱不仅持续时间长,而且干旱程度相当严重。此次干旱不仅发生在云南、贵州和广西北部,也发生在西藏东南部,在2009年冬季四川和重庆地区也发生严重干旱,更加表明了这次严重干旱发生的面积广、范围大。

2009—2010年干旱期间,中国西南部大气对流层中低层的比湿距平为负值,且异常偏高(图5.8),对流层低层相对湿度偏小25%(图5.9)。对流层中低层水分的缺乏,不利于降雨的形成(图5.10)。

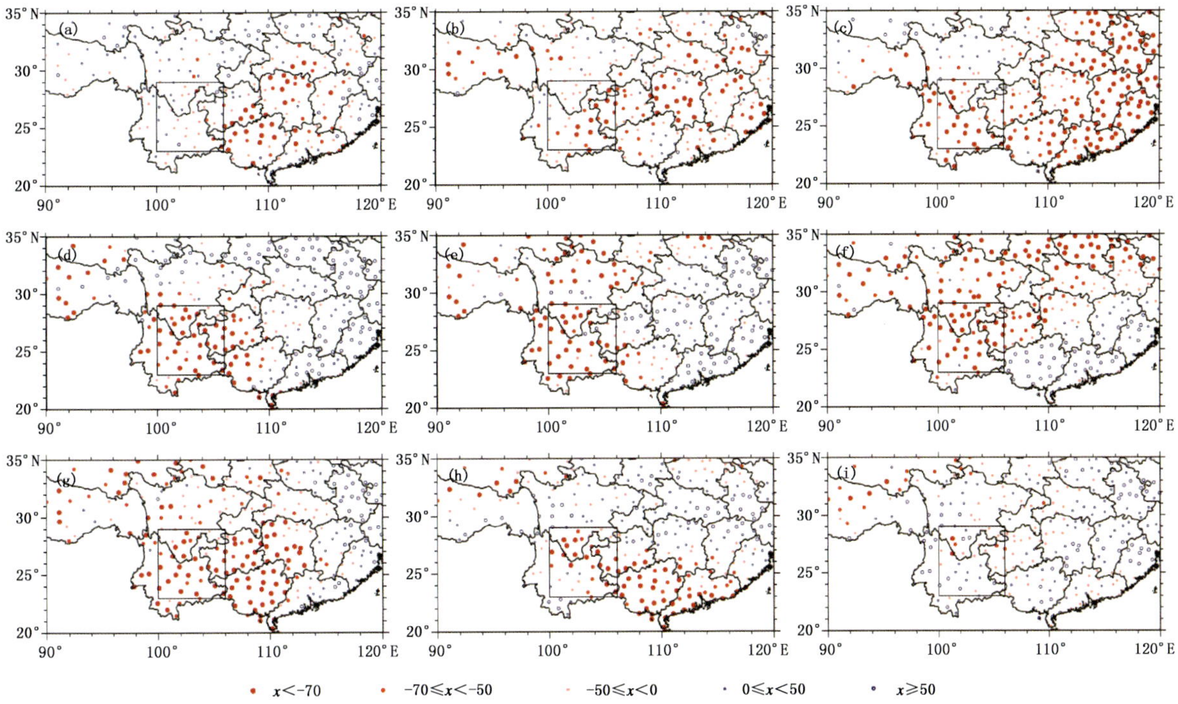


图 5.6 2009 年 8 月至 2010 年 4 月(a—i)西南地区逐月降水距平百分率的空间分布
(以 1959/1960 年至 2009/2010 年的月均值为基准)

Fig. 5. 6 Monthly spatial distribution of percentage rainfall anomalies from August 2009 to April 2010 against the each month climatological mean from 1959/1960 to 2009/2010 in Southwest China

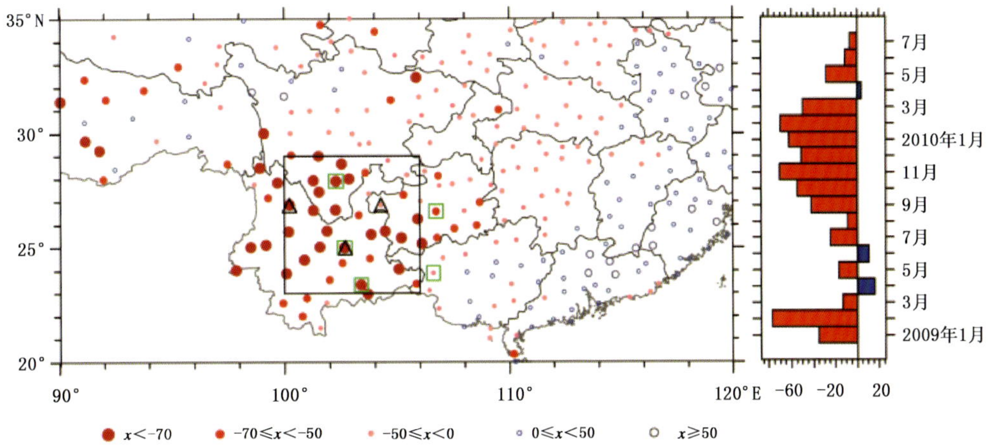


图 5.7 2009 年 10 月至 2010 年 2 月干旱期间西南地区逐月降水距平百分率的空间分布

Fig. 5. 7 Monthly spatial distribution of percentage rainfall anomalies during the drought period of 2009/2010 (October 2009-February 2010.) in the past 50 years (left); regional arithmetic mean percentage rainfall anomalies from January 2009 to July 2010 in Southwest China

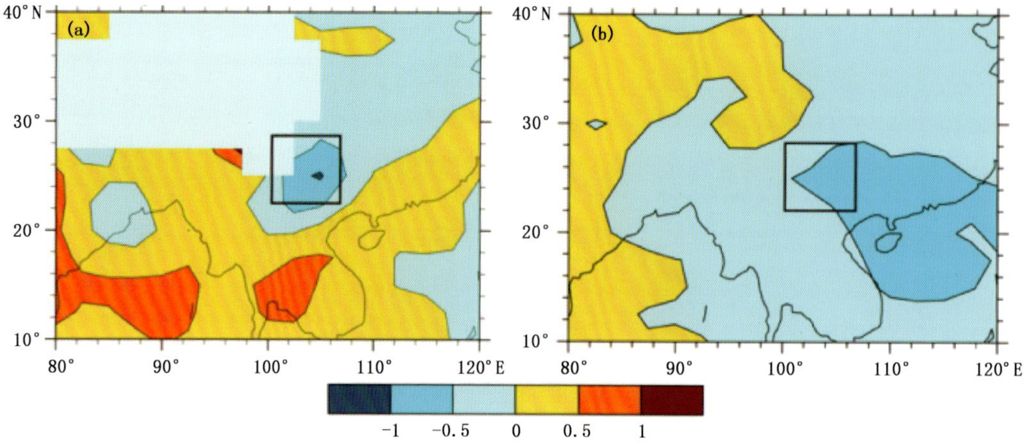


图 5.8　2009 年 10 月至 2010 年 2 月 1000～700 百帕(a)和 700～500 百帕(b)比湿距平(g/kg)空间分布

Fig. 5.8　Spatial distribution of vertically integrated specific humidity anomalies (unit:g/kg) during the period from October 2009 to February 2010, respectively, for the levels from 1000 to 700 hPa and from 700 to 500 hPa

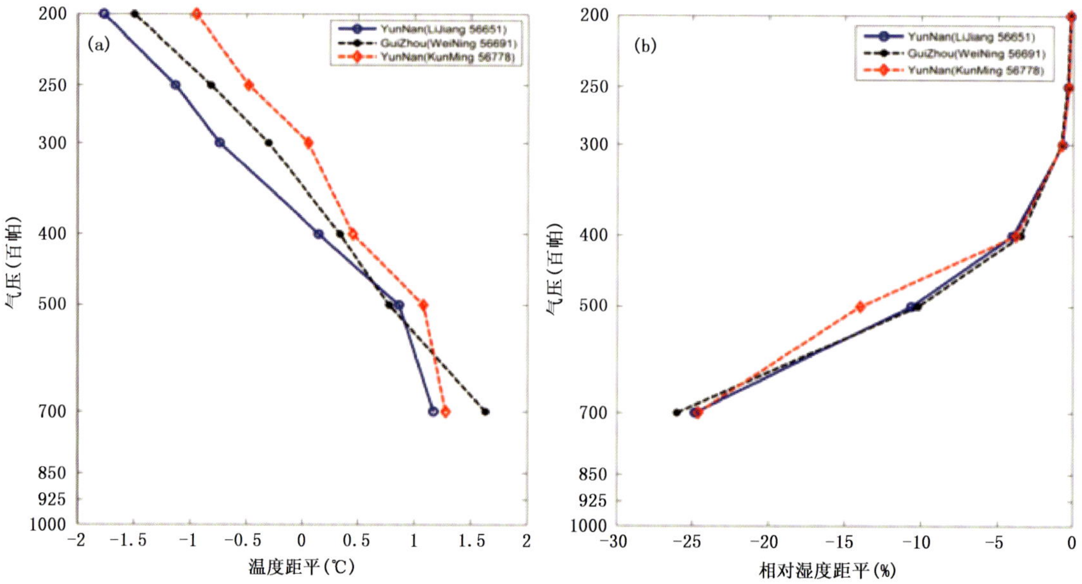


图 5.9　2009/2010 年干旱期间中国西南部 3 个代表站温度和相对湿度的垂直廓线

Fig. 5.9　Vertical profiles of temperature and relative humidity anomalies during the 2009/2010 drought period at three typical stations over Southwestern China

从 2009 年秋季到 2010 春季，热带西太平洋和热带印度洋处于升温状态，使得热带西太平洋上空产生反气旋异常环流，造成西南气流异常，在中国东南沿海加强，华南和华中地区上空处于低槽控制，因而在青藏高原东部为槽后西北气流和下沉气流所控制，导致从孟加拉湾来的水汽很难到达云贵高原，从而引起此区域降水长期偏少(图 5.11)。中高纬度地区的环流异常对此次严重干旱也有重要影响。

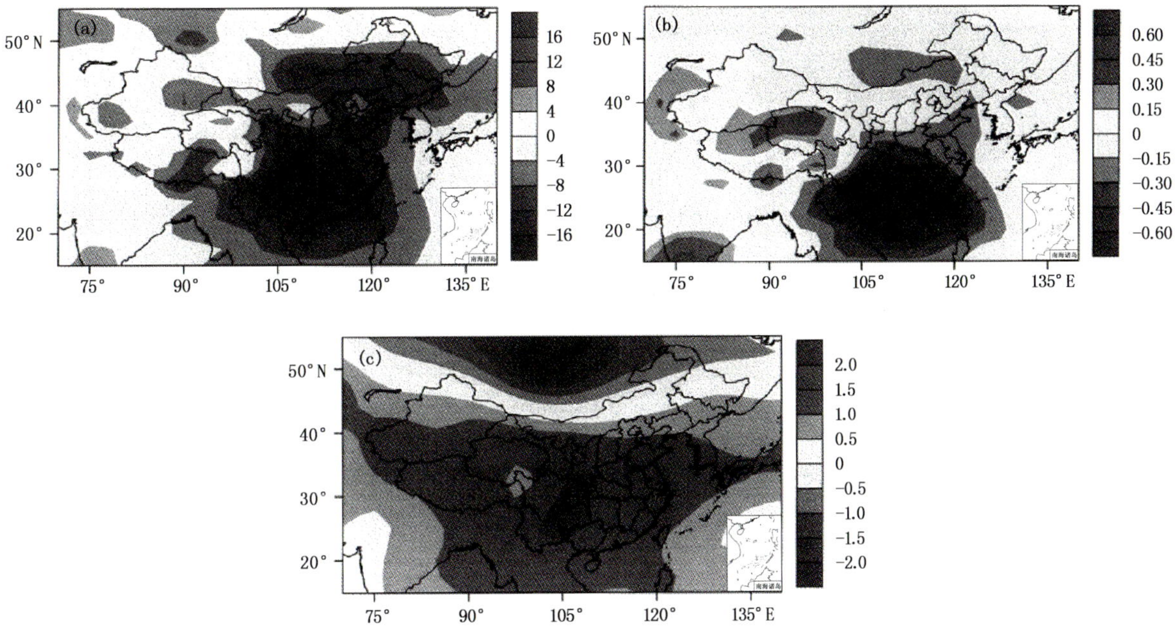


图 5.10　2009 年 9 月至 2010 年 2 月特旱期间 600 百帕平均相对湿度(a)、比湿(b)、温度(c)距平（基于 1968—1996 年气候平均值）

Fig. 5.10　Anomalies of relative humidity(a), specific humidity(b)(g/kg), and temperature (c), at 600 hPa averaged over the drought period from September 2009 to February 2010, relative to the climatic mean of the period 1968—1996

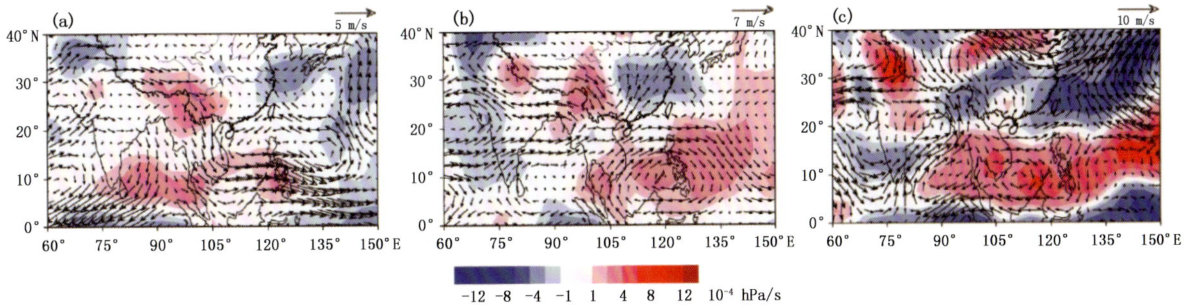


图 5.11　2009 年秋季(a)、冬季(b)和 2010 年 3—4 月(c)南亚和东亚地区上空 700 百帕风场距平和 500 百帕垂直运动距平分布（黄荣辉 等，2012）（红、蓝色表示下沉和上升运动的距平；取 1971—2000 年气候平均各月风场和垂直运动为正常值；风场和垂直运动取自 NCEP/NCAR 再分析资料）

Fig. 5.11　Distributions of the wind anomaly field at 700 hPa and vertical motion anomalies at 500 hPa over South Asia and East Asia in the fall(a) and winter(b) of 2009 and Mar-Apr 2010(c). The climatological mean monthly wind fields and vertical motions for 1971—2000 are taken as the normals

2009 年冬季到 2010 年春季中高纬度准定常行星波传播的极地波导偏强、低纬度波导偏弱，导致波的 E-P 通量在 60°N 附近对流层和平流层为辐合，在 35°N 附近对流层中上层为辐散，引起纬向平均西风在 60°N 附近对流层和平流层减弱，在 35°N 附近对流层中上层加强，造成了北极涛动(AO)为很大的负值。由于北极涛动为负值，东亚冬季冷空气活动强且路径偏东，使得到达中国西南地区的冷空气偏弱，引起中国西南地区持续性严重干旱的发生（图 5.12）。

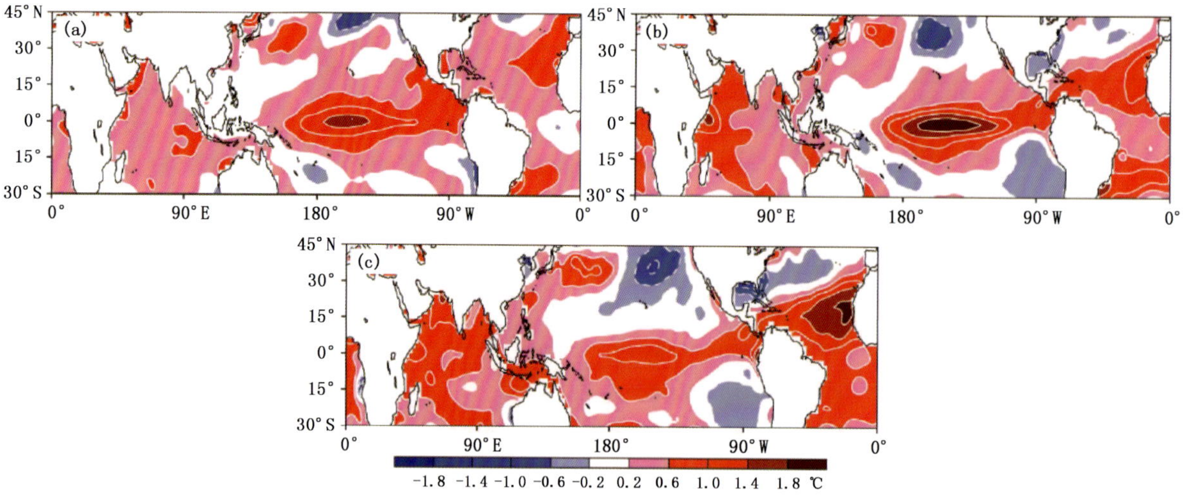


图 5.12 2009 年秋季(a)、冬季(b)和 2010 年 3—4 月(c)热带太平洋和印度洋海表温度距平分布
(取 1971—2000 年各月海表温度气候平均分布为正常值，红、蓝色表示正负距平)

Fig. 5.12 Distribution of the SST anomalies in the tropical Pacific and the tropical Indian Ocean in the fall(a) and winter(b) of 2009 and Mar-Apr 2010(c). The climatological mean monthly SSTs for 1971—2000 are taken as the mormals

## 5.6 21 世纪第一个 10 年气候极端事件

21 世纪第一个 10 年是自 1850 年现代观测开始以来所记录到的最暖的十年(WMO,2013)。这 10 年降水偏多(图 5.13、5.14),2010 年打破了所有以前的记录。这 10 年的另一个明显特征是给人留下深刻印象的极端气候和天气事件(图 5.15,表 5.4),如 2003 年发生在欧洲的热浪,2010 年发生

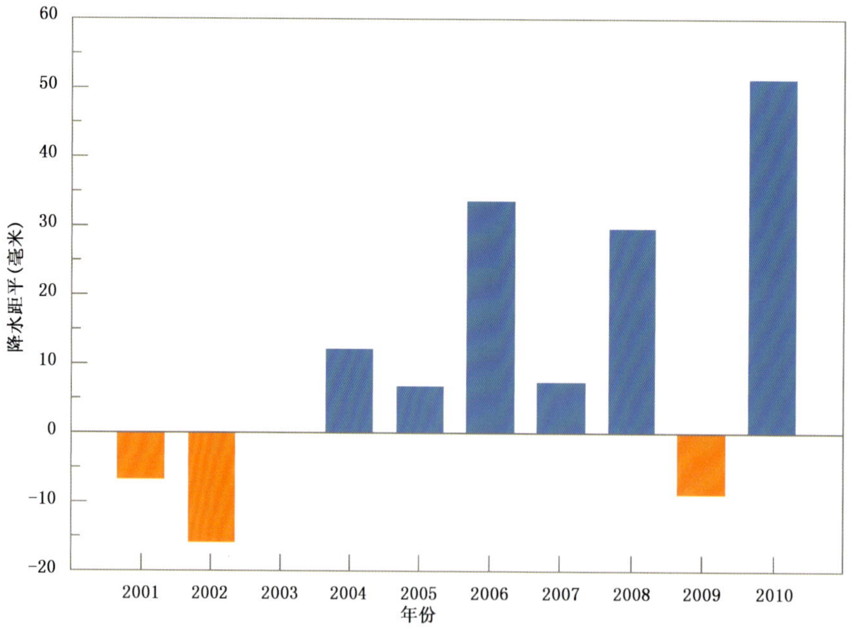


图 5.13 相对于 1961—1990 年 WMO 标准正常值的 10 年全球降水距平

Fig. 5.13 Annual global precipitation anomalies (mm) relative to the 1961—1990 WMO standard normal

在巴基斯坦的洪水、发生在美国的卡特里娜飓风、发生在缅甸的热带气旋纳吉斯，以及发生在亚马孙河流域、澳大利亚和东非的持续干旱。

2001—2010 年这 10 年，世界各地都发生过干旱。造成严重影响的长期干旱肆虐澳大利亚(2002 年及其他年份)、东非(2004 年和 2005 年，导致大范围的生命损失和粮食短缺)，以及亚马孙河流域(2010 年)。

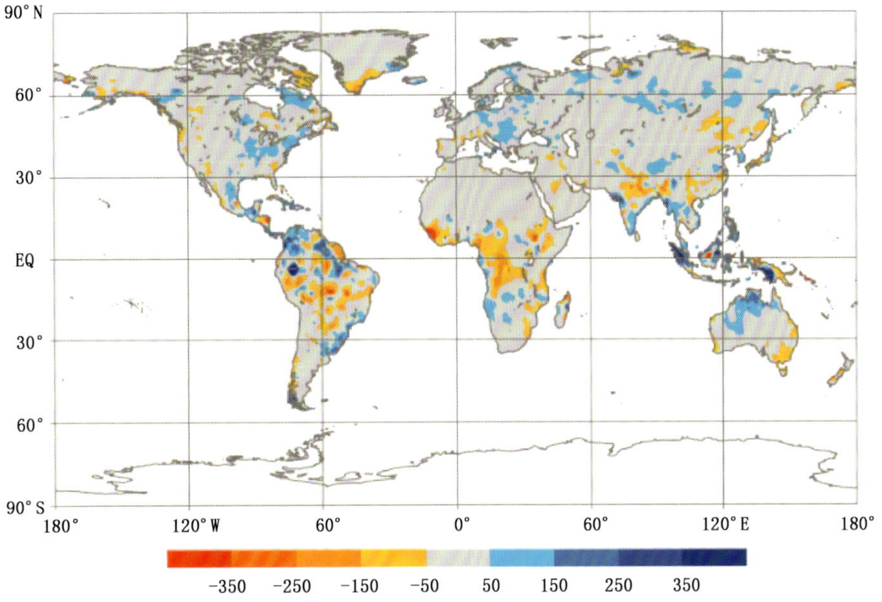


图 5.14　2001—2010 年全球陆地 10 年降水距平(以 1951—2000 年为基准期)

Fig. 5.14　Decadal precipitation anomalies (unit:mm) for global land areas for 2001－2010 from averages computed using 1951－2000 base period

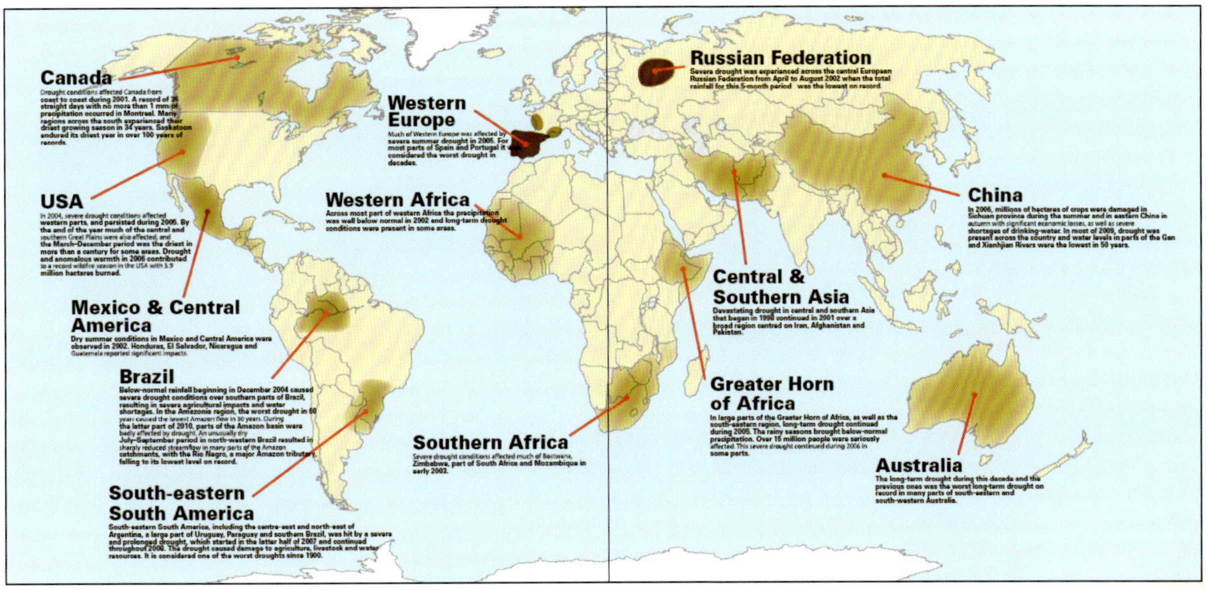


图 5.15　2001—2010 年极端干旱事件

Fig 5.15　Most significant droughts reported during 2001－2010

表 5.4 2001—2010 年极端干旱事件

Tab. 5.4 Significant droughts during 2001－2010

| 年份 | 极端干旱事件 |
| --- | --- |
| 2001 | 1. 加拿大受到干旱的影响，蒙特利尔连续 35 天降水量不超过 1 毫米。南部许多地区经历了 30 多年来最干旱的生长季节；<br>2. 巴西大部分地区夏季和秋季干旱严重；<br>3. 1998 年开始的中亚和南亚严重干旱在以阿富汗、伊朗和巴基斯坦为中心的广大地区持续到 2001 年；<br>4. 约旦 2001—2002 年持续受到干旱影响，给作物生长和饮用水造成严重影响；<br>5. 肯尼亚部分地区和非洲之角的邻国持续发生干旱；<br>6. 肯尼亚东北部一些地区的雨季(3—5 月)降水远低于正常水平，出现自 1961 年以来干旱最为严重的 5 月 |
| 2002 | 1. 欧洲中部的俄罗斯经历了 4—8 月的严重干旱期，这是有气象观测记录以来这 5 个月内总降雨量最低的一次；<br>2. 墨西哥和中美洲夏季监测到干旱，萨尔瓦多、危地马拉、洪都拉斯和尼加拉瓜都有干旱对农业产生严重影响的报道；<br>3. 巴西东北部持续干旱，特别是在雨季(2001 年 12 月—2002 年 5 月)期间；<br>4. 西非大部分地区降水量远低于正常水平，某些地区出现长期干旱 |
| 2003 | 1. 严重干旱对欧洲的农业、发电和供水产生了不利影响。法国、葡萄牙、西班牙以及中欧和东欧国家发生了严重的森林火灾；<br>2. 到 2003 年底，美国约有 37%的地区发生中到重旱；<br>3. 澳大利亚受到干旱和高温的影响导致东南部 1 月和 2 月发生了毁灭性的野火；<br>4. 2003 年初，博茨瓦纳大部分地区，南非、莫桑比克和津巴布韦部分地区发生严重干旱 |
| 2004 | 1. 美国西部一些地区连续第 5 年出现严重干旱；<br>2. 玻利维亚 El Chaco 东南部地区的长期干旱严重威胁到了该地区的粮食安全和居民健康；<br>3. 春季中国东北部发生严重干旱，秋季南部省份受到严重影响；<br>4. 2004 年年初，干旱持续影响莱索托、莫桑比克、南非东部和斯威士兰的部分地区；<br>5. 大非洲之角的部分地区，2 个雨季的降雨量都远低于正常水平，导致多季节性干旱持续 |
| 2005 | 1. 西欧大部分地区受到夏季严重干旱的影响。在葡萄牙和西班牙的大部分地区，干旱被认为是几十年来最严重的一次。干燥条件也加剧了该地区的野火；<br>2. 截至年底，美国中部大部分地区发生严重干旱，据报道，一些地区 3—12 月是一个多世纪以来最干旱的时期；<br>3. 巴西南部 12 月开始的重旱对农业产生严重影响，并造成水资源严重短缺；<br>4. 在亚马孙地区，60 年来最严重的干旱导致了 30 年来亚马孙河最小的径流量；<br>5. 澳大利亚大部分地区 1—5 月异常干旱，造成 44%的国土降雨量 10 年来最少；<br>6. 大非洲之角的大部分地区以及东南部地区，年内持续长期干旱 |
| 2006 | 1. 干燥加上异常的高温造成了美国创纪录的野火持续时间；<br>2. 巴西南部地区的干旱持续到 2006 年年初；<br>3. 由于干旱，夏季四川省和秋季中国东部地区数百万公顷农作物受损；<br>4. 大非洲之角包括布隆迪、吉布提、厄立特里亚、埃塞俄比亚、肯尼亚、索马里和坦桑尼亚的部分地区发生长期干旱 |
| 2007 | 1. 夏季罗马尼亚遭受了严重的干旱和持续的热浪，是自 1945—1946 年以来最严重的一次；<br>2. 美国西部大部分地区、中西部上游以及加拿大安大略省南部出现重到特旱；<br>3. 自 2007 年下半年开始，南美洲东南部，包括阿根廷的中东部和东北部，巴拉圭，乌拉圭和巴西南部的大部分地区遭受了长期重旱；<br>4. 澳大利亚墨累—达令流域持续 6 年(2002—2007 年)的干旱是该国历史上最严重的长期干旱之一，干旱在某些地区持续到 2009 年 |

续表

| 年份 | 极端干旱事件 |
| --- | --- |
| 2008 | 1. 葡萄牙和西班牙经历了数十年来最严重的冬季干旱；<br>2. 加拿大不列颠哥伦比亚省南部经历了 60 多年来最严重的干旱之一；<br>3. 美国加利福尼亚州北部和中部的持续干旱导致许多大型野火；<br>4. 南美洲东南部全年持续干旱，被认为是自 1900 年以来最严重的干旱之一 |
| 2009 | 1. 墨西哥发生了重到特旱；<br>2. 在阿根廷中部，一年中大部分时间都是干旱；<br>3. 中国各地发生干旱，赣江部分流域的水位 50 年来最低 |
| 2010 | 1. 俄罗斯的极度温暖加剧了干旱，导致自 1972 年以来最严重的干旱；<br>2. 英国经历了自 1929 年以来最为干旱的 1—6 月；<br>3. 有气象观测记录以来加拿大最干燥的冬季(2009 年 12 月--2010 年 2 月)；<br>4. 巴西西北部 7—9 月的异常干旱导致亚马孙河流域的许多地区径流急剧减小；<br>5. 孟加拉自 1994 年以来最干的季风季节；<br>6. 澳大利亚西南部有史以来最干的一年；<br>7. 东非部分地区，特别是肯尼亚赤道地区和坦桑尼亚，2010 年后期持续干旱 |

# 第6章 历史重大干旱事件

## 6.1 19世纪前、中期中国重大干旱事件

### 6.1.1 1805年中国晋、陕、鲁大旱灾和饥荒

1805年(清嘉庆十年),山东、山西、河北、河南、陕西发生大旱灾,以山东、山西、陕西以及河南北部地区灾情最重。据记载,河南淇县等六州、县旱灾,贷赶种、口粮、仓谷。山东历城等二十州、县旱灾,缓征新旧额赋。山西临汾、洪洞等三十五州、县旱灾,缓征积歉仓谷,并赈灾民。陕西三水等三十厅、州、县旱灾,贷灾民口粮。山东省夏、秋旱,章邱、济南、益都、黄县等地夏大旱,黄县有许多人被渴死,庄稼受灾严重,昌乐、安丘等地秋旱、蝗灾,田地收成很少;惠民、海州、阳信、沾化、滨州、利津、蒲台、高苑、青城、博兴、乐安、齐东、邹平、新城、长山、历城、潍县、寿光、临淄、淄川、益都等地均因旱成灾,部分地区同时发生蝗灾,至冬发生饥荒。山西省全省大旱,大部分地区自上年(1804年)就已开始,据记载,襄陵、汾城等地大旱,寸草不生;泽州"大饥,人相食,斗米千钱。连年大旱";霍州、长子、绛州、夏县、河津、太原、榆次、太平、高平、乡宁等地大旱无秋,遍地饥荒,米价奇贵,河津斗米银一两,忻州、阳曲等地春夏连续大旱无雨,百姓大饥;垣曲、永济、陵川、介休、安邑、稷山、临晋、猗氏、芮城、临汾、万泉、屯留、夏县、永济等地或夏旱,或秋旱,秋收大歉,贫民缺食。陕西全省大部分地区自1804—1805年连续受旱,灾情严重,延安、安塞、甘泉、子长、志丹、宜川、延川、延安8县"夏间缺雨,秋禾被旱,田禾均未有收者";西安、长安、咸阳、宝鸡、潼关、华阴、黄陵、洛川、陇县等40多个县、市缺雨被旱;乾县、永寿、礼泉大旱,斗米值至钱一串四百文;大荔、合阳、澄城、韩城、华阴粮价奇贵,斗粟银一两五钱;岐山夏秋因旱奇荒,"饥馑日甚,妇号于室,长叹于野,甚者扶老携幼,几不能安",甚是凄凉。

### 6.1.2 1813—1814年中国大旱灾和饥荒

1813—1814年(清嘉庆十八年至十九年),中国长江流域及其以北的广大地区发生大旱灾。1813年,旱灾主要发生在华北及邻近地区,波及内蒙古、北京、天津、河北、河南、山东、山西、陕西、湖北等地约126个县,以河南、河北、山东及山西东部灾害最重;1814年,旱灾区域向南扩展到湖南、贵州以及长江中下游地区,西北的宁夏也有旱灾发生,受旱县数达161个,以湖北、安徽、江苏、上海、浙江北部以及山西北部、内蒙古南部灾情最重。据记载,1813年,"山东历城、鱼台等五十一州县及德州等四卫、东平所旱灾,缓征额赋。直隶邢台、广台、香河等五十八州、县旱灾,缓征新旧额赋。河南省的祥符、新郑等三十二厅、州、县旱灾,赈。安徽亳、凤阳等七州、县旱灾,免额赋。湖北江陵、沔阳等十州、县及各卫所旱灾,缓征新旧额赋"。1814年,"直隶大城、武邑等三十四州、县旱灾,缓征新旧额赋。河南固始等四州、县旱灾,贷仓谷。湖北黄陂、武昌等十二州、县及德安等三卫旱灾,缓征额赋,漕粮并旧欠银米籽种。浙江嘉兴、钱塘等二十一州、县及杭、严等二卫旱灾,蠲缓额赋,漕粮。湖南澧州、麻阳等九州县旱,歉收"。

1813年，河南省全省春夏大旱，遍地饥荒；灵宝百姓大饥，五分之一的人被饿死；洛宁“岁旱，大饥，人相食”；宜阳“十室九空，树皮草根人食殆尽”；巩县、荥阳、郏县、鲁山、禹县、密县等地“大旱，大饥，人相食”，离县“途多饿莩，肉无辜存，尽为饥民刮食，市有诈称牛马肉售者”；临汝斗米卖至二千八百钱；陕县、孟津、卢氏、郾城、叶县、登封、孟县、汝阳等地大旱，大饥，饿死者无数。同年，河北省南部大旱，如正定夏季大旱，井陉大旱荒。山东省全省大旱，黄县“夏大旱，田苗尽枯”；莘县、宁津、博平等地二麦均遭旱灾，民靠赈济度生；惠民、滨州、泰安、肥城、单县、峄县、济宁、全乡等70多个县、市大旱，饥荒遍地，饿死者随处可见。山西全省旱，洪洞、翼城等地“旱，岁大饥，民剥树皮，掘草根为食”；泽州、河曲、垣曲、昔阳、平定等地旱，发生饥荒。

1814年，河南、河北、山东、山西的干旱有所减轻，但灾情依然很重，如山西省的广灵、河曲、昔阳、平定等地旱灾，百姓饥饿，临县贫民以树皮草根充饥，偏关有大批饥民饿死。同年，湖北省大部分地区大旱、大饥，郧县、竹溪、房县、黄梅等地“大旱，大饥，草木食尽，民多饿死”，房县斗米卖至钱三千二百；钟祥、孝感、应城、罗田、英山、浠水等地“大旱，河尽涸”；汉口、襄阳、枣阳、南漳、宜城、汉阳、麻城等地“斗米千钱，民大饥”。安徽省中部地区夏季大旱，江淮之间“田赤草枯，饥疫，逃亡甚众，人相食”；江南夏秋连旱，广德自1814年3月至11月无雨，田地绝收，百姓大饥；阜阳、寿县等地“夏大旱，禾半无穗，菽皆不秀而萎，民饥”；泾县、东至等地秋季大旱，旌德夏秋大旱，“田地尽成赤土，青草全无”；全椒、来安、合肥、舒城、霍邱、霍山、无为、和县、庐江、巢县、怀宁、潜山、建德、铜陵、繁昌、南陵、宣城等地大旱，米价飞涨，斗米卖至千钱，百姓饥饿万分，霍邱出现“人相食”，庐江“民多流亡”。陕西省镇巴夏季大旱，河水干涸；宝鸡、延安、柞水、汉阴等近20个县、市“夏旱，麦禾皆伤，民饥”。同年江苏省大部分地区重旱，部分地区发生蝗灾，酉阳、盱眙、宝应等地夏旱兼蝗灾；溧阳夏旱兼疸疫，死人无数；仪征、靖江、泰兴、通州、泰州、金坛、丹阳、丹徒、句容、溧水、武进、六合、苏州、江阴、常熟、太仓、吴江、昆山等地异常大旱，河、井、泉全部涸竭，田地龟裂，所有农作物绝收，米价飞涨，武进“米价石四千钱”，昆山高达“石米五千六百钱”，百姓大饥，饿死者无数。上海市的宝山“亢旱无水，岁寝”，川沙夏秋大旱，嘉定“五月至七月不雨，岁大饥”，奉贤、上海县3—7月无雨，南汇“大旱，河尽涸，籽种不能种下，是年大饥”。同年，浙江省的杭州、淳安、建德、嘉善、桐乡、新昌、海盐、嘉兴等地大旱，米价昂贵，饥民以草根树皮充饥；吴兴、长兴、德清等地5—8月滴雨不下，各处河涸井干，庄稼大部分枯死，百姓挨饿。

### 6.1.3 1846—1847年中国北方大旱灾和饥荒

1846—1847年（清道光二十六年至二十七年），中国北方大部分地区发生大旱灾。1846年，旱灾主要发生在现在的内蒙古中南部、山西、陕西、宁夏、河南等地区约110个县；1847年，旱灾区向东移动，包括河北、北京、天津、山西、河南、陕西东部、湖北北部等约95个县，以河北、河南灾情最重。

据记载，1846年，山西省全省大旱，以夏、秋旱为主，汾西、乡宁、虞乡、闻喜、夏县、芮城、临汾、绛州、曲沃、万泉、高平、沁水、阳城、浮山、襄陵、汾城、吉州、平陆、壶关等地“大旱民饥，人剥榆皮以食”；解州自5月至冬天一直无雨，百姓饥饿；恒曲、荣河、永济、霍州等地旱灾，“夏无麦，秋无禾，民大饥”；安邑、永和、临晋等地“夏秋大旱，二麦未种，贫民饥饿”；猗氏更是自6月大旱至次年2月，一直无雨。陕西省夏、秋旱，榆林大旱，神木、府谷、蓝田、三原等地夏季大旱；关中、华县等地秋季大旱，“民失种，谷价昂贵，民之告饥者过半”；蒲城、大荔等地“秋冬不雨，农民不能种麦，粮价昂贵，饿死者无算”；长安、西安、咸阳、临潼等24个县（市）“夏秋被旱，收成累歉，冬来少雪，二麦又未种齐，民大饥”。

1847年，河北、河南发生重旱。河南全省夏季大旱，灵宝“夏旱，麦无穗，秋无禾，人食榆皮草根，糟糠，秕谷尽入于市，转死沟壑者无数”；渑池“夏五月旱，至秋不雨，饿殍载道”；孟县“四月旱，淇水竭，米价市斗四钱”；巩县“春夏大旱，乡民散四乡，转沟壑卖妻子者无数”；宜阳“大旱，赤地千里，麦收俱无，人民逃亡者相继”；荥阳夏秋大旱，之后又连绵十几日大雨，造成“两季未收，十室九空，米价日腾”，至冬每天因冷、饿而死者越来越多；陕县、新安、鲁山、郾城、密县等地因旱发生饥荒；9月赈给禹州等47州、县口粮。同年，河北藁城大旱，4—10月无雨；六安“大旱，飞蝗四至，如云雨天，是岁荒歉”；肥乡“先旱后潦，五谷生芽，民大饥”；定县、赞皇、永乐、邯郸、大名、邱县等地“大旱，大饥”，六城出现“人相食”。

### 6.1.4 1867年中国晋冀旱灾

1867年（清同治六年），北京、天津、河北、河南、山西及陕西北部发生旱灾，以山西、河北、天津灾情最重。据记载，1867年山西省全省旱，太原偏旱，其余地区大旱；和顺、猗氏、泽州、黎城正月至五月无雨，春麦全无；曲沃、高平春旱，沁州春夏大旱，太谷、太平、浑源、安邑夏季大旱，收成大减，解州的麦子全被旱死，颗粒无收；翼城、虞乡、屯留、永济、襄垣、辽州、芮城、大同、绛州等地大旱无麦，百姓大饥；壶关、夏县、吉州等地旱灾。同年，天津市大旱，“清河、子牙河及淀俱涸，卫河走车。各县被旱蠲缓额赋”。河北新城、定兴、曲阳、新乐等地春夏连续大旱，正定、无极夏季大旱，徐水秋季大旱，完县旱、饥，清苑“旱，发义仓谷以赈饥”。

## 6.2 20世纪后期欧洲重大旱灾事件

### 6.2.1 1972—1973年冬季塞浦路斯旱灾

1972年10月至1973年3月，受稳定的地中海地区高气压控制，塞浦路斯大部分地区持续严重缺雨，1973年1—3月降水总量比正常年份偏少20%，使该国1972—1973年冬季成为1881年以来最干旱的冬季。在旱魔肆虐之下，塞浦路斯农业灌溉用水明显不足，家庭用水受到限制；谷类作物和一年生的雨育作物几乎完全被毁，葡萄产量只及正常年景的30%，经济蒙受严重损失。

### 6.2.2 1975—1976年西欧及中欧地区特大旱灾

1975—1976年，西欧和中欧地区先后出现降水严重不足，发生大旱灾。1975年初，西欧和中欧地区降水比常年同期短缺，形成干旱；如波兰和德国，2月降水量比常年同期偏少15%～35%；匈牙利大部分地区1—2月降水总量不足15毫米，比常年同期低25%。1975年夏季的降水类型多变，大部分地区极端少雨干旱，如爱尔兰1975年3—8月出现近百年以来最干旱的时期，6月和7月的土壤水分短缺达100毫米以上；英国许多地区2—8月也是这个世纪以来最干的时期；德国的石勒苏益格-荷尔斯泰因州，6月区域平均降雨量只有13毫米，仅相当于常年平均的21%；瑞典南部夏季也出现最干旱的记录；比利时于克勒1975年10月降水奇缺，出现自1833年以来的最小值。1976年，西欧和南欧地区的干旱比1975年更甚，西自英国和法国至欧洲中部，北起斯堪的那维亚半岛至意大利北部的广大地区，2—7月降水量均低于常年平均值，有些地区生长季雨量只有常年的40%，创近200年来最少纪录。

在西欧和中欧地区，1975—1976年大旱使许多国家创持续少雨的记录，如英国英格兰和威尔士的干旱最为严重，连续16个月缺雨，为自1727年有观测记录以来最长时间，苏格兰在108年中只有1955年和1976年发生过夏季干旱；比利时1976年2—8月持续少雨，为1921年以来最严重的缺雨期，布鲁塞尔的3—8月为有观测记录以来最干的时期；丹麦1976年6月至8月底为自1874年开始有观测记录以来最干的时期；法国北部1976年6月降水量比常年同期少10%，为自1870年以来未曾出现过的现象；民主德国1976年2—8月的全国雨量只有常年同期雨量的70%；联邦德国1976年6月的雨量为自1891年以来同期的最低值，不少地区持续干旱39天，是以前从没有出现过的现象，8 月则为 20 世纪以来最干燥的月份；荷兰 1976 年 2—8 月为近 125 年以来同期的最旱时期，全国平均降水量 185 毫米，而常年同期降水量为 401 毫米；瑞士 1975 年 12 月至 1976 年 6 月全国平均降水量只及常年同期的 55%，是自 1870 年以来从没有出现过的；捷克斯洛伐克 1976 年 2 月、6 月和 7 月最为干旱，夏季发生连续 33 天的干旱，创历史最长纪录；挪威东南部地区旱情十分严重，1976 年 3—9 月的降雨量为自 1874 年有观测记录以来同期的最小值；瑞典 1976 年 2—9 月的月平均降水比常年低 30%，8 月的降水只及常年的 1/3。1976 年，西欧和中欧地区夏季出现热浪，更加重了干旱灾害的影响。1976 年 6 月 23 日至 7 月 7 日，大部分地区气温上升到 30℃以上，英国有些地区甚至超过 32℃；比利时、德国、法国、荷兰夏季气温接近或超过自 1826 年以来的最高值；英国中部夏季平均温度出现 300 多年以来的最高纪录；法国巴黎持续在 30℃以上的日数为自 1873 年以来的最大值；联邦德国西部和西北部的部分地区 5 月 8—10 日气温高达 30—32℃，创近百年来最高纪录。

西欧和中欧地区人口稠密，工农业发达，长期持续少雨干旱及高温给农业生产造成重大损失，据不完全统计，农业损失达几十亿美元。干旱使供水紧张，水力发电不足，给人民生活带来极大困难和损失。干热天气易发生森林火灾，严重危及生命与财产。1976 年 6 月初英国土壤严重缺水，导致谷物和奶类严重减产，森林及灌木区火灾频繁；1976 年丹麦的干旱使农作物的损失达 4 亿～5 亿美元；法国北部的干旱，使畜牧业和谷类生产损失严重，牧场大范围失火；民主德国由于干热天气，林火四起，供水十分困难；1976 年，联邦德国由于干旱造成的损失估计达 10 亿马克；瑞士 1975 年和 1976 年的干旱，使马铃薯生产遭受严重损失。

### 6.2.3 1981 年夏季西班牙和葡萄牙高温与旱灾

1981 年 6 月，受移动缓慢的撒哈拉干热气团的影响，伊比利亚半岛上空赤日炎炎，西班牙和葡萄牙大部分地区持续高温酷热天气。6 月 14 日，科尔瓦多和里斯本的气温均达到当地 20 世纪的最高值，分别为 44℃和 43℃（里斯本上一次出现如此高温是在 1856 年）。同时，由于几个月以来极端干燥，使得伊比利亚半岛自 1980 年开始的干旱更为严重，葡萄牙发生百年以来第二次最严重的干旱；西班牙的降水量仅有常年的 80%。干旱对农业和畜牧业造成的总损失估计达 15 亿美元。

### 6.2.4 1988—1990 年地中海地区大旱灾

1988—1990 年，南欧和西北非（即地中海周围地区）出现极端干旱天气。1988 年 10 月至 1990 年 7 月，该地区降水只有常年同期平均值的 75%；西班牙、葡萄牙、意大利、保加利亚等国的大部分地区，1988 年 11 月至 1989 年 2 月的降水总量均在 50 毫米以下，比常年同期偏少 3～7 成；法国东南部经历了近 40 年来最干旱的冬季；意大利水城威尼斯出现多年来罕见的严重缺水现象；希腊发生近 100 年来最严重的干旱；土耳其有 8 个气象站出现近 39 年来的最干旱期。

长期干旱，恰逢高温，不仅给人们的正常生活和农作物带来极大影响，还使地中海地区一些岛屿上的森林大火频繁发生。1988 年 7 月，意大利、南斯拉夫、保加利亚、希腊等国持续出现日最高气温大于 40℃的酷热天气，保加利亚多瑙河畔的鲁塞市日最高气温达 41.7℃，破该市近百年来同期最高纪录；西班牙东部、南部和西北部，法国南部，意大利和希腊部分地区发生大火灾，烧毁大片森林和灌丛。河流、池塘、湖泊水位降低，甚至干涸，许多地区实行用水定量配给，1990 年 7 月底至 8 月初，法国大部分地区居民用水受到限制；法国卢瓦尔河、罗讷河及加龙河等河流的水位只有正常值的一半。意大利一半以上的橄榄收成受到影响；撒丁岛因严重干旱作物损失达 1.04 亿美元。

1990 年 8 月后期，希腊和土耳其西部的干旱有所缓解，大部分地区直至 1991 年 4 月才真正解除干旱。塞浦路斯 1990 年 10—12 月的降水只有常年同期的 32%；约旦的干旱是近 70 年来前所未有的，安曼和约旦其他城市因严重干旱不得不实行用水定量配给。总之，这几年整个地中海的绝大部分地区都受到干旱灾害的影响，意大利干旱时间更长，20 世纪 80 年代的大部分时间降水量始终不足，一般年降水量不足正常值的15%。

1988—1989年和1989—1990年冬季，地中海中部大旱灾主要是因为高气压天气系统控制本地区形成的，那些易在地中海地区产生降水的大西洋风暴锋面已向北进至斯堪的那维亚半岛的北部，阻止了地中海风暴的发展，抑制了降水的发生，导致长期干旱。

### 6.2.5 1992年8—9月匈牙利大旱灾

1992年8月初至9月上旬，整个匈牙利滴水未降。直至9月中旬，白天的气温仍保持在35～36℃。这场大旱给农作物造成的损失之大为20世纪所罕见。长期干旱使大部分秋粮作物出现早熟，玉米叶子焦黄，籽粒干瘪。广大地区的玉米减产30%以上，有些地区达到50%；其他农作物也减产严重。长期干旱还引发数起森林火灾，每场火灾都造成巨大损失。农业歉收给各地方政府造成财政困难，许多地区无力支付雇员工资。这次干旱给匈牙利农业造成的损失至少在300亿福林以上。

### 6.2.6 1992年欧洲大旱灾

1992年上半年，欧洲各地旱情严重。英国部分地区遭受近250年来最严重的旱灾，5月是英国近150年来历史同期最暖的月份，月平均气温达16.5℃；德国北部5月中旬至6月下旬，干旱持续7周，是该地区近150年来持续时间最长的干旱；法国卢瓦尔河干涸，靠近南特地方河床干裂；丹麦2个月持续干旱无雨，是自1874年以来持续时间最长、旱情最严重的干旱，估计农业经济受旱损失至少10亿美元；西班牙受干旱的影响，17%的土地变成了沙漠，900万公顷土地处于危险之中；意大利、匈牙利和罗马尼亚也都受到干旱的影响。气象学家们对造成这次旱灾的原因意见尚不一致。一些专家认为这次旱灾是全球变暖的早期迹象，另一些专家认为情况仍在正常的变化范围内。

### 6.2.7 1995年西班牙南部大旱

1995年，西班牙南部在经历了连续3年的干旱之后，再次遭受20世纪最严重的旱灾。水库的蓄水量降到总蓄水量的10%以下，各条江河到入海口的流量只有通常流量的1/4，大片土地荒芜，几十条河流断流，城镇居民限时定量供水，受灾人口达1100万，干旱造成农业损失33亿马克。

# 参考文献

范宝俊,1998. 人类灾难纪典[M]. 北京:改革出版社:251-258;289-339.

郭巍,魏鸣,2011. 2010年春西南酷旱的监测与机理分析[J]. 自然资源学报(9):178-186.

国家气候中心,2010. 全国气候影响评价2010[M]. 北京:气象出版社.

国家气候中心,2012. 中国气象灾害年鉴(2011)[M]. 北京:气象出版社.

贺晋云,2012. 中国西南地区极端干旱特征及其对区域气候变化的响应[D]. 兰州:西北师范大学.

黄荣辉,刘永,王林,等,2012. 2009年秋至2010年春我国西南地区严重干旱的成因分析[J]. 大气科学,36(3):443-457.

李强子,闫娜娜,张飞飞,等,2010. 2010年春季西南地区干旱遥感监测及其影响评估[J]. 地理学报(7):5-14.

李琼,罗志才,钟波,等,2013. 利用GRACE时变重力场探测2010年中国西南干旱陆地水储量变化[J]. 地球物理学报,56(6):1843-1849.

刘建刚,万金红,谭徐明,等,2011. 2009年秋至2010年春我国西南地区干旱及与历史场次干旱对比分析[J]. 防灾减灾工程学报,31(2):196-200.

孙强,2015. 地球系统水循环两个问题研究——海面风遥感及降水的影响、多源卫星干旱遥感监测[D]. 北京:中国科学院大学.

王举,刘绪臣,毛志春,2013. 2009年秋至2010年春西南地区干旱事件水汽特征模拟[J]. 解放军理工大学学报:自然科学版(1):116-122.

张尧,2014. 基于遥感方法的2010年西南干旱监测评价[D]. 咸阳:西北农林科技大学.

中国气象局,2011. 中国气象年鉴(2011)[M]. 北京:气象出版社.

中国水利年鉴编纂委员会,2011. 中国水利年鉴(2011)[M]. 北京:中国水利水电出版社:212-213.

BAI Yongqing, WANG Juanle, WANG Yujie, et al, 2017. Spatio-temporal distribution of drought in the Belt and Road Area during 1998—2015 based on TRMM precipitation data. Jorunal of Resources and Ecology, 8(6):559-570.

Farrell D, Trotman A and Cox C, 2011. Drought early warning and risk reduction: A case study of the Caribbean drought of 2009—2010[C]. //2011 Global Assessment Report on Disaster Risk Reduction. United Nations Development Programme.

# 附录 A　2010 年全国干旱灾情统计年表

**表 A　2010 年全国作物因旱受灾、绝收面积及农村因旱饮水困难统计表**

**Table A Summary of drought disaster-affected area of crops and population of China in 2010**

| 地区 | 农作物受灾情况 | | 人口受灾情况 | | 直接经济损失（亿元） |
|---|---|---|---|---|---|
| | 受灾面积（万公顷） | 绝收面积（万公顷） | 受灾人口（万人次） | 饮水困难人口（万人次） | |
| 北京 | 0 | 0 | 0.9 | 0 | 0 |
| 天津 | 0 | 0 | 0 | 0 | 0 |
| 河北 | 59.6 | 13.7 | 910.2 | 67.6 | 35.5 |
| 山西 | 72.8 | 10.6 | 587.5 | 64.0 | 25.2 |
| 内蒙古 | 143.4 | 51.1 | 658.4 | 110.7 | 100.5 |
| 辽宁 | 1.8 | 0 | 49.1 | 49.1 | 2.7 |
| 吉林 | 34.9 | 12 | 142.7 | 0.4 | 10.3 |
| 黑龙江 | 101.2 | 3.6 | 250.1 | 3.3 | 26.6 |
| 上海 | 0 | 0 | 0 | 0 | 0 |
| 江苏 | 7.0 | 0.4 | 108.2 | 0 | 1.0 |
| 浙江 | 0.2 | 0 | 0.1 | 0 | 0.1 |
| 安徽 | 4.1 | 0 | 4.6 | 0 | 0.1 |
| 福建 | 0.5 | 0 | 0.5 | 0.5 | 0.1 |
| 江西 | 0 | 0 | 0 | 0 | 0 |
| 山东 | 58.6 | 0.4 | 80.5 | 3.6 | 1.8 |
| 河南 | 5.0 | 0 | 71.2 | 1.2 | 1.4 |
| 湖北 | 20.4 | 0.5 | 76.5 | 2.2 | 2.4 |
| 湖南 | 35.2 | 4.8 | 473.9 | 145.5 | 20.0 |
| 广东 | 12.0 | 0 | 3.4 | 0 | 0.1 |
| 广西 | 107.9 | 4.2 | 1309.0 | 321.3 | 36.9 |
| 海南 | 4.2 | 0.5 | 49.3 | 22.8 | 2.0 |
| 重庆 | 17.6 | 0.9 | 292.5 | 149.0 | 5.4 |
| 四川 | 62.8 | 4.8 | 1412.3 | 232.3 | 26.3 |
| 贵州 | 127.1 | 61.5 | 2204.2 | 785.3 | 142.5 |
| 云南 | 295.7 | 88.2 | 2497.7 | 1167.4 | 273.3 |
| 西藏 | 4.0 | 0.6 | 43.0 | 4.5 | 1.6 |
| 陕西 | 42.1 | 3.0 | 299.5 | 27.9 | 9.3 |
| 甘肃 | 71.5 | 6.4 | 845.8 | 166.2 | 15.1 |
| 青海 | 4.6 | 0 | 185.5 | 4.1 | 4.3 |
| 宁夏 | 1.6 | 0 | 132.1 | 52.0 | 6.0 |
| 新疆（包含兵团） | 30.0 | 0.2 | 15.5 | 3.3 | 6.2 |
| 合计 | 1325.8 | 267.4 | 12704.2 | 3384.2 | 756.7 |

来源：《中国气象灾害年鉴 2011》。表中数据不包含香港、澳门特别行政区和台湾省。

# 附录B　2010年气象干旱总日数分布

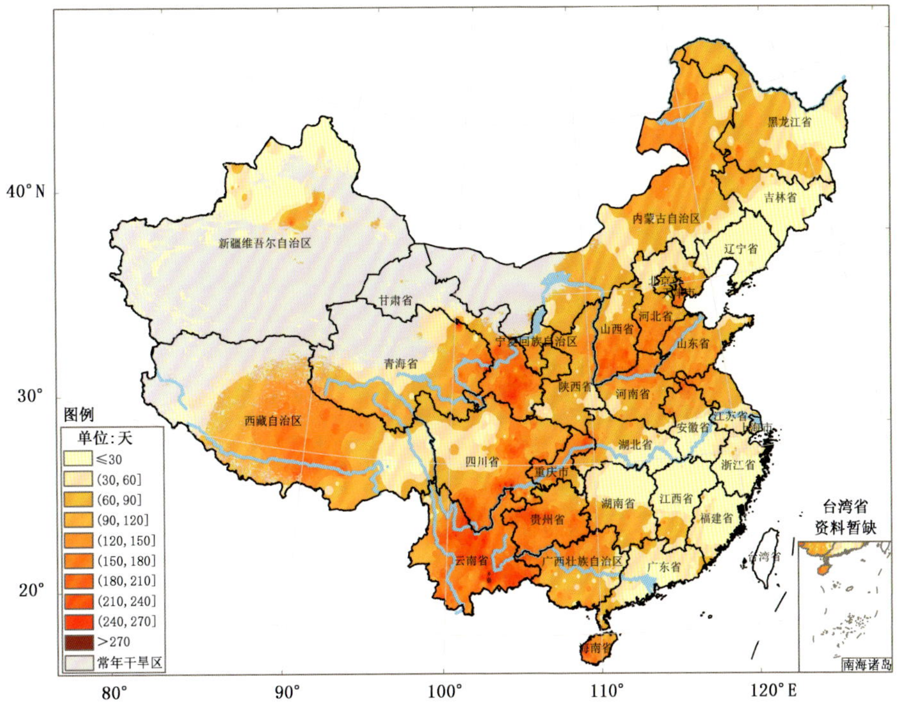


图B　2010年全国干旱总日数分布

Fig. B　The days of meteorological drought in China in 2010(unit:d)

# 附录 C　2010 年气象干旱各等级日数分布

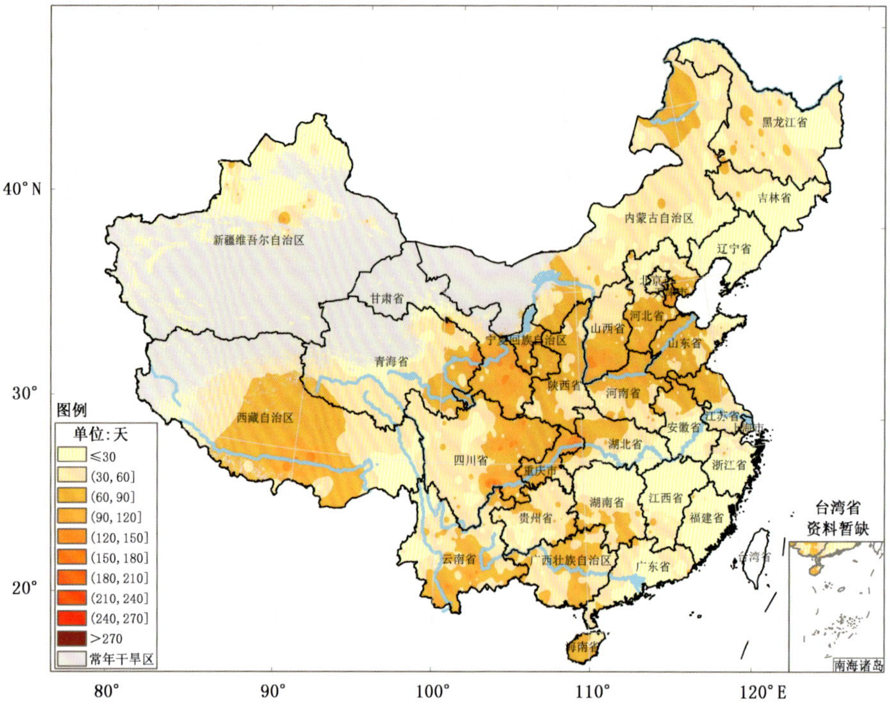


图 C1　2010 年全国轻旱日数分布

Fig. C1　The days under light drought stress in China in 2010 (unit:d)

图 C2　2010 年全国中旱日数分布

Fig. C2　The days under moderate drought stress in China in 2010 (unit:d)

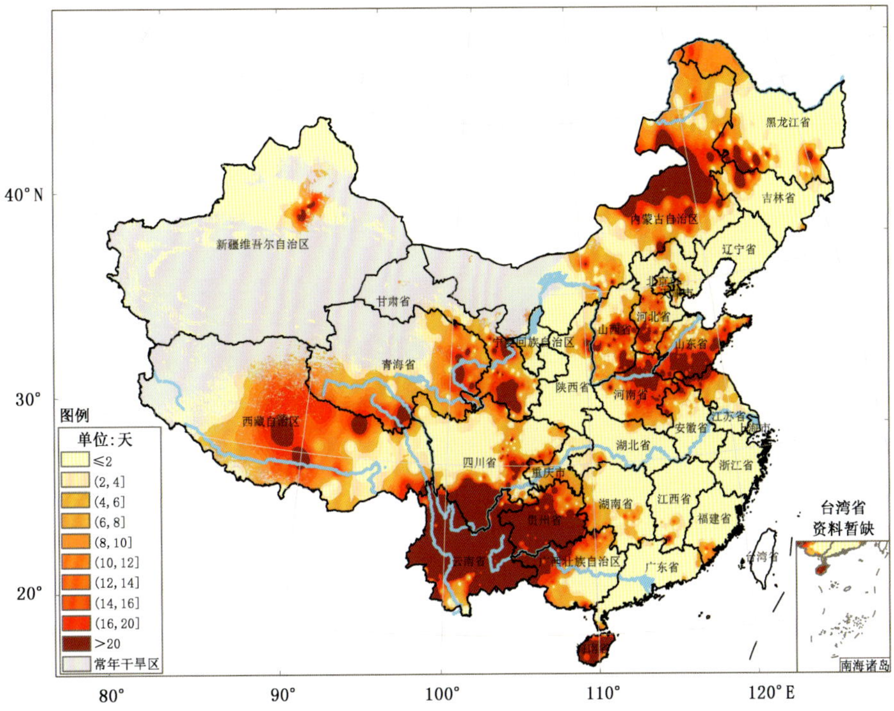


图 C3 2010 年全国重旱日数分布

Fig. C3 The days under severe drought stress in China in 2010 (unit:d)

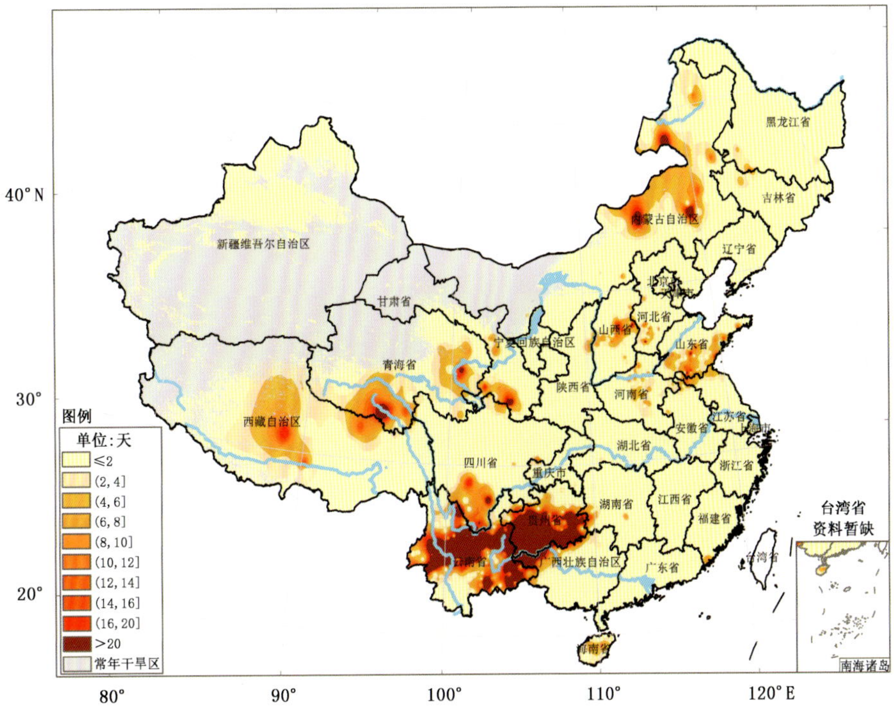


图 C4 2010 年全国特旱日数分布

Fig. C4 The days under extreme drought stress in China in 2010 (unit:d)

# 附录 D　2010 年气象干旱各等级日数距平分布

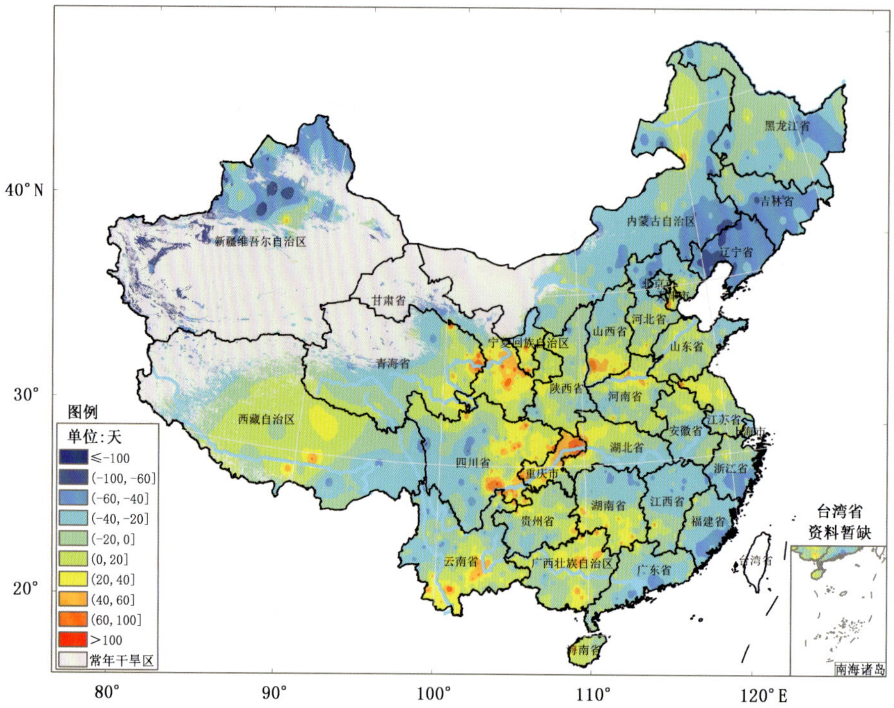


图 D1　2010 年全国轻旱日数距平分布

Fig. D1　The anomaly of light drought days in China in 2010 (unit: d)

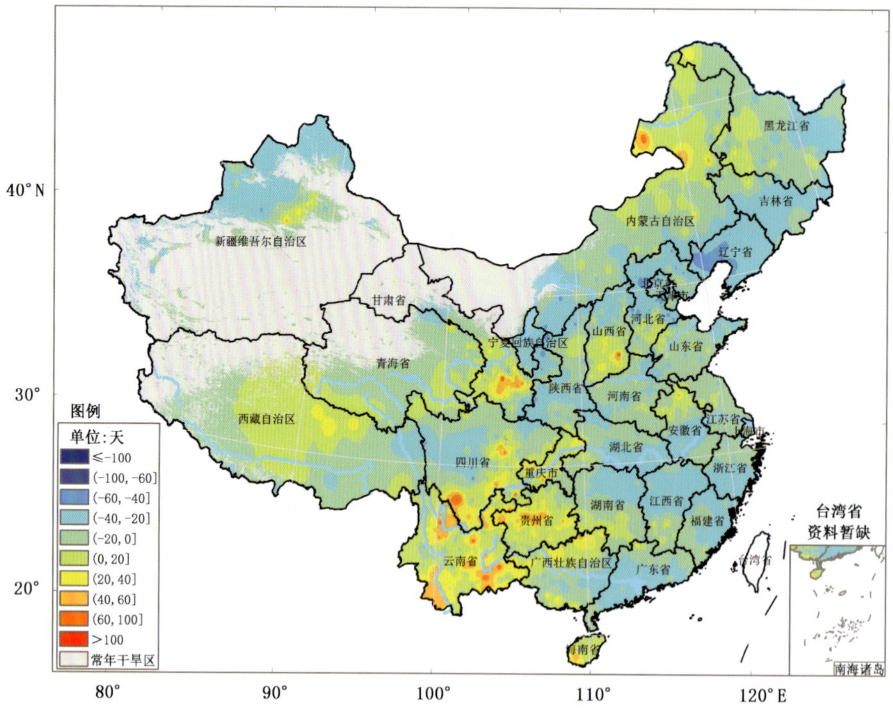


图 D2　2010 年全国中旱日数距平分布

Fig. D2　The anomaly of moderate drought days in China in 2010 (unit: d)

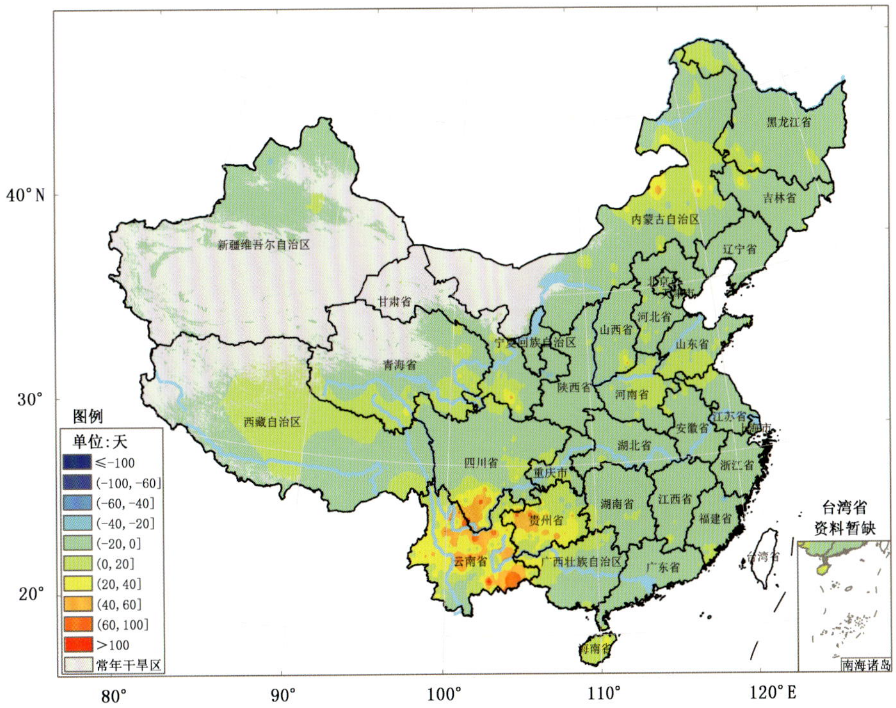


图 D3　2010 年全国重旱日数距平分布

Fig. D3　The anomaly of severe drought days in China in 2010 (unit:d)

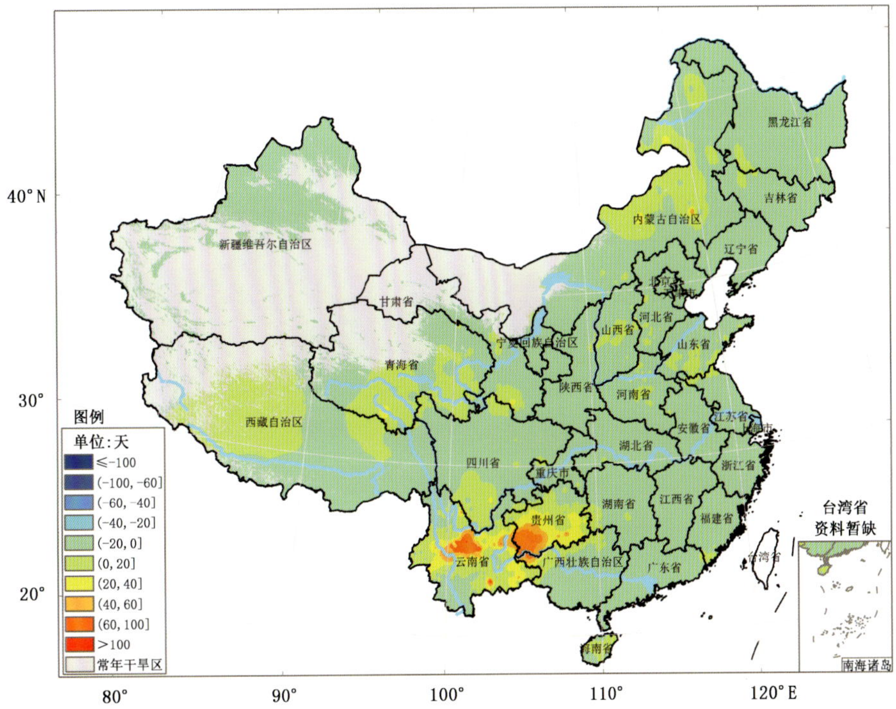


图 D4　2010 年全国特旱日数距平分布

Fig. D4　The anomaly of extreme drought days in China in 2010 (unit:d)

# 附录 E　2010 年各季气象干旱日数分布

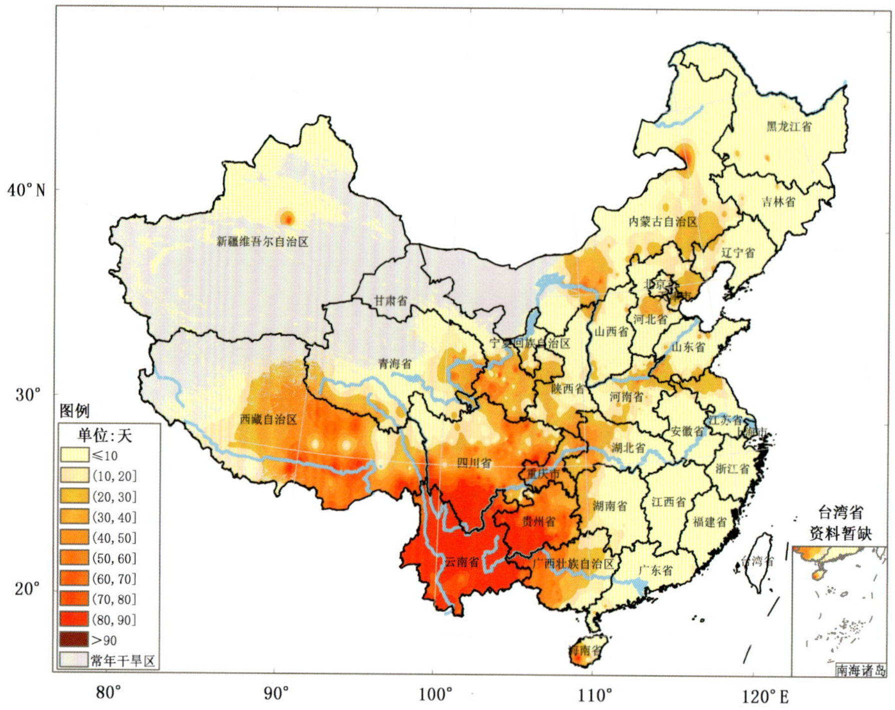


图 E1　2009/2010 年冬季全国干旱日数分布

Fig. E1　The days of meteorological drought in China in winter of 2009—2010 (unit:d)

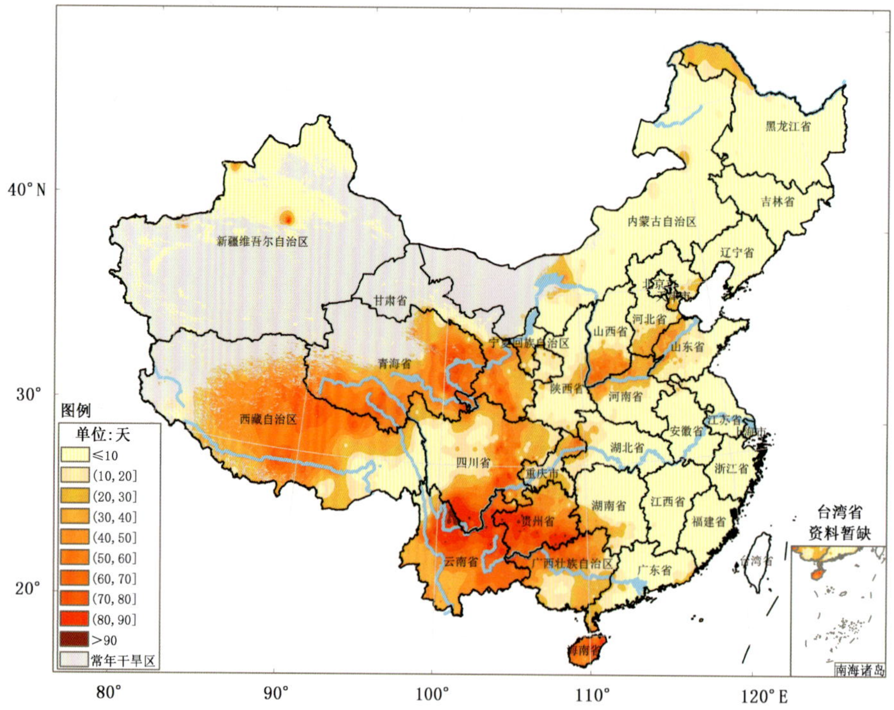


图 E2　2010 年春季全国干旱日数分布

Fig. E2　The days of meteorological drought in China in spring of 2010 (unit:d)

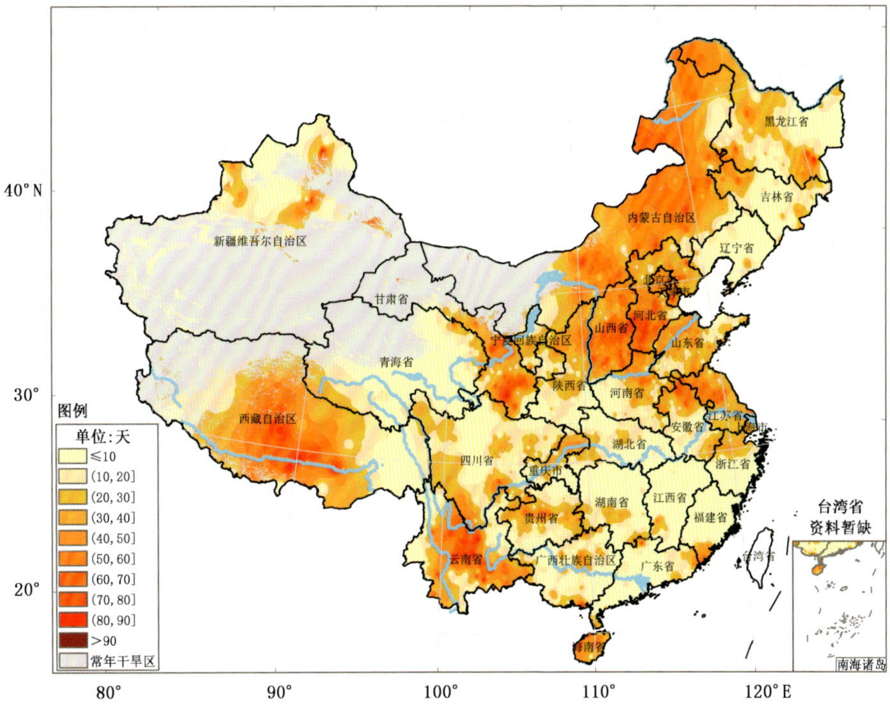


图 E3　2010 年夏季全国干旱日数分布

Fig. E3　The days of meteorological drought in China in summer of 2010 (unit:d)

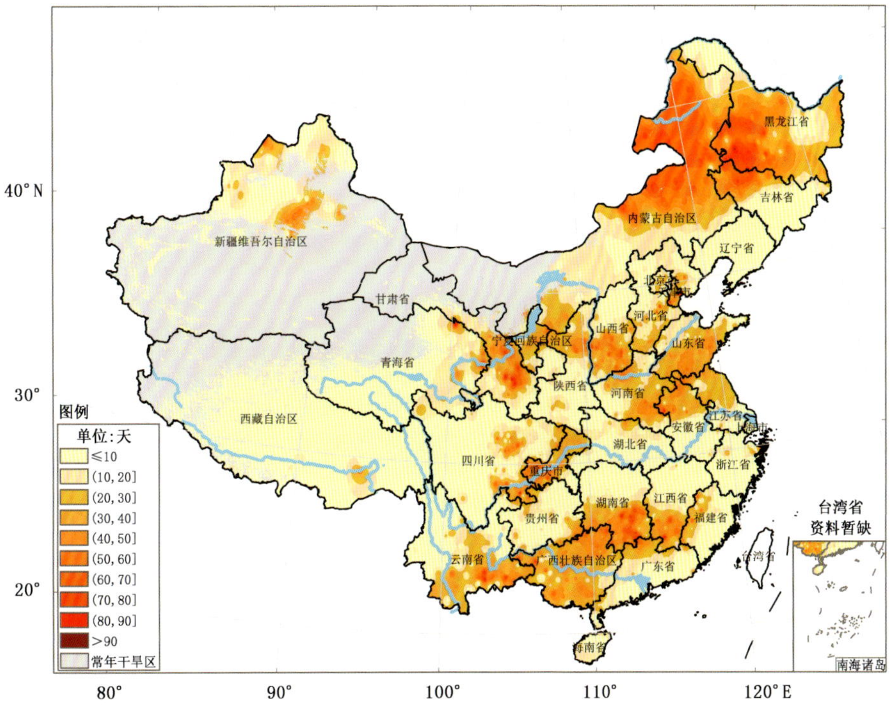


图 E4　2010 年秋季全国干旱日数分布

Fig. E4　The days of meteorological drought in China in autumn of 2010 (unit:d)

# 附录 F 2010 年各季气象干旱各等级日数分布

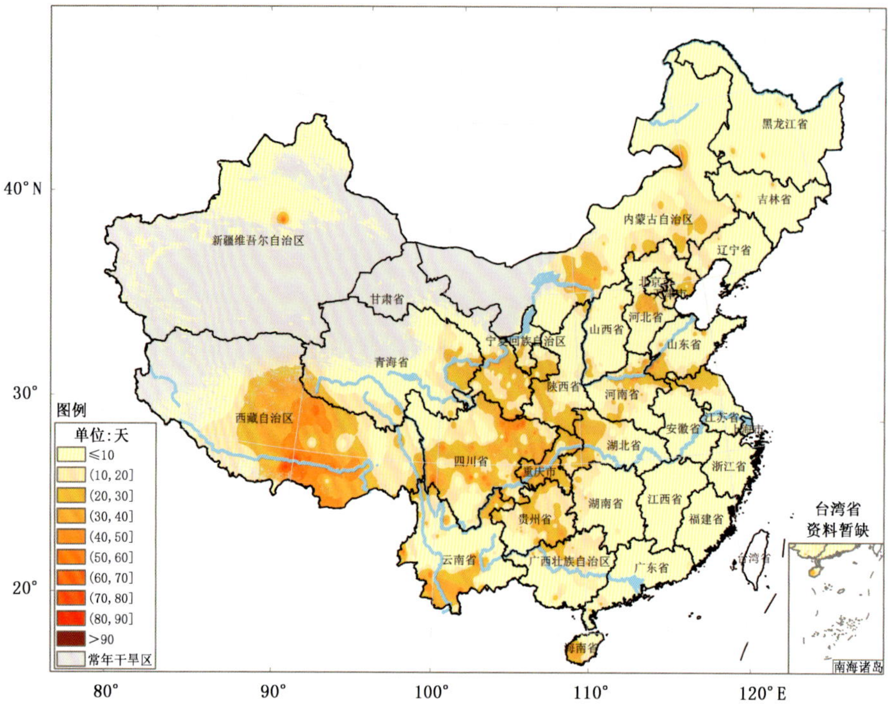


图 F1 2009/2010 年冬季全国轻旱日数分布

Fig. F1 The days of light drought in China in winter of 2009—2010 (unit:d)

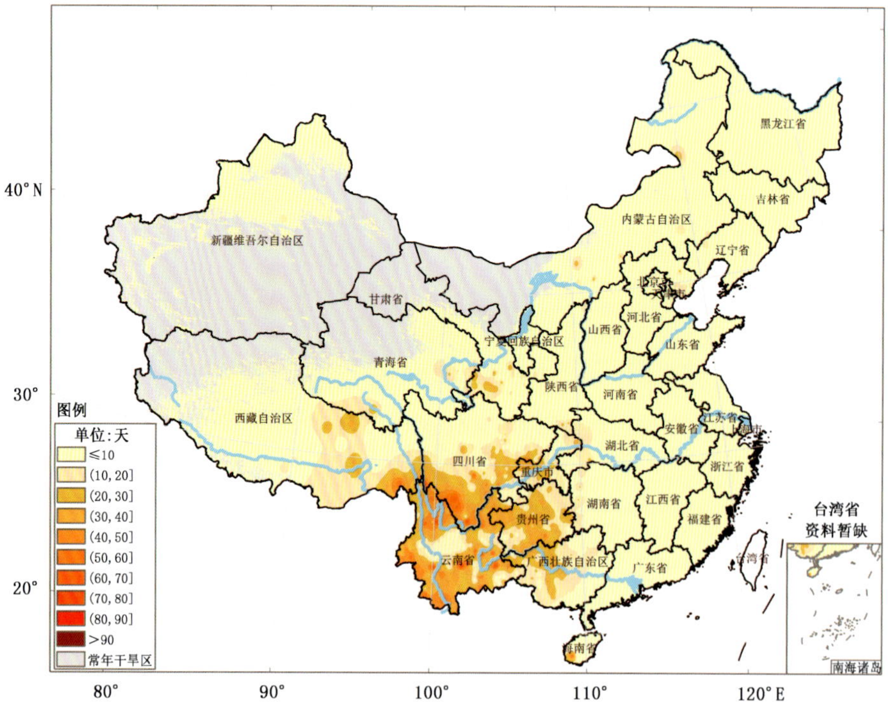


图 F2 2009/2010 年冬季全国中旱日数分布

Fig. F2 The days of moderate drought in China in winter of 2009—2010 (unit:d)

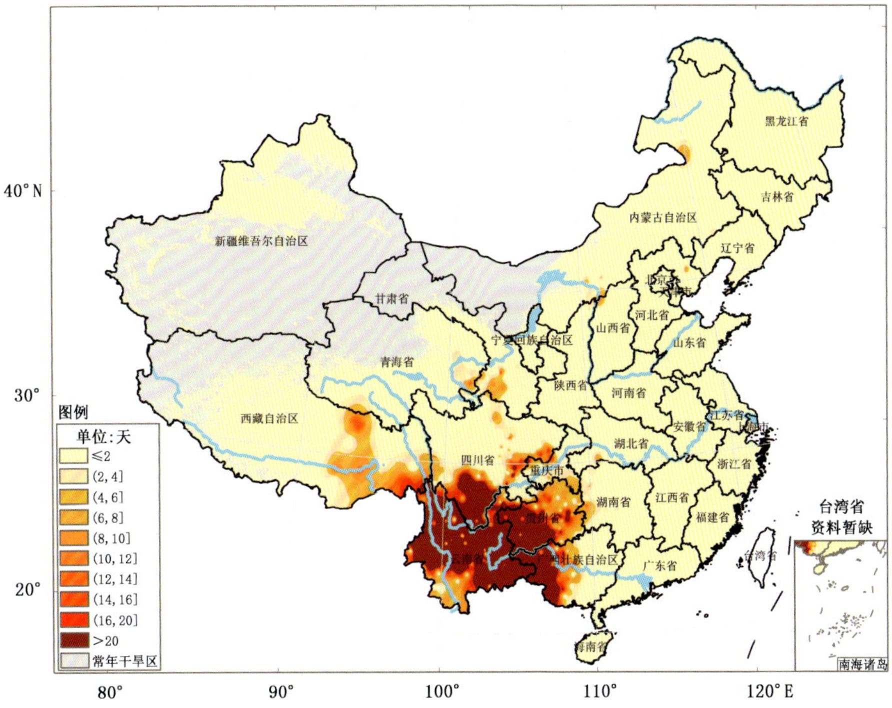


图 F3　2009/2010 年冬季全国重旱日数分布

Fig. F3　The days of severe drought in China in winter of 2009—2010 (unit:d)

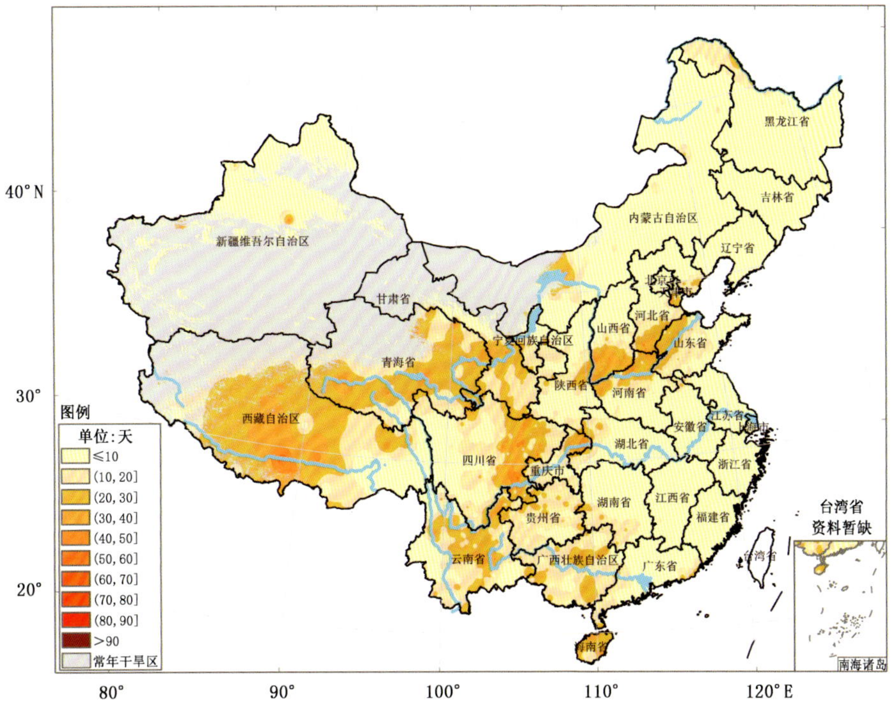


图 F4　2010 年春季全国轻旱日数分布

Fig. F4　The days of light drought in China in spring of 2010 (unit:d)

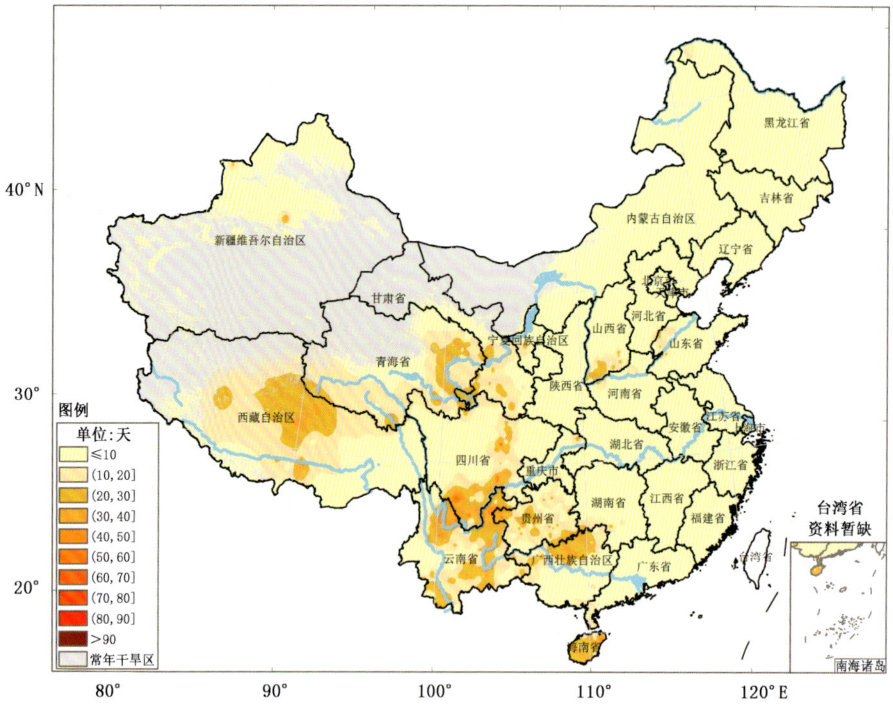


图 F5　2010 年春季全国中旱日数分布

Fig. F5　The days of moderate drought in China in spring of 2010 (unit:d)

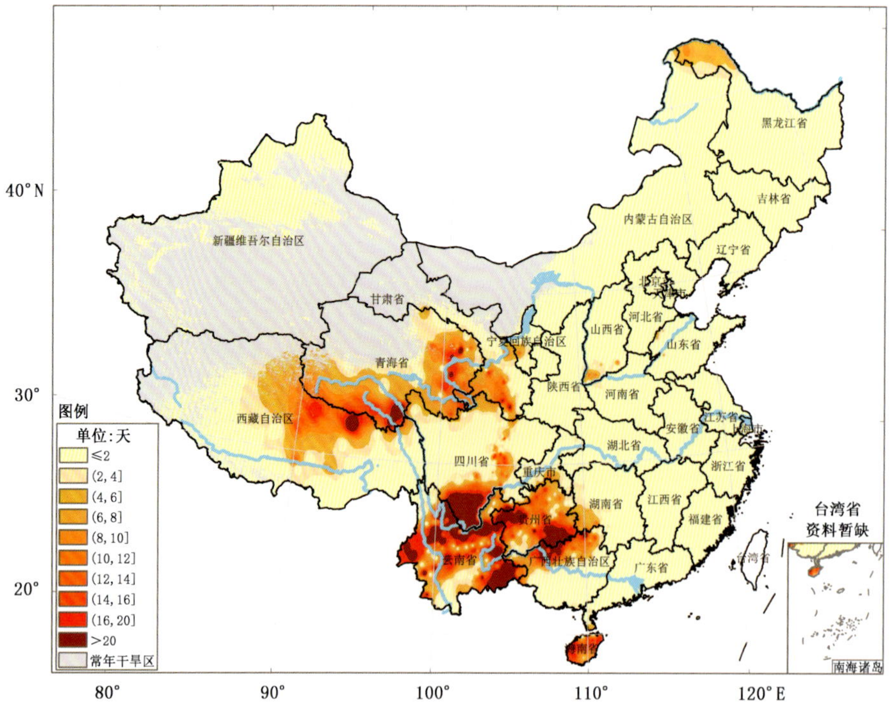


图 F6　2010 年春季全国重旱日数分布

Fig. F6　The days of severe drought in China in spring of 2010 (unit:d)

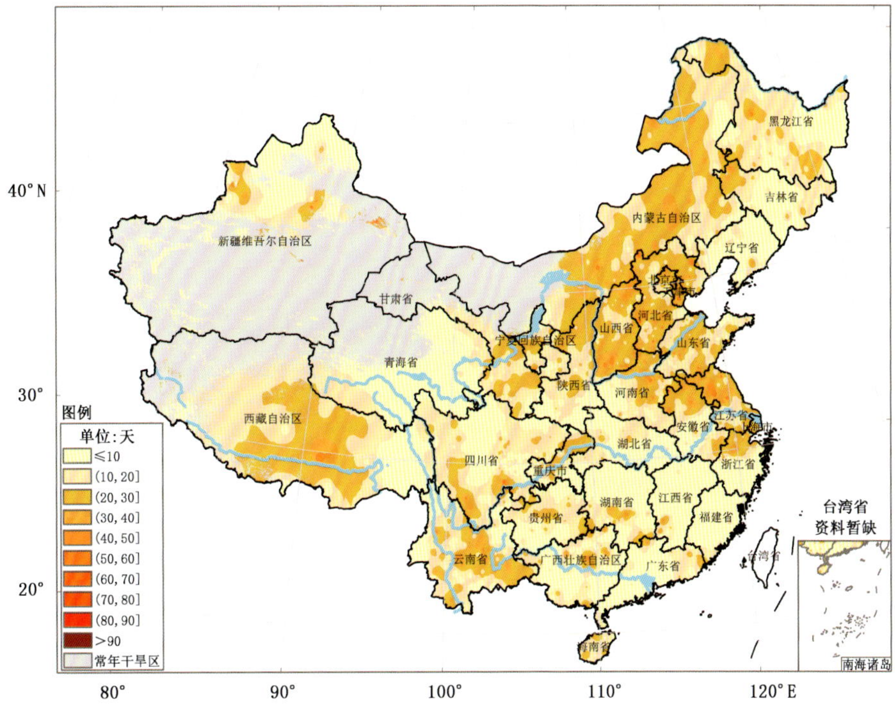


图 F7　2010 年夏季全国轻旱日数分布

Fig. F7　The days of light drought in China in summer of 2010 (unit:d)

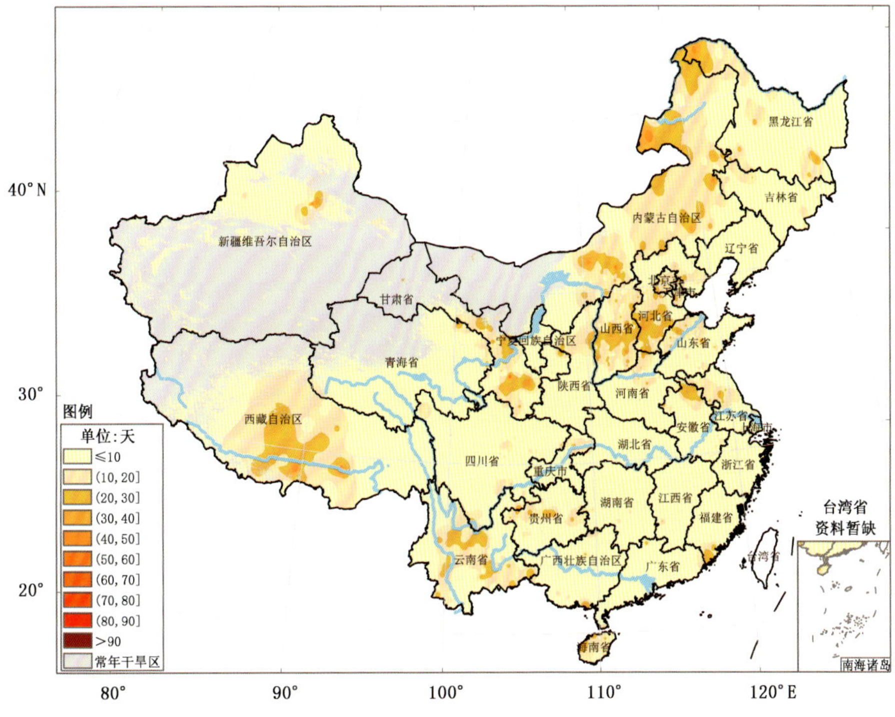


图 F8　2010 年夏季全国中旱日数分布

Fig. F8　The days of moderate drought in China in summer of 2010 (unit:d)

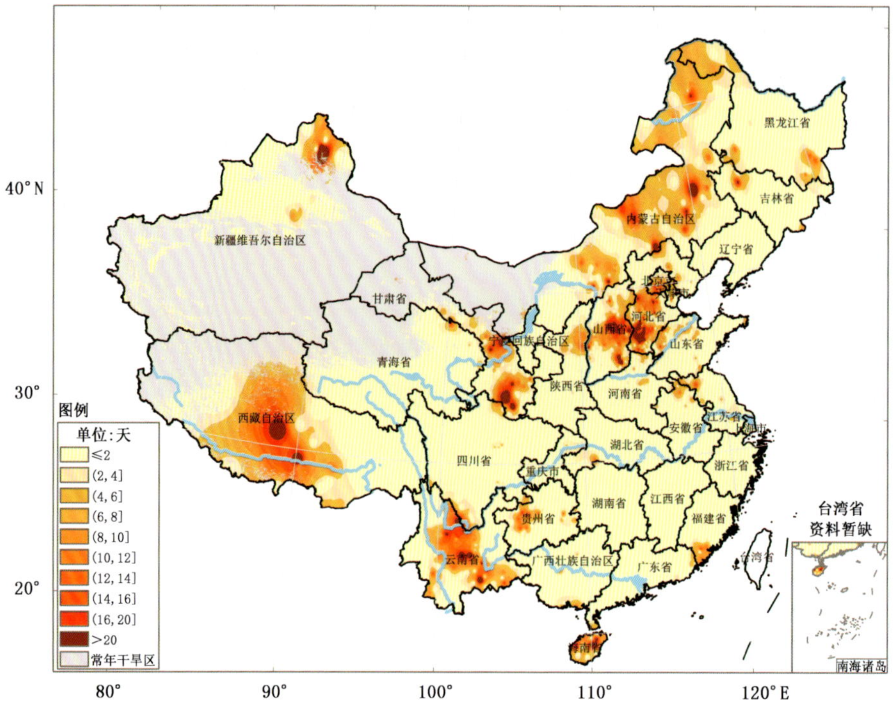


图 F9 2010 年夏季全国重旱日数分布

Fig. F9 The days of severe drought in China in summer of 2010 (unit:d)

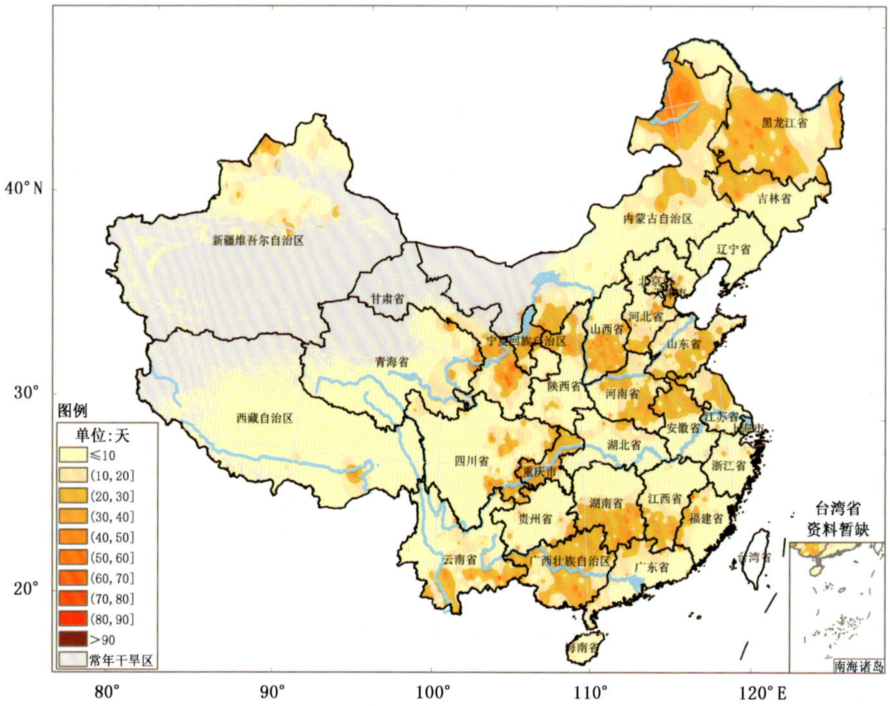


图 F10 2010 年秋季全国轻旱日数分布

Fig. F10 The days of light drought in China in autumn of 2010 (unit:d)

图 F11　2010 年秋季全国中旱日数分布

Fig. F11　The days of moderate drought in China in autumn of 2010 (unit:d)

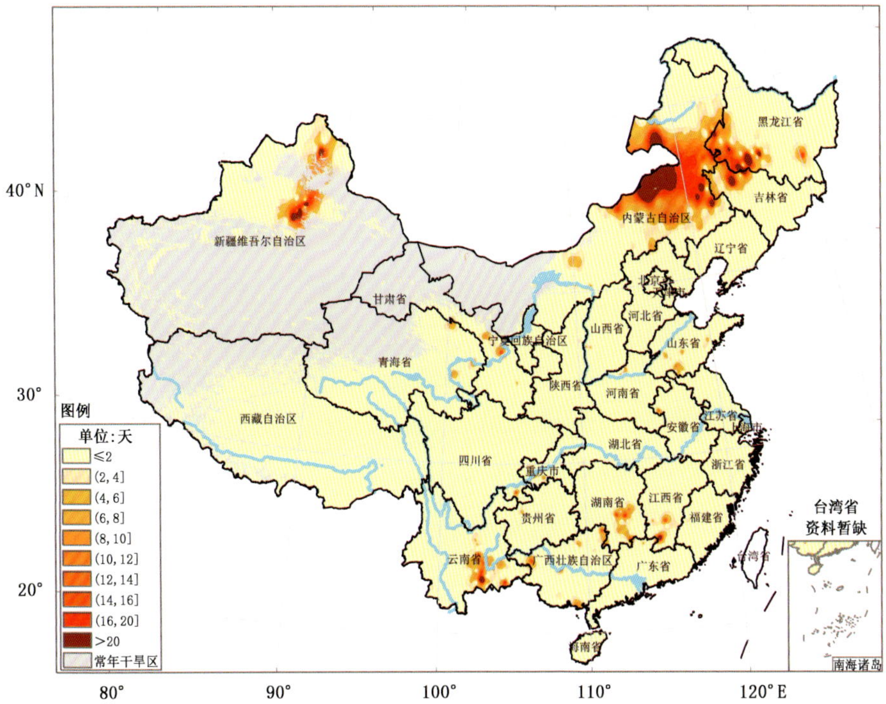


图 F12　2010 年秋季全国重旱日数分布

Fig. F12　The days of severe drought in China in autumn of 2010 (unit:d)

# 附录 G　2010 年各季气象干旱各等级日数距平分布图

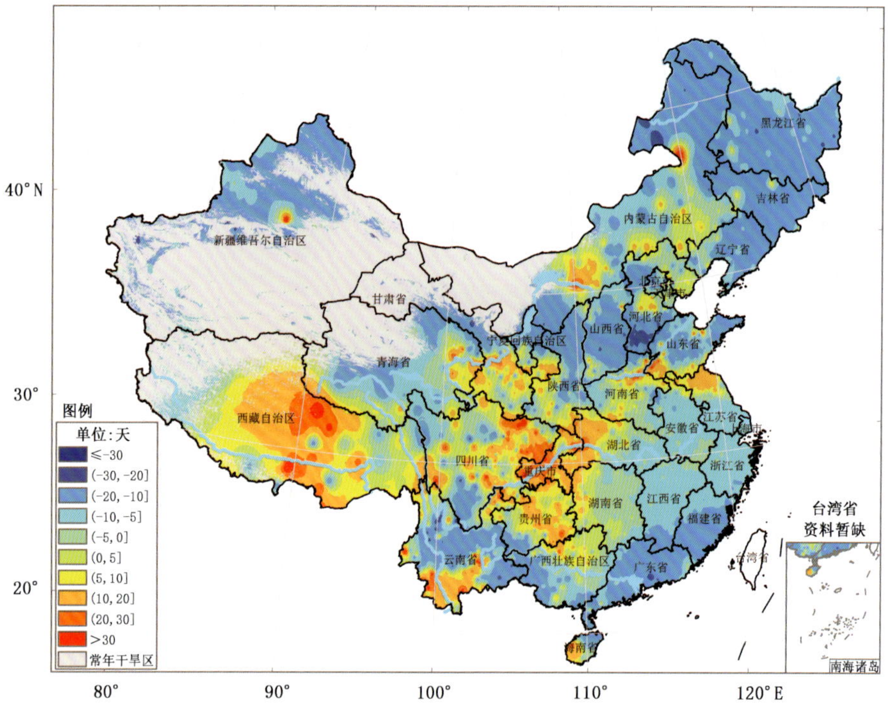


图 G1　2009/2010 年冬季全国轻旱日数距平分布

Fig. G1　The anomaly of light drought days in China in winter of 2009—2010 (unit:d)

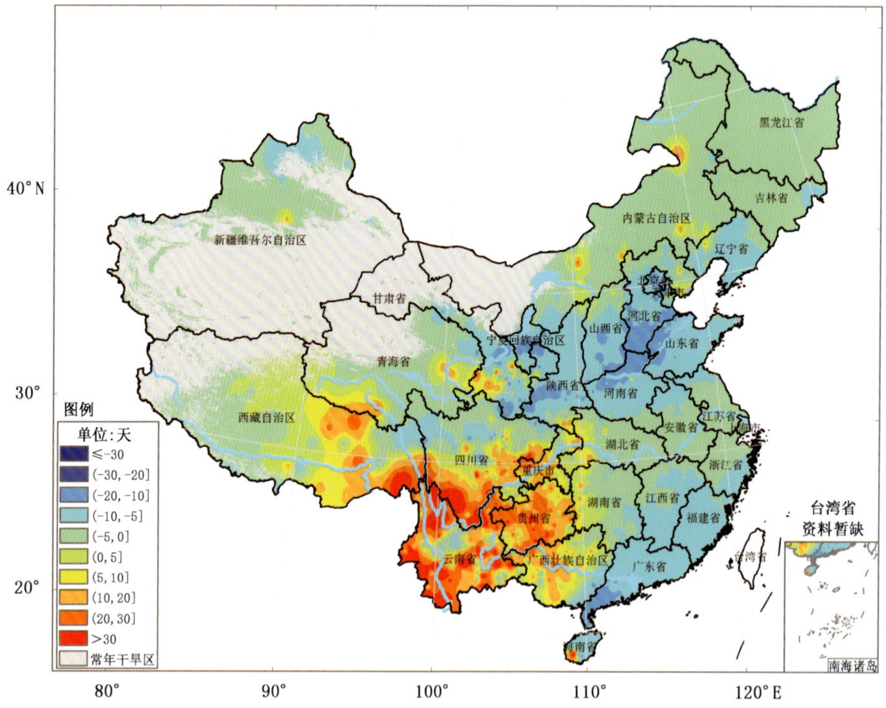


图 G2　2010/2010 年冬季全国中旱日数距平分布

Fig. G2　The anomaly of moderate drought days in China in winter of 2009—2010 (unit:d)

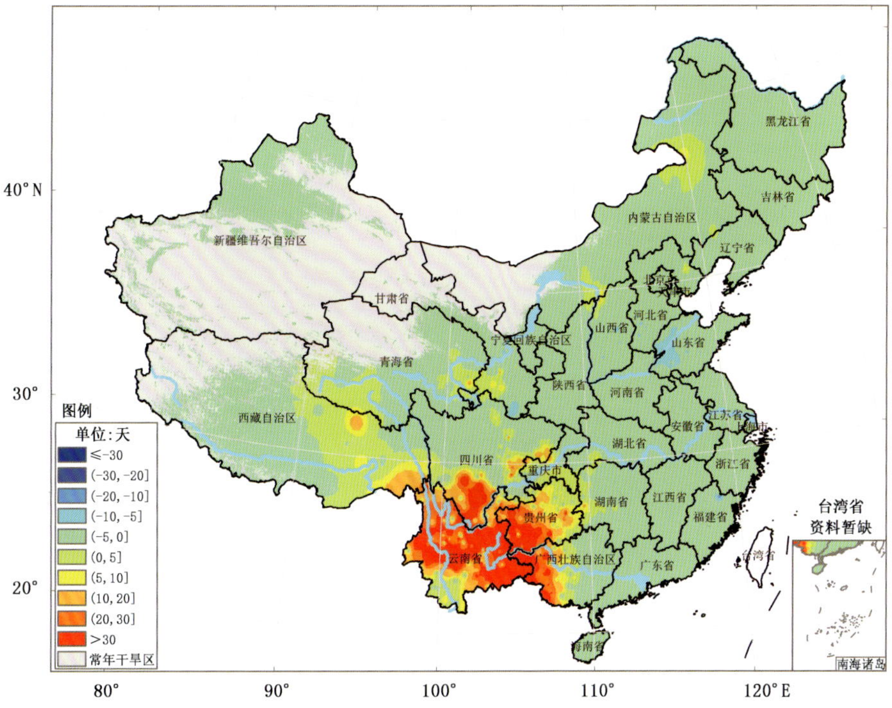


图 G3　2010/2010 年冬季全国重旱日数距平分布

Fig. G3　The anomaly of severe drought days in China in winter of 2009—2010 (unit:d)

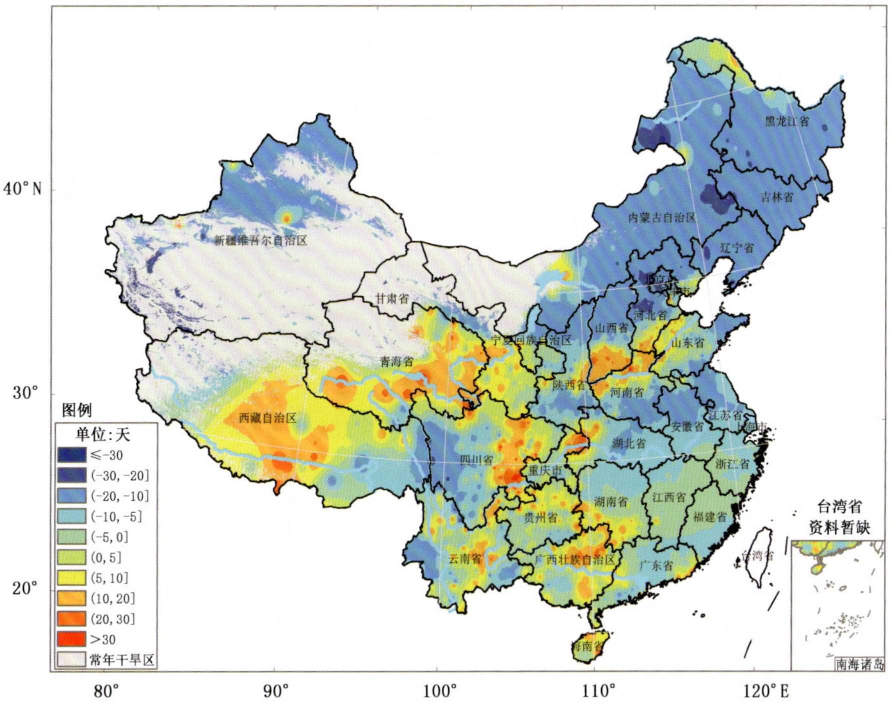


图 G4　2010 年春季全国轻旱日数距平分布

Fig. G4　The anomaly of light drought days in China in spring of 2010 (unit:d)

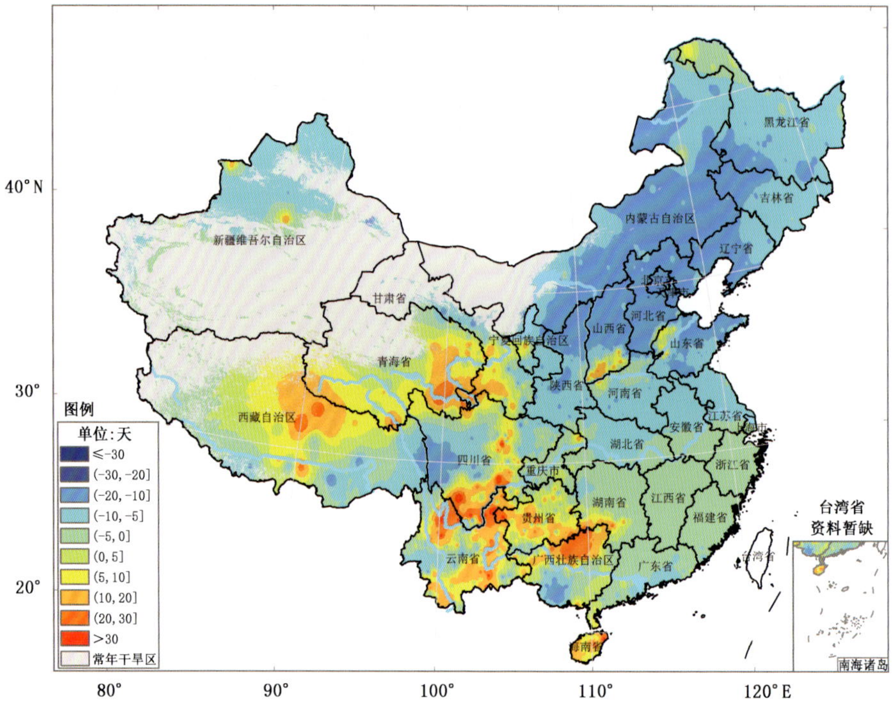


图 G5　2010 年春季全国中旱日数距平分布

Fig. G5　The anomaly of moderate drought days in China in spring of 2010 (unit:d)

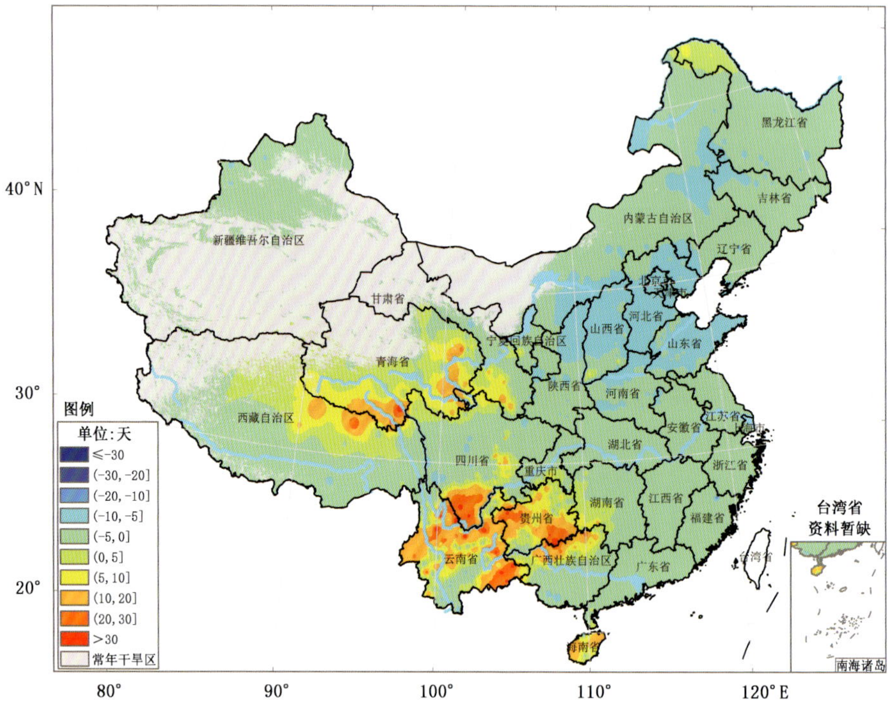


图 G6　2010 年春季全国重旱日数距平分布

Fig. G6　The anomaly of severe drought days in China in spring of 2010 (unit:d)

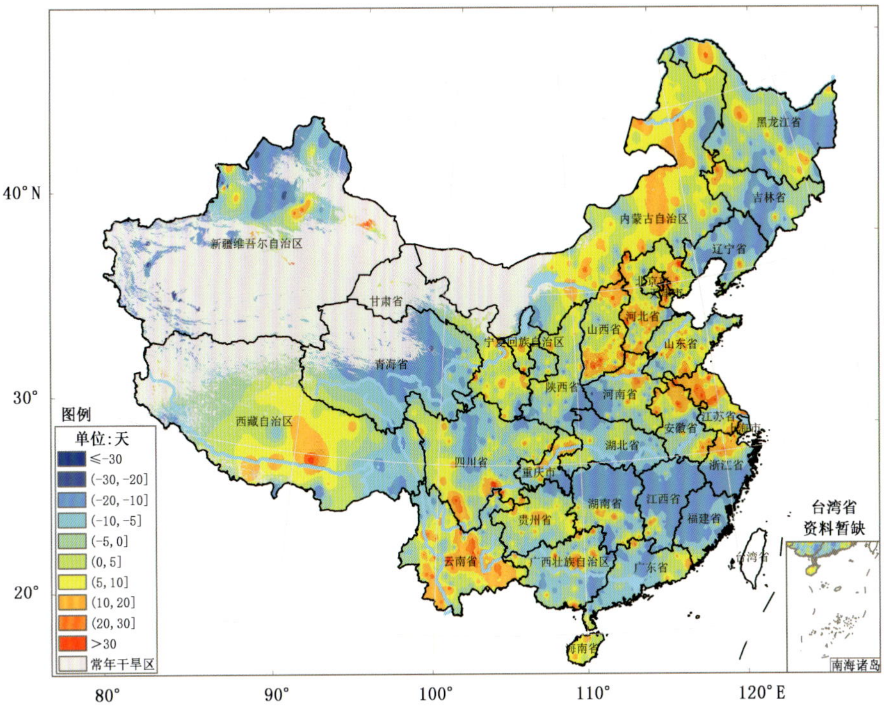


图 G7　2010 年夏季全国轻旱日数距平分布

Fig. G7　The anomaly of light drought days in China in summer of 2010 (unit:d)

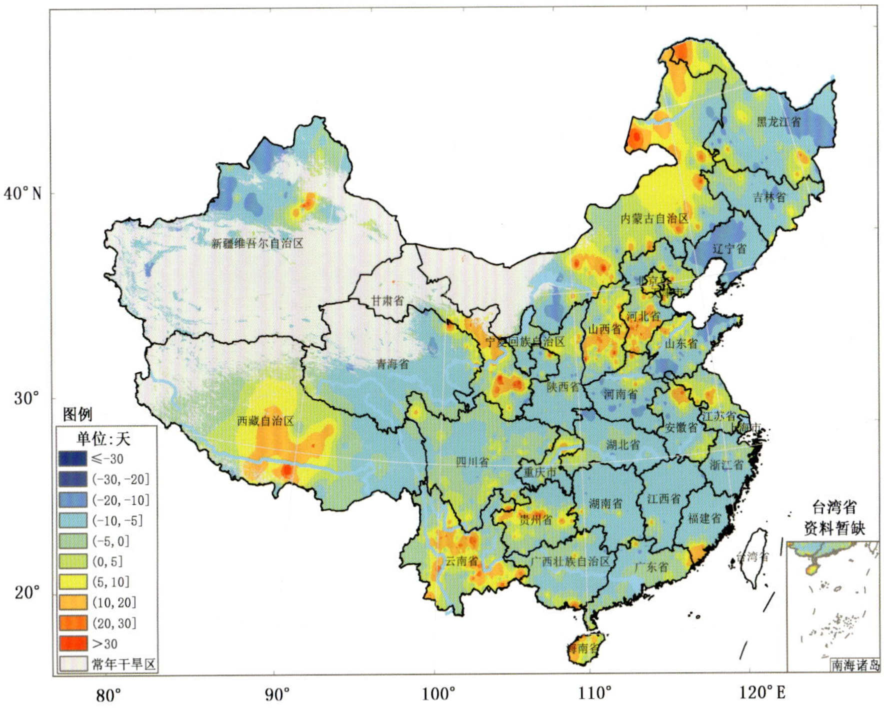


图 G8　2010 年夏季全国中旱日数距平分布

Fig. G8　The anomaly of moderate drought days in China in summer of 2010 (unit:d)

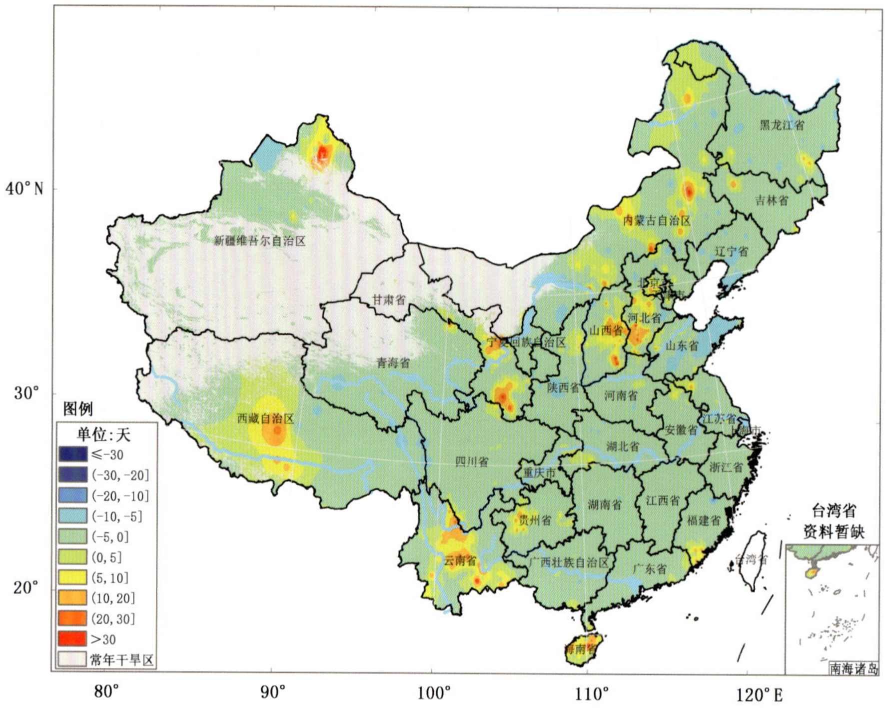


图 G9　2010 年夏季全国重旱日数距平分布

Fig. G9　The anomaly of severe drought days in China in summer of 2010 (unit:d)

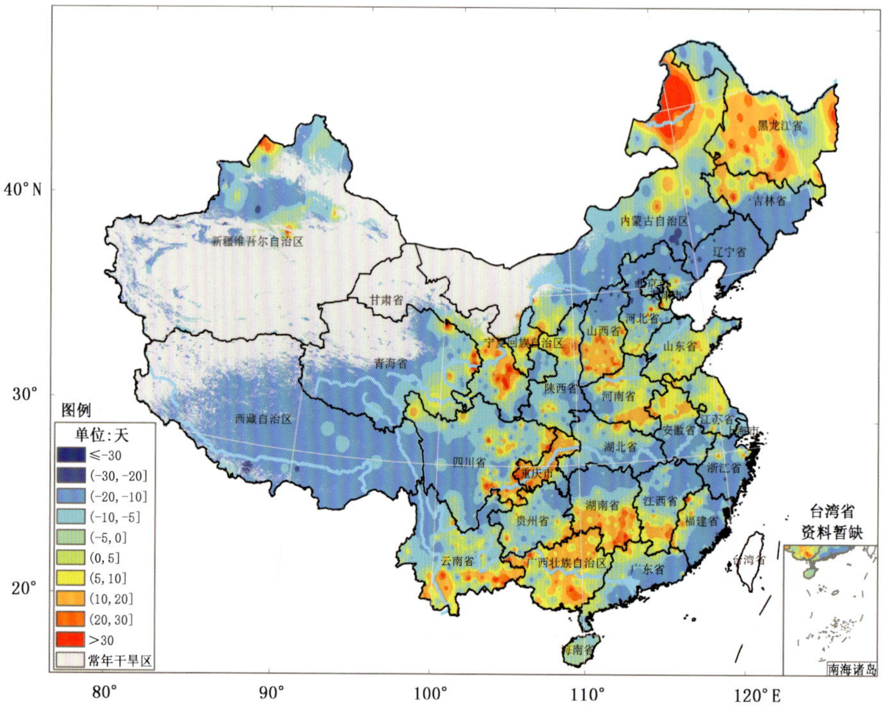


图 G10　2010 年秋季全国轻旱日数距平分布

Fig. G10　The anomaly of light drought days in China in autumn of 2010 (unit:d)

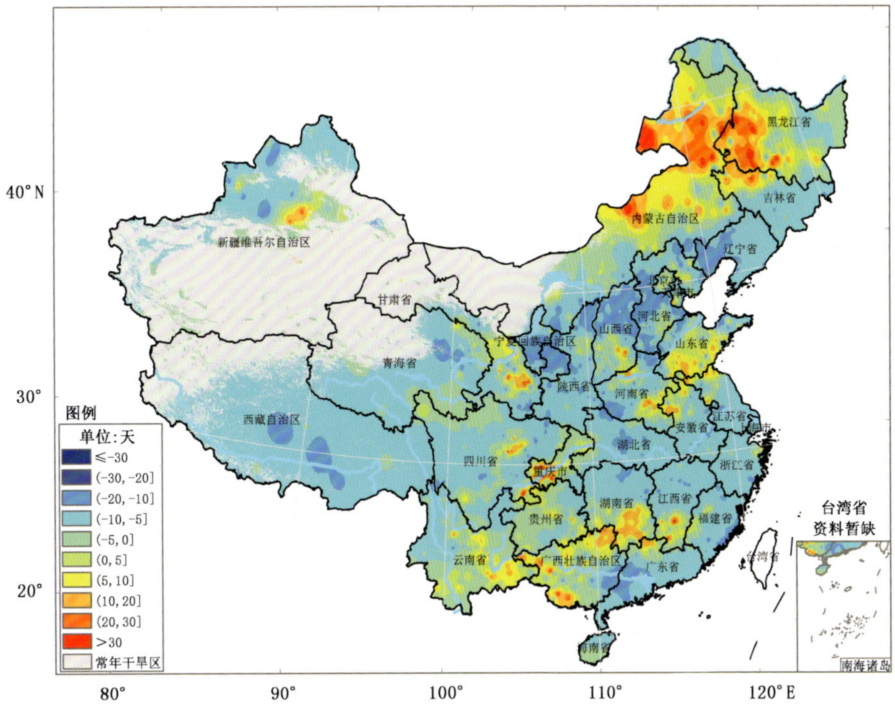


图 G11 2010 年秋季全国中旱日数距平分布

Fig. G11 The anomaly of moderate drought days in China in autumn of 2010 (unit:d)

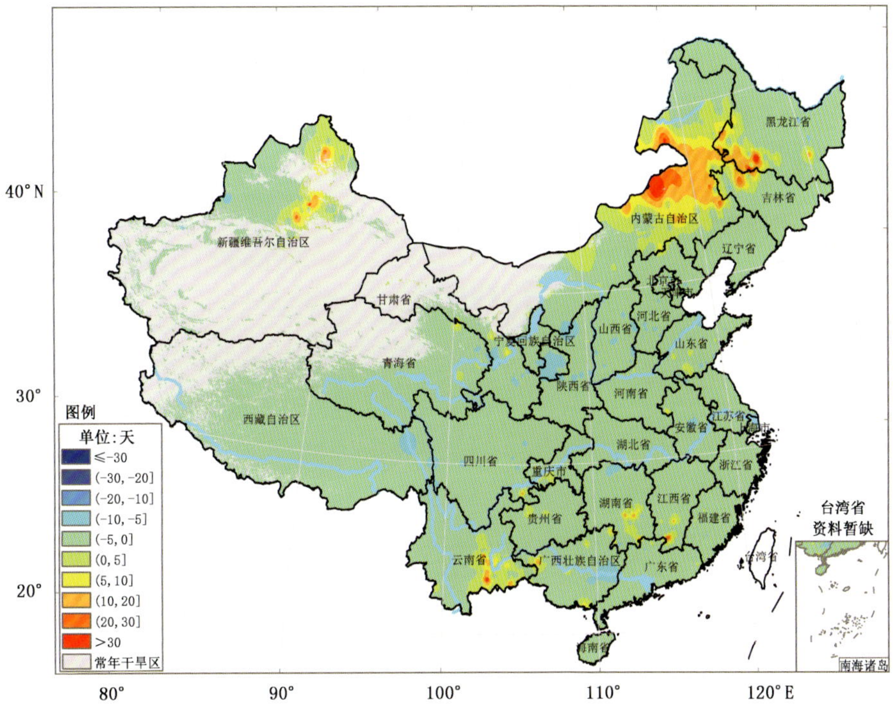


图 G12 2010 年秋季全国重旱日数距平分布

Fig. G12 The anomaly of severe drought days in China in autumn of 2010 (unit:d)

# 附录 H　2010 年各月气象干旱日数分布

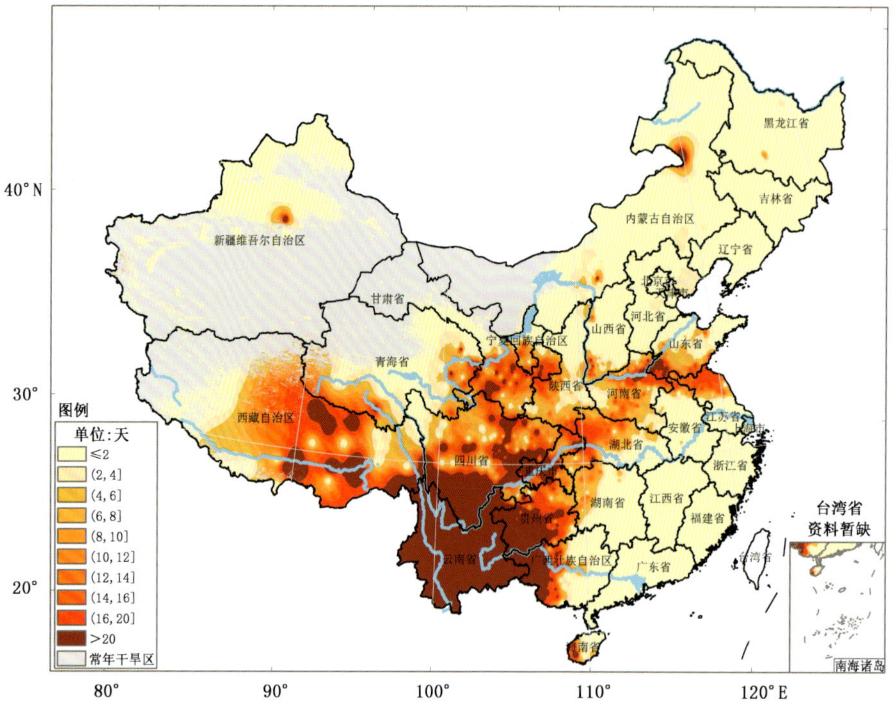


图 H1　2010 年 1 月全国干旱日数分布

Fig. H1　The days of meteorological drought in China in January 2010 (unit:d)

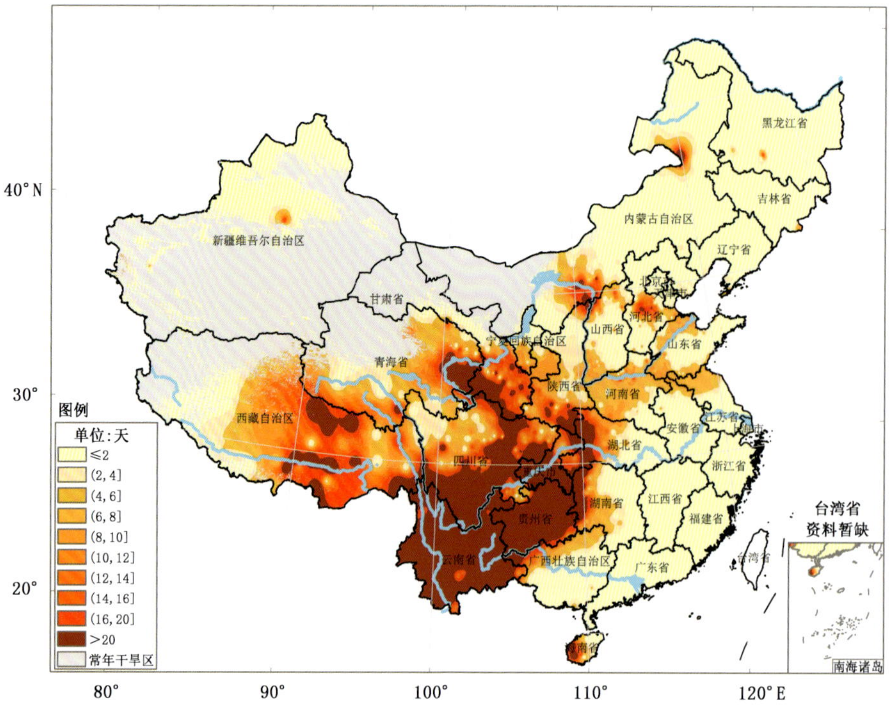


图 H2　2010 年 2 月全国干旱日数分布

Fig. H2　The days of meteorological drought in China in February 2010 (unit:d)

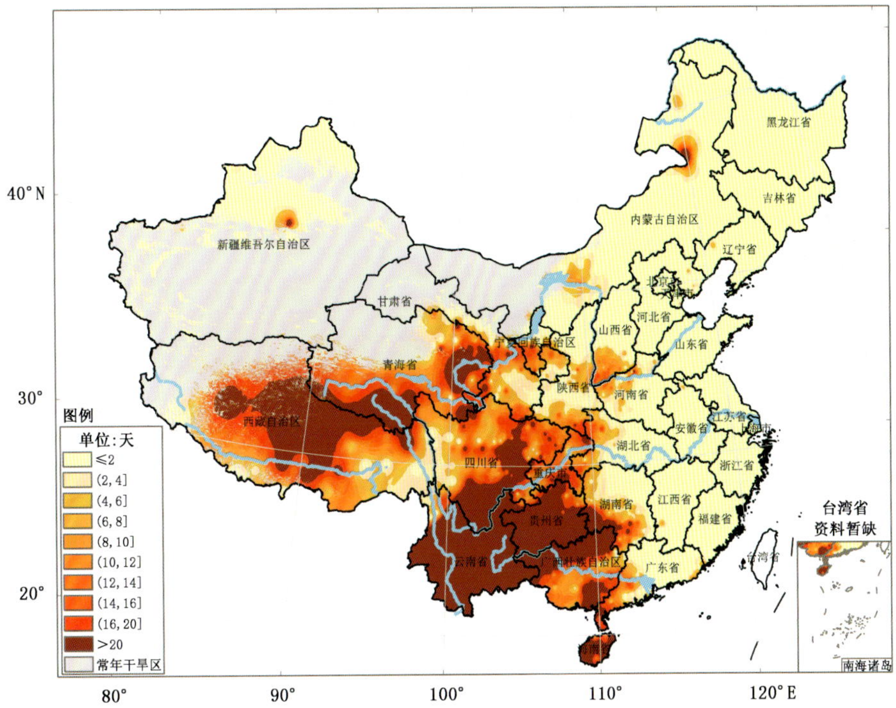


图 H3　2010 年 3 月全国干旱日数分布

Fig. H3　The days of meteorological drought in China in March 2010 (unit:d)

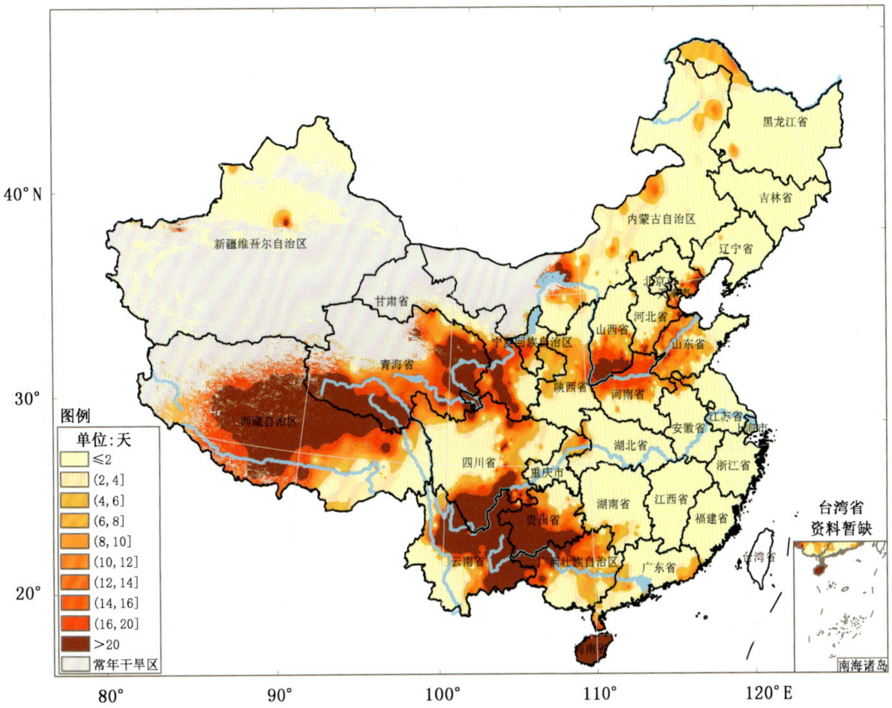


图 H4　2010 年 4 月全国干旱日数分布

Fig. H4　The days of meteorological drought in China in April 2010 (unit:d)

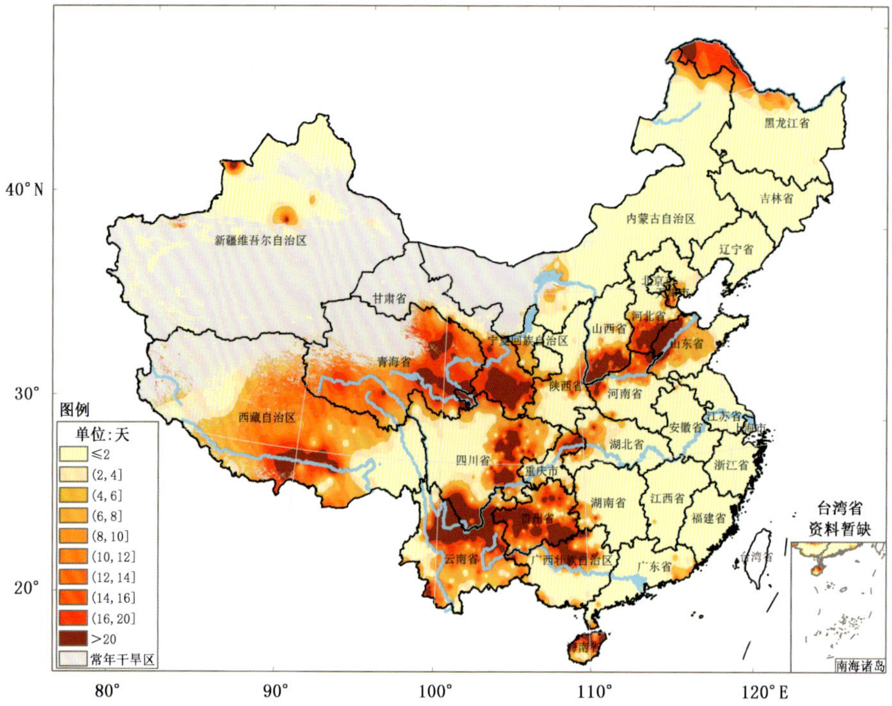


图 H5　2010 年 5 月全国干旱日数分布

Fig. H5　The days of meteorological drought in China in May 2010 (unit:d)

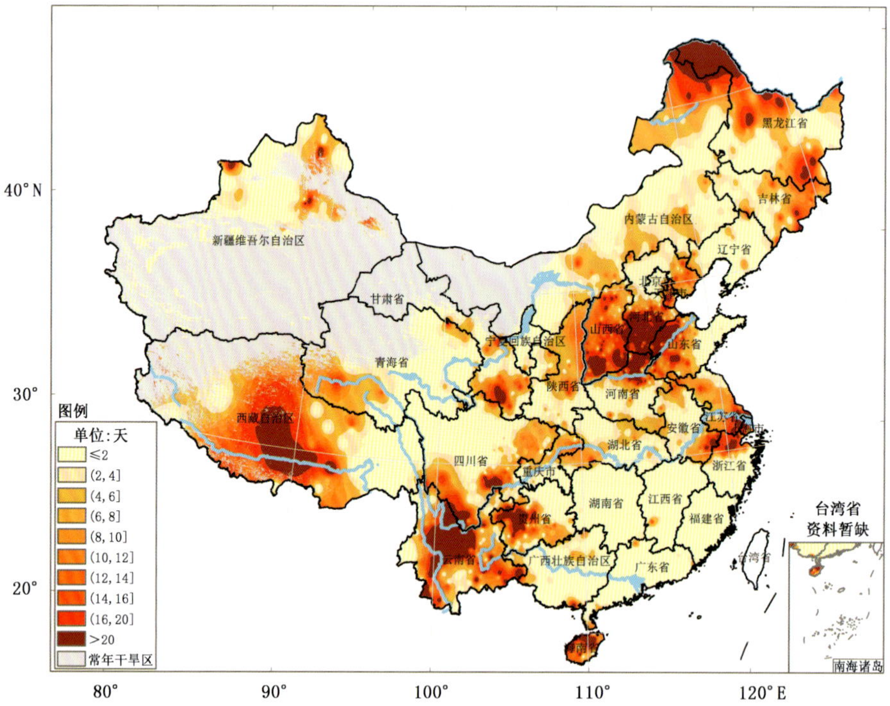


图 H6　2010 年 6 月全国干旱日数分布

Fig. H6　The days of meteorological drought in China in June 2010 (unit:d)

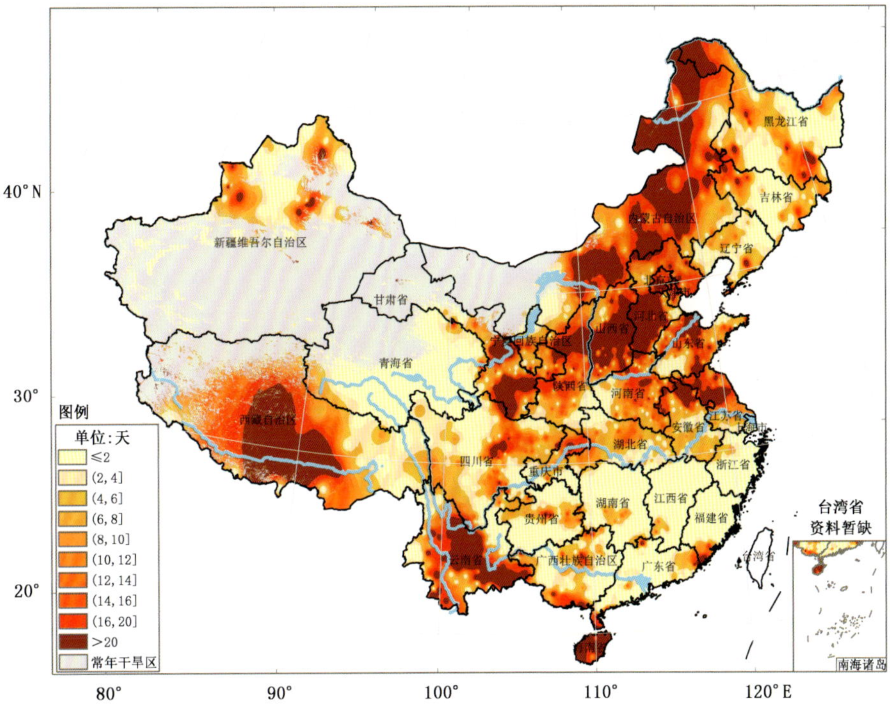


图 H7 2010 年 7 月全国干旱日数分布

Fig. H7 The days of meteorological drought in China in July 2010 (unit:d)

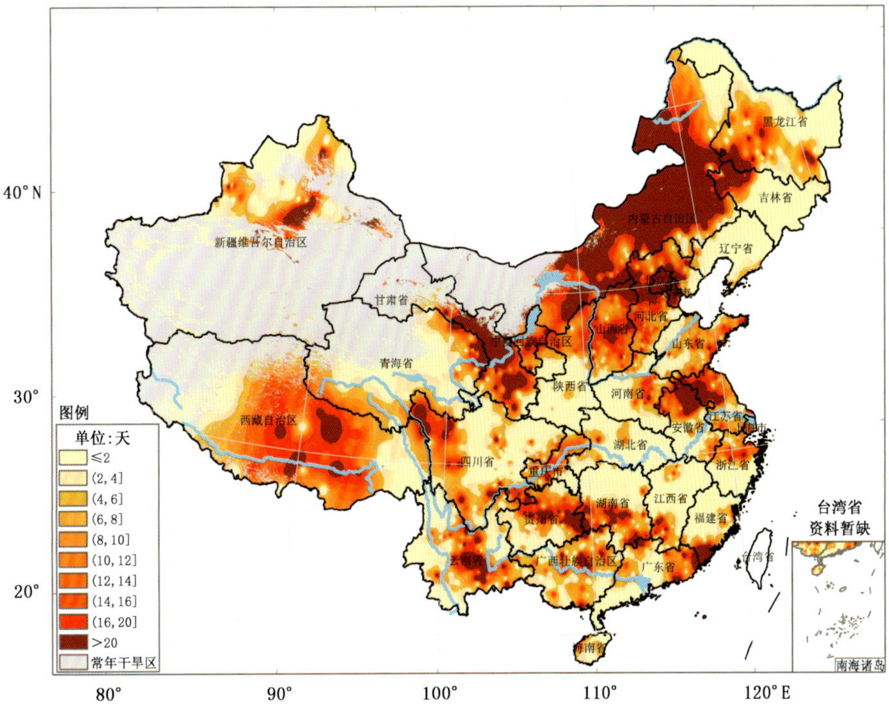


图 H8 2010 年 8 月全国干旱日数分布

Fig. H8 The days of meteorological drought in China in August 2010 (unit:d)

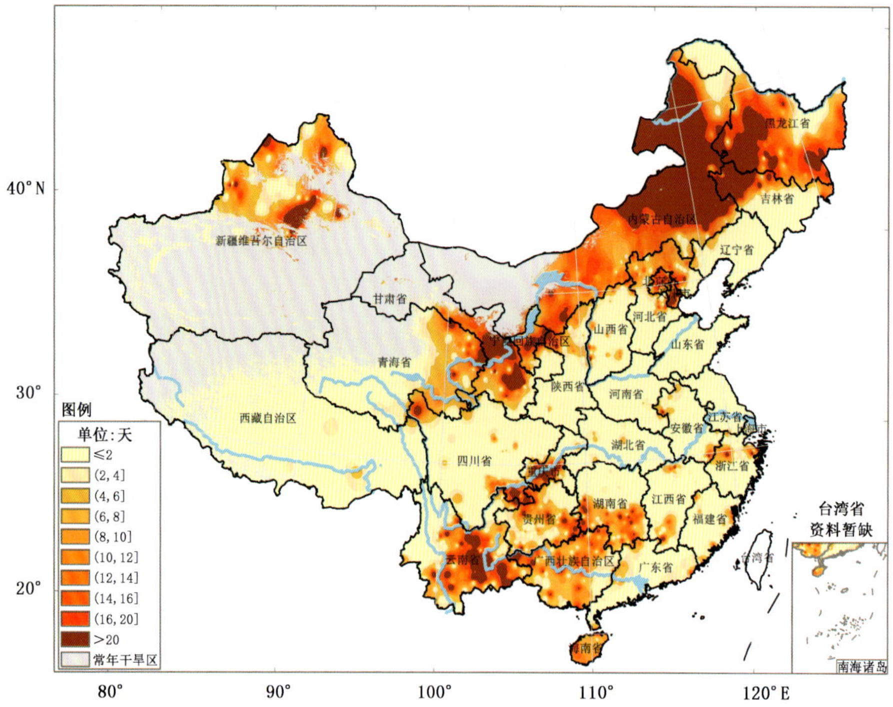


图 H9　2010 年 9 月全国干旱日数分布

Fig. H9　The days of meteorological drought in China in September 2010 (unit:d)

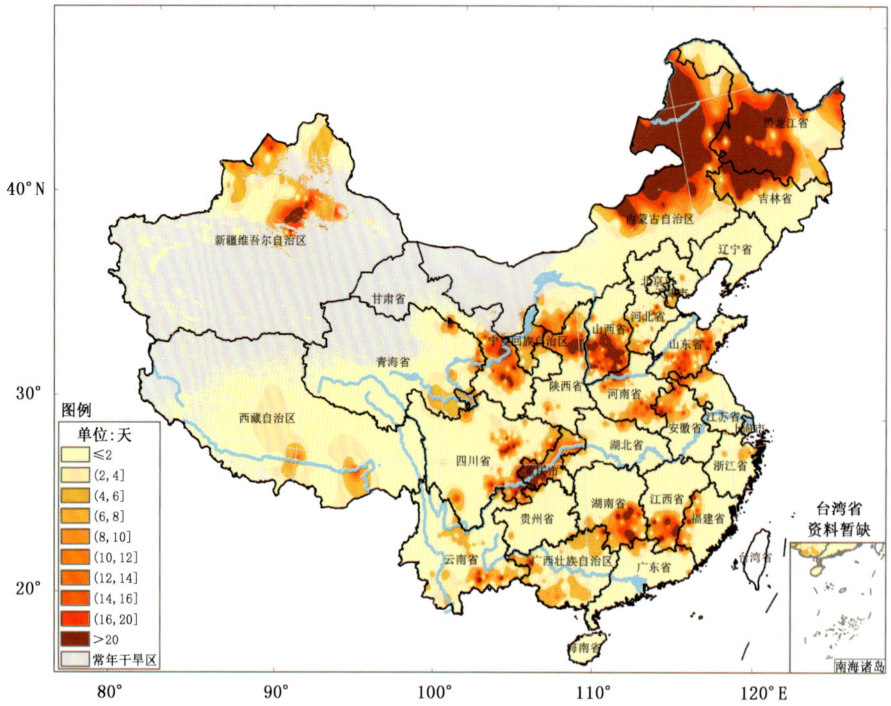


图 H10　2010 年 10 月全国干旱日数分布

Fig. H10　The days of meteorological drought in China in October 2010 (unit:d)

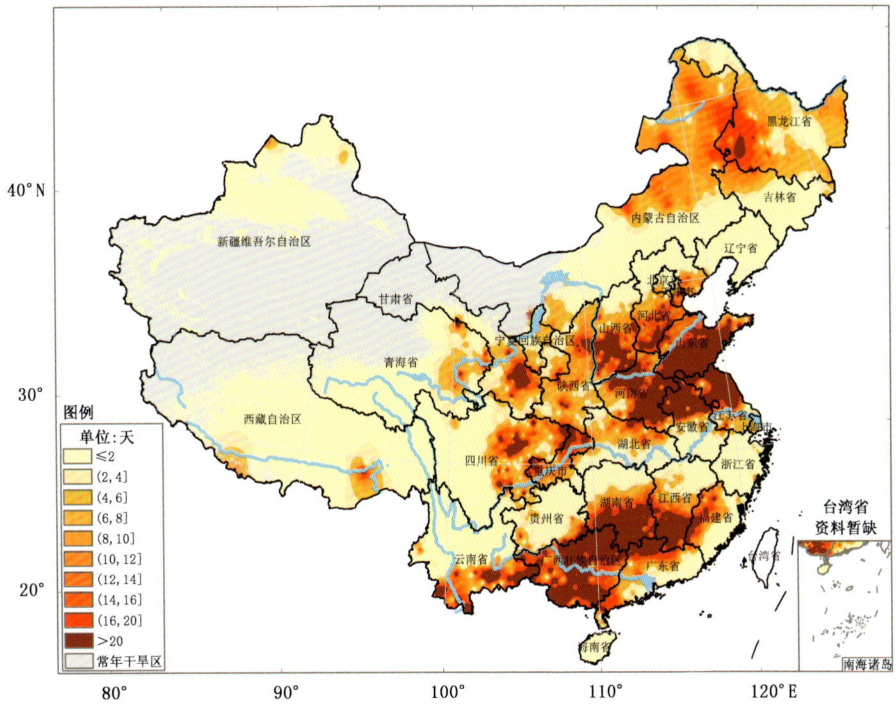


图 H11　2010 年 11 月全国干旱日数分布

Fig. H11　The days of meteorological drought in China in November 2010 (unit:d)

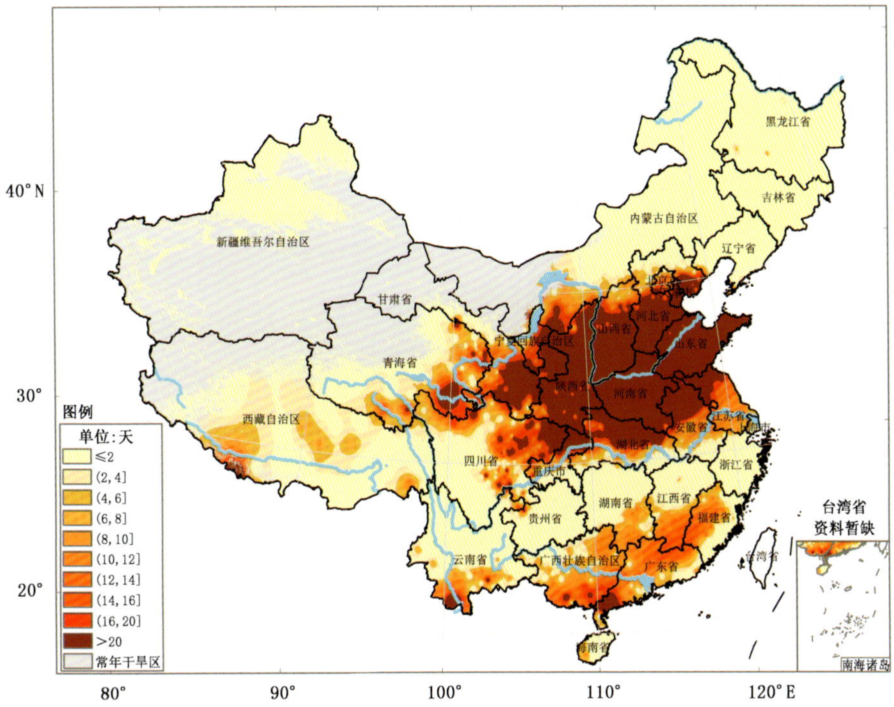


图 H12　2010 年 12 月全国干旱日数分布

Fig. H12　The days of meteorological drought in China in December 2010 (unit:d)

# 附录 I　2010 年各月气象干旱各等级日数分布

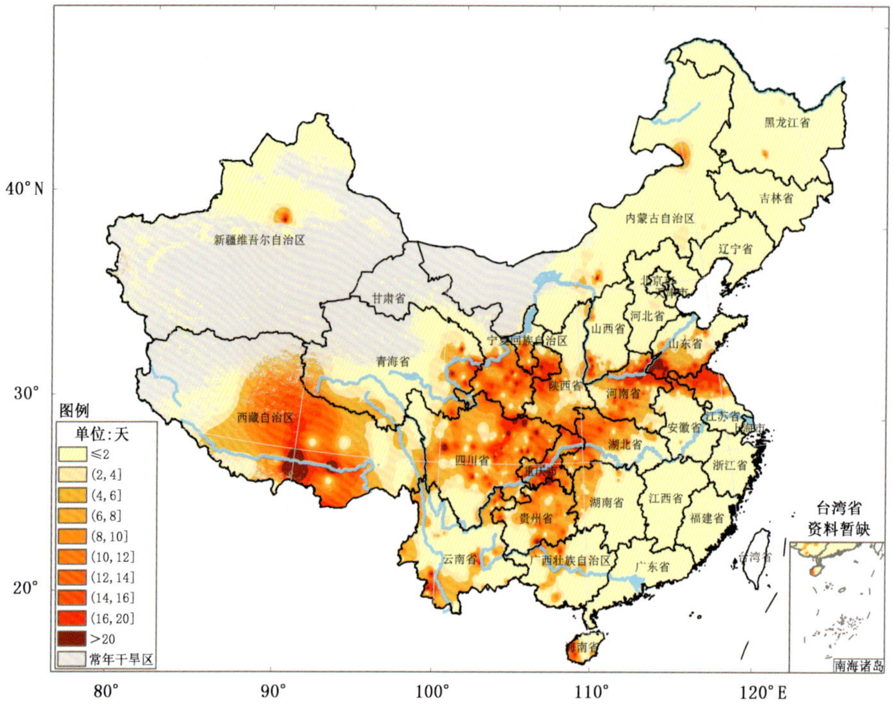


图 I1　2010 年 1 月全国轻旱日数分布

Fig. I1　The days of light drought in China in January 2010 (unit:d)

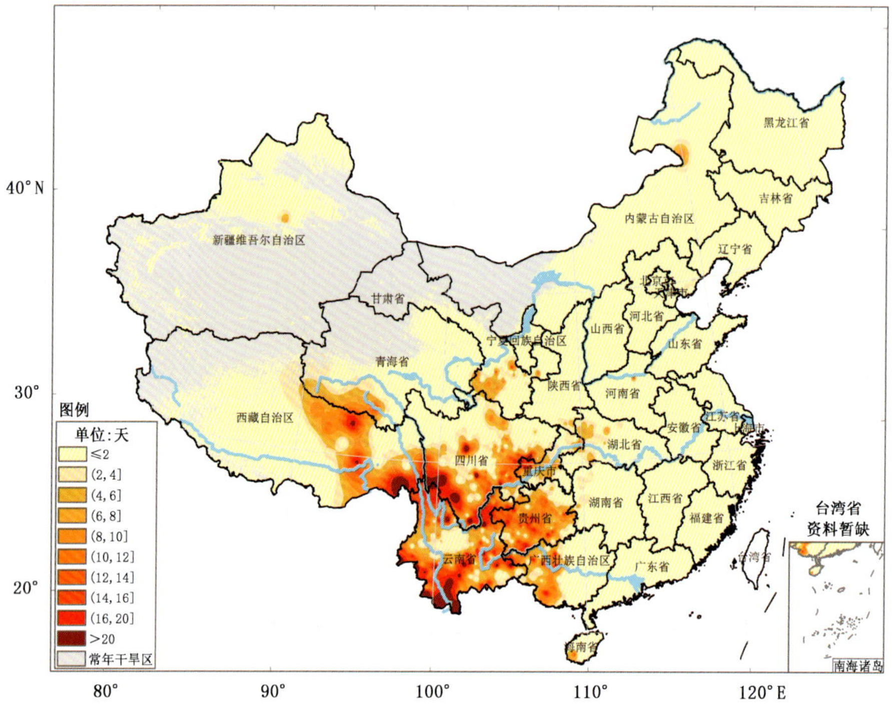


图 I2　2010 年 1 月全国中旱日数分布

Fig. I2　The days of moderate drought in China in January 2010 (unit:d)

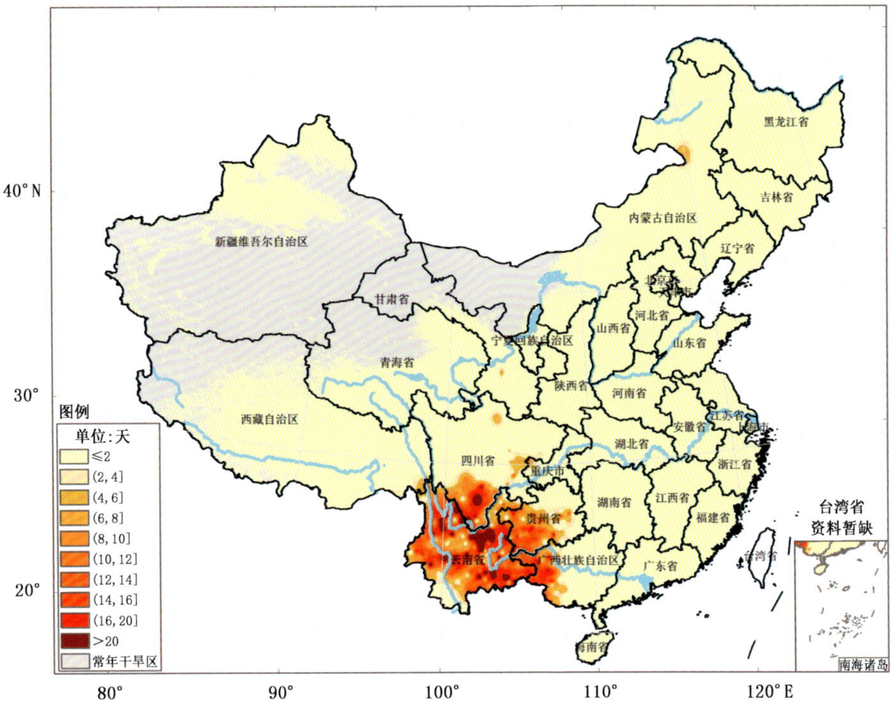


图 I3　2010 年 1 月全国重旱日数分布

Fig. I3　The days of severe drought in China in January 2010 (unit: d)

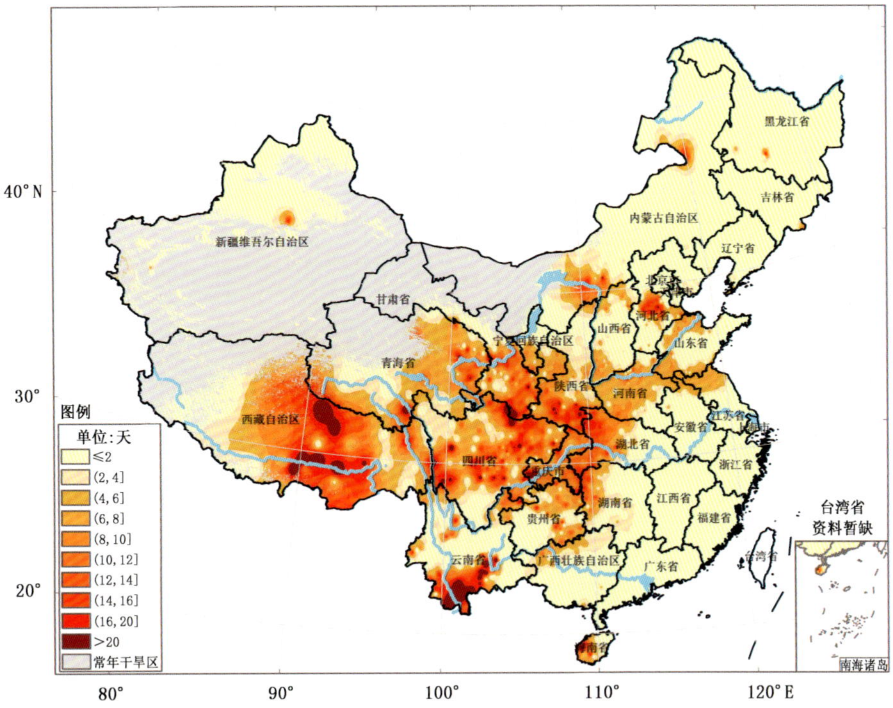


图 I4　2010 年 2 月全国轻旱日数分布

Fig. I4　The days of light drought in China in February 2010 (unit: d)

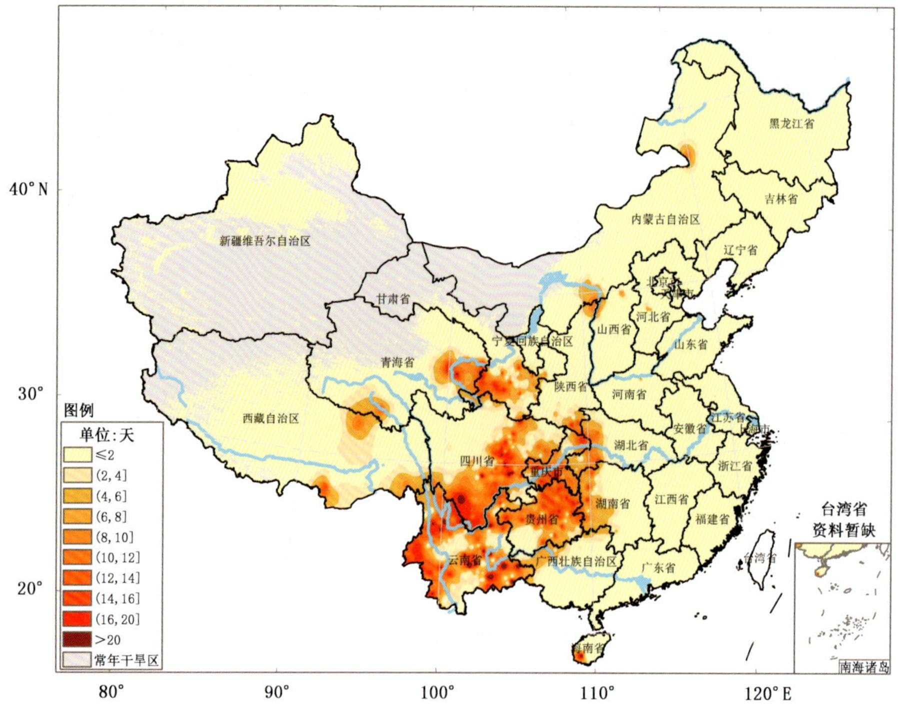


图 I5　2010 年 2 月全国中旱日数分布

Fig. I5　The days of moderate drought in China in February 2010 (unit:d)

图 I6　2010 年 2 月全国重旱日数分布

Fig. I6　The days of severe drought in China in February 2010 (unit:d)

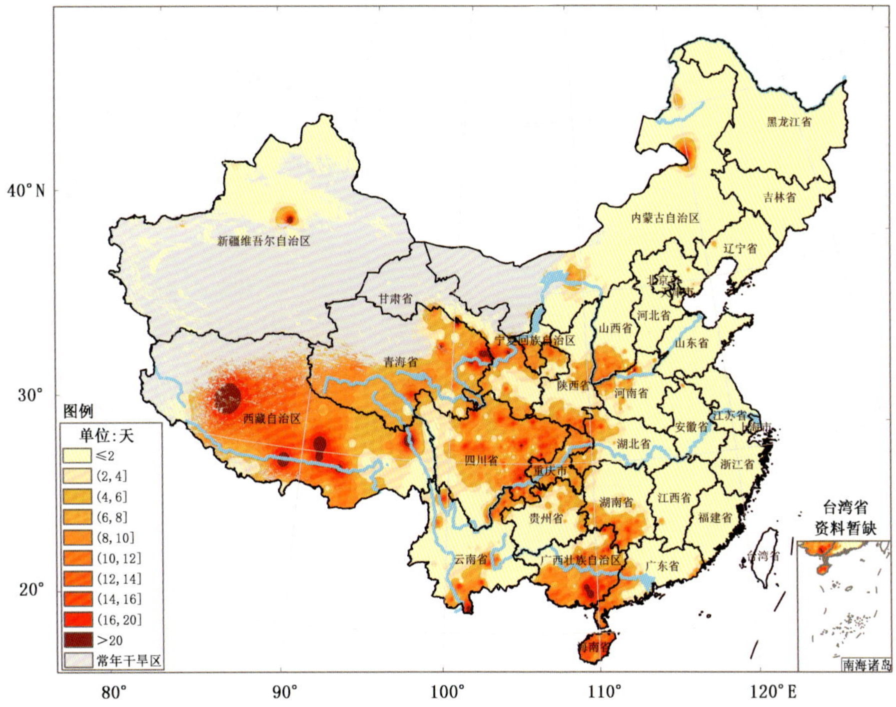


图 I7　2010 年 3 月全国轻旱日数分布

Fig. I7　The days of light drought in China in March 2010 (unit:d)

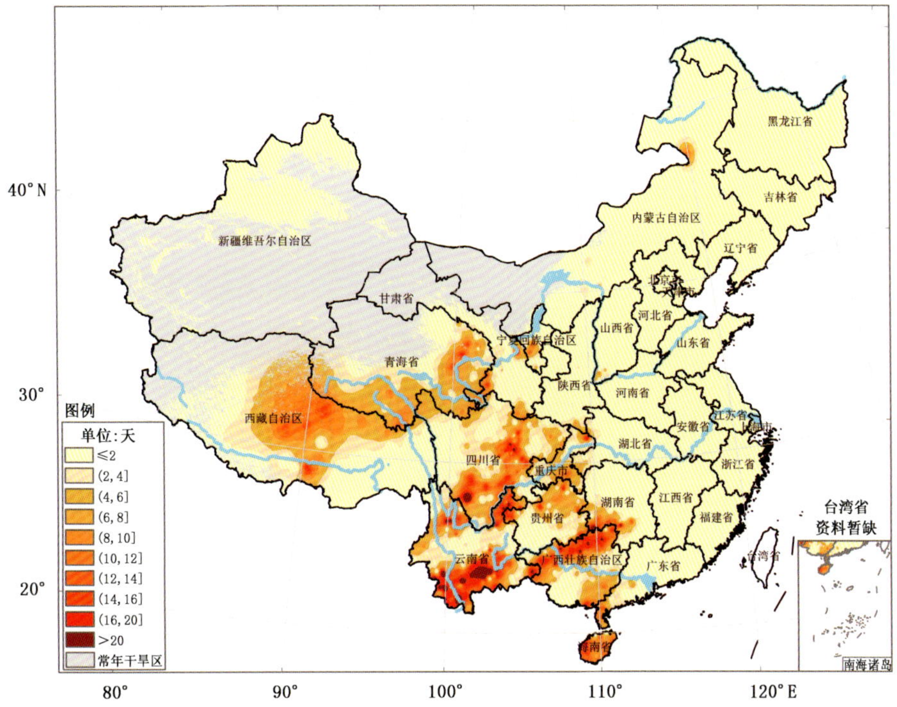


图 I8　2010 年全国 3 月中旱日数分布

Fig. I8　The days of moderate drought in China in March 2010 (unit:d)

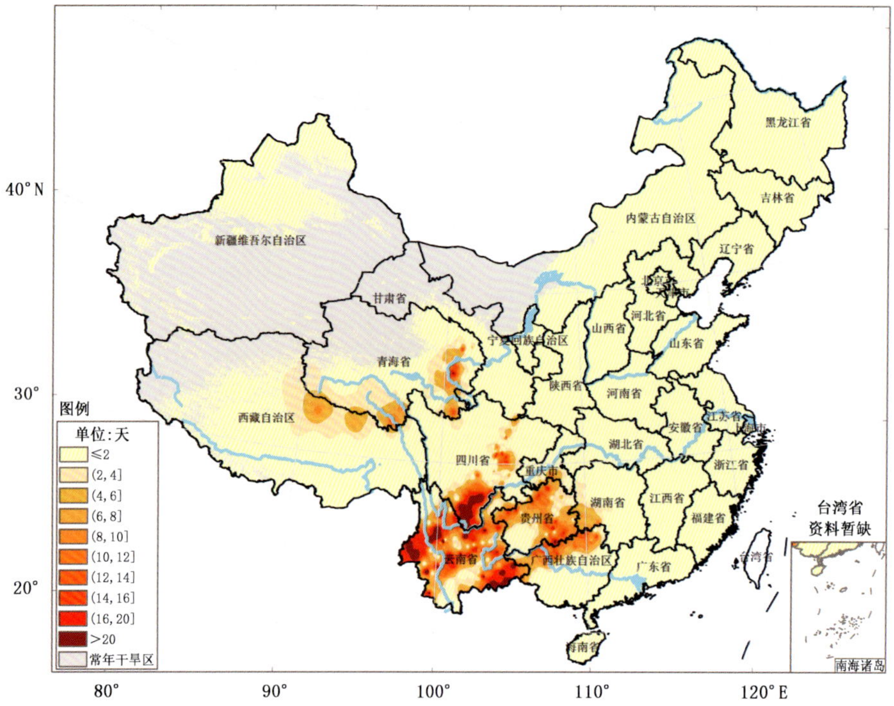


图 I9　2010 年 3 月全国重旱日数分布

Fig. I9　The days of severe drought in China in March 2010 (unit: d)

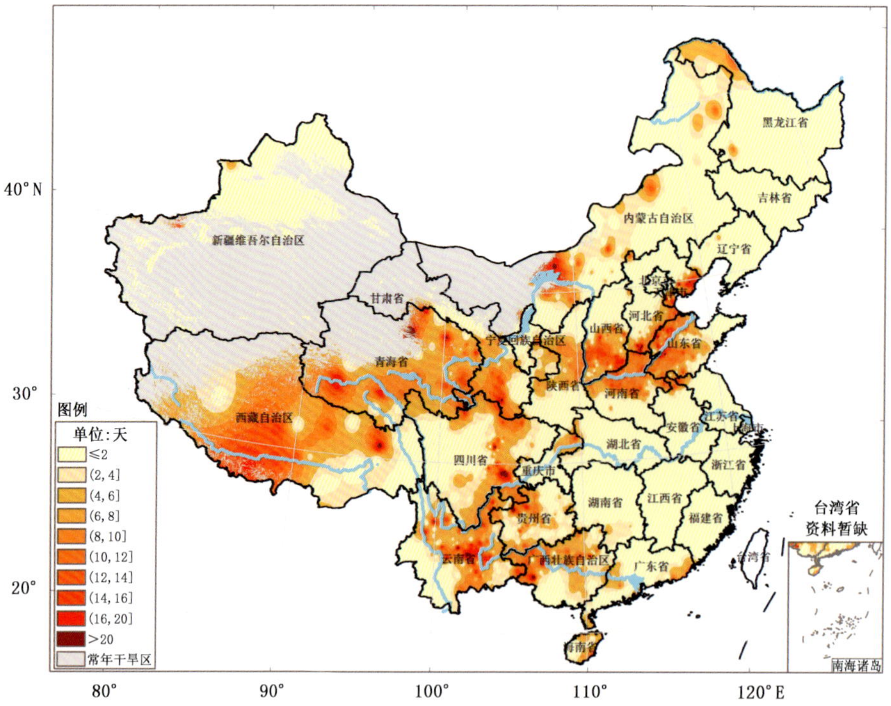


图 I10　2010 年 4 月全国轻旱日数分布

Fig. I10　The days of light drought in China in April 2010 (unit: d)

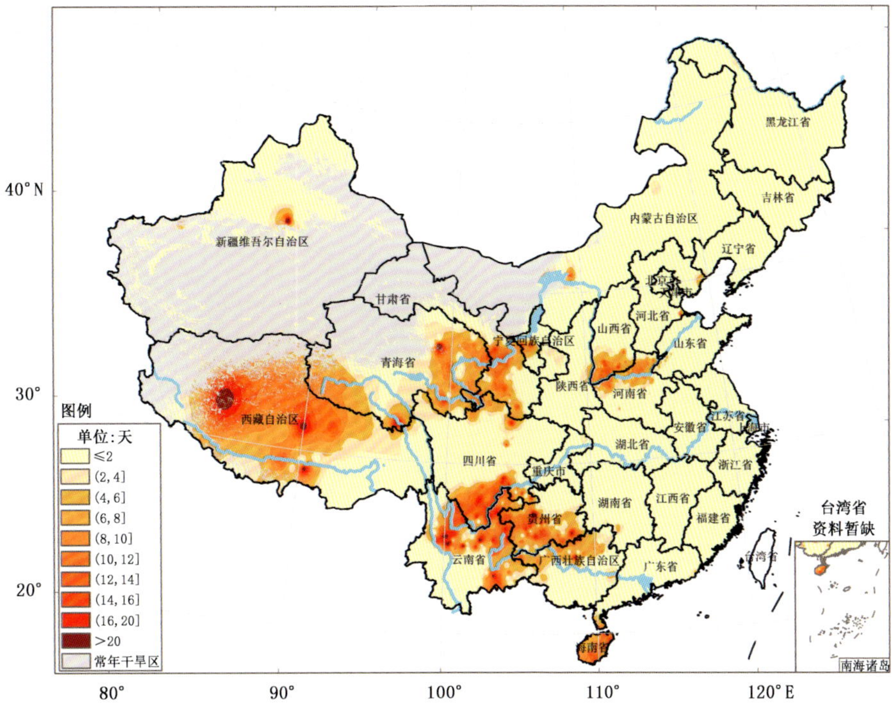


图 I11　2010 年 4 月全国中旱日数分布

Fig. I11　The days of moderate drought in China in April 2010 (unit:d)

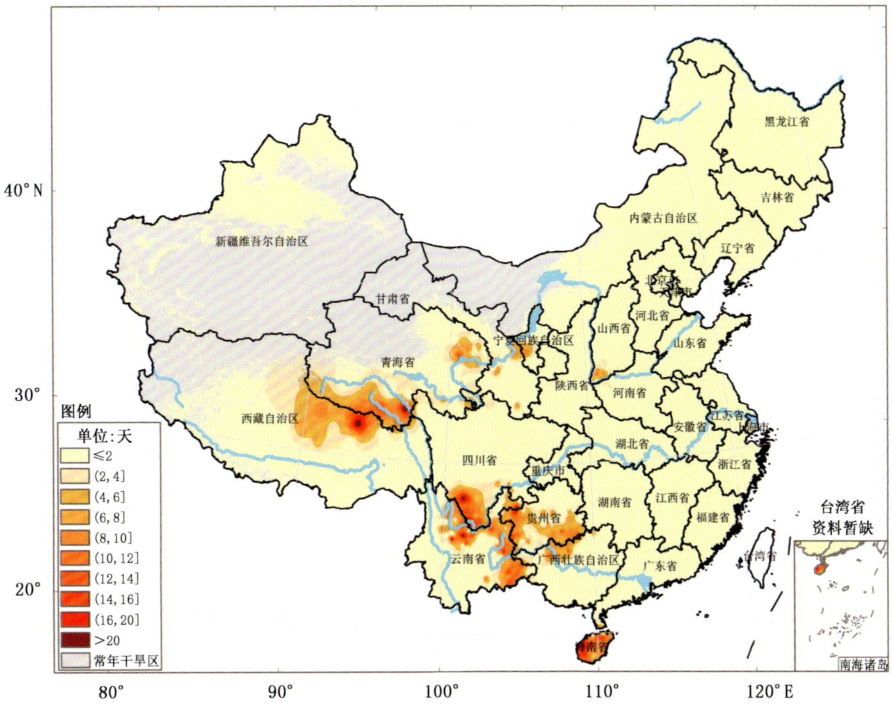


图 I12　2010 年 4 月全国重旱日数分布

Fig. I12　The days of severe drought in China in April 2010 (unit:d)

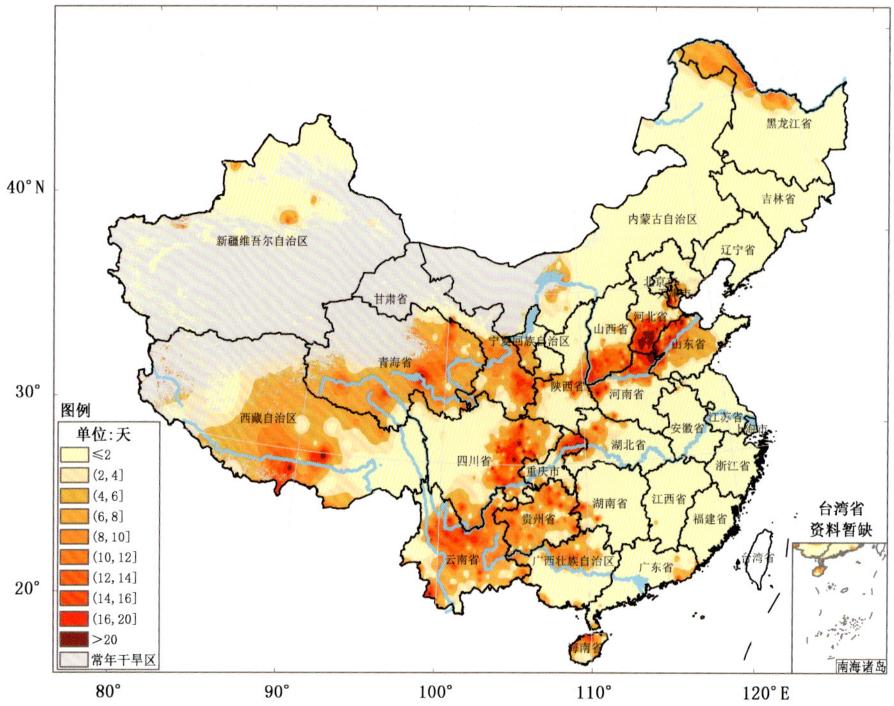


图 I13　2010 年 5 月全国轻旱日数分布

Fig. I13　The days of light drought in China in May 2010 (unit: d)

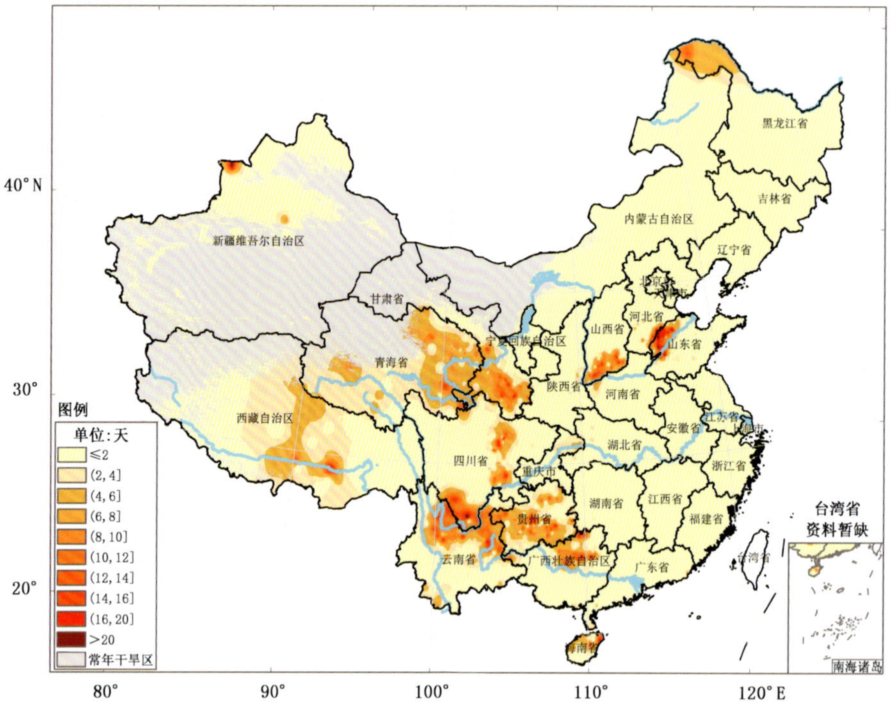


图 I14　2010 年 5 月全国中旱日数分布

Fig. I14　The days of moderate drought in China in May 2010 (unit: d)

图 I15　2010 年 5 月全国重旱日数分布

Fig. I15　The days of severe drought in China in May 2010 (unit:d)

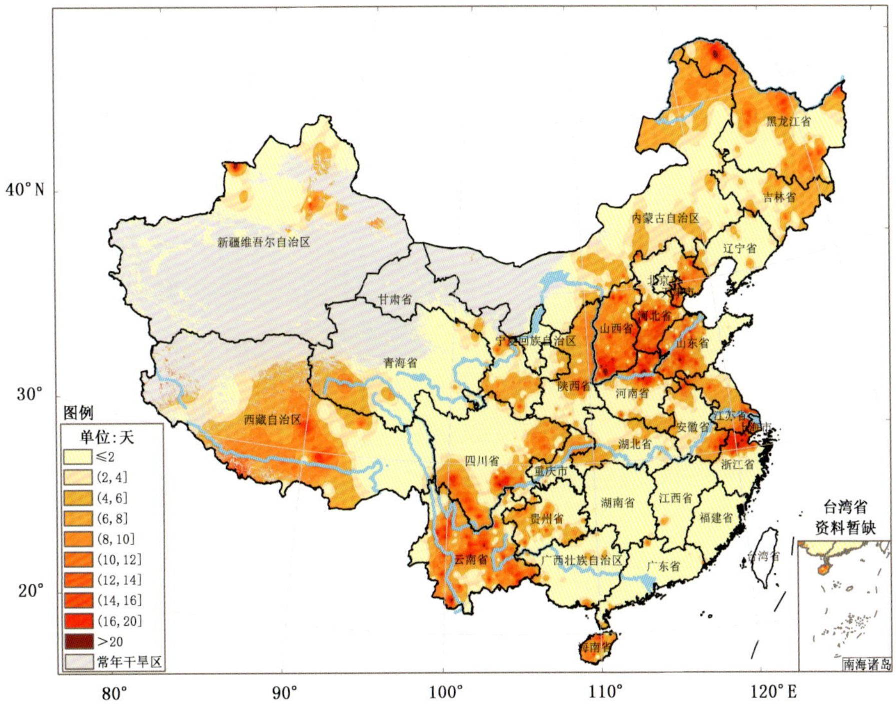


图 I16　2010 年 6 月全国轻旱日数分布

Fig. I16　The days of light drought in China in June 2010 (unit:d)

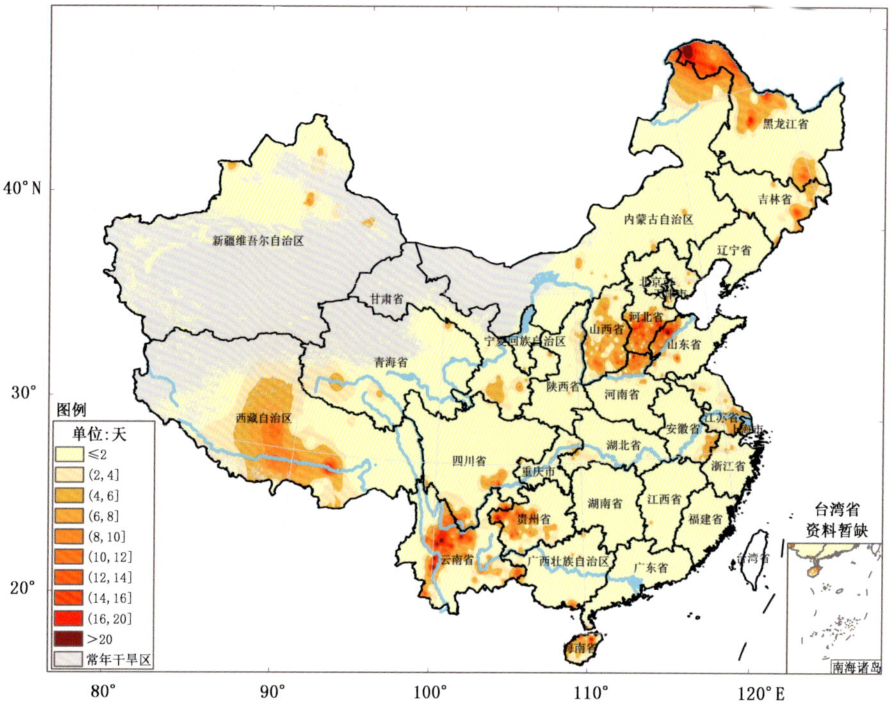


图 I17　2010 年 6 月全国中旱日数分布

Fig. I17　The days of moderate drought in China in June 2010 (unit:d)

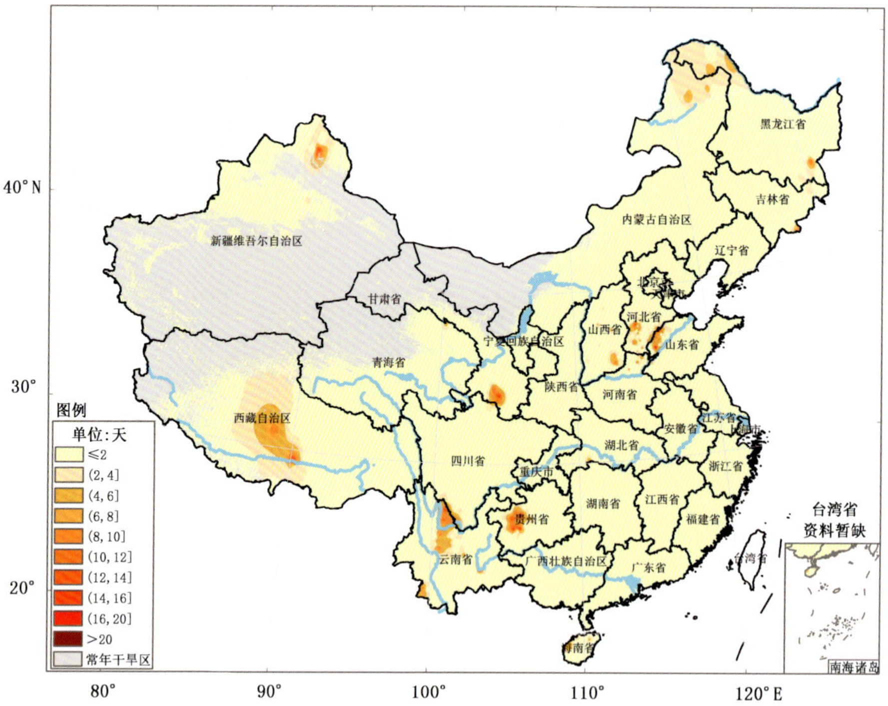


图 I18　2010 年 6 月全国重旱日数分布

Fig. I18　The days of severe drought in China in June 2010 (unit:d)

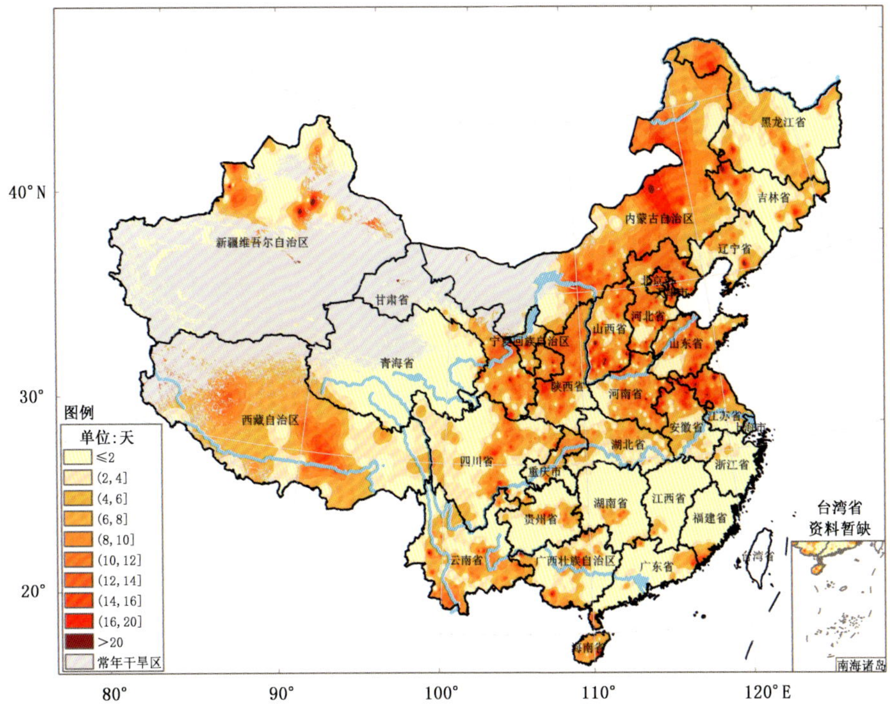


图 I19　2010 年 7 月全国轻旱日数分布

Fig. I19　The days of light drought in China in July 2010 (unit:d)

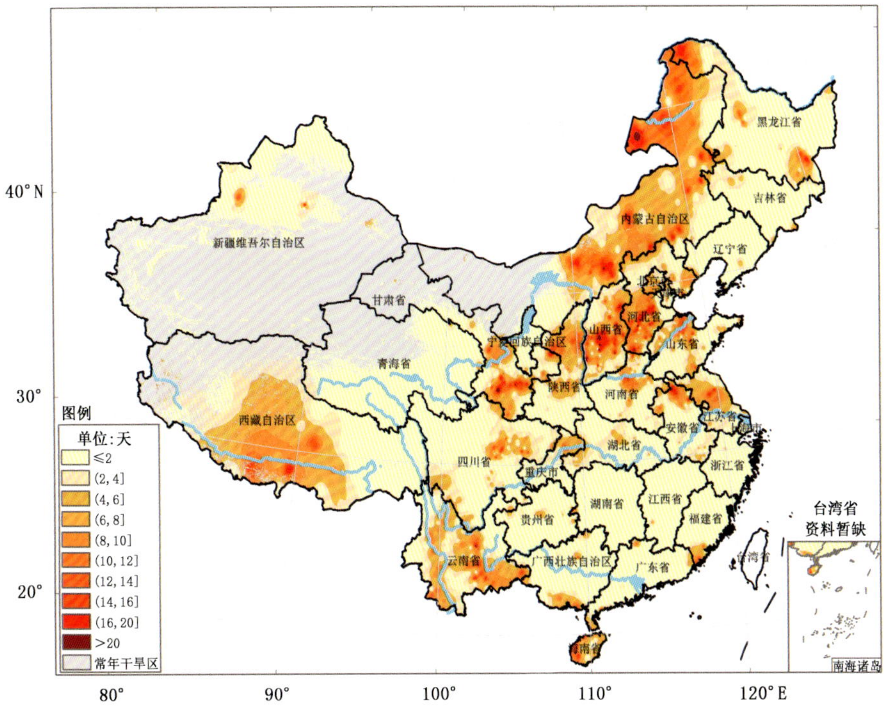


图 I20　2010 年 7 月全国中旱日数分布

Fig. I20　The days of moderate drought in China in July 2010 (unit:d)

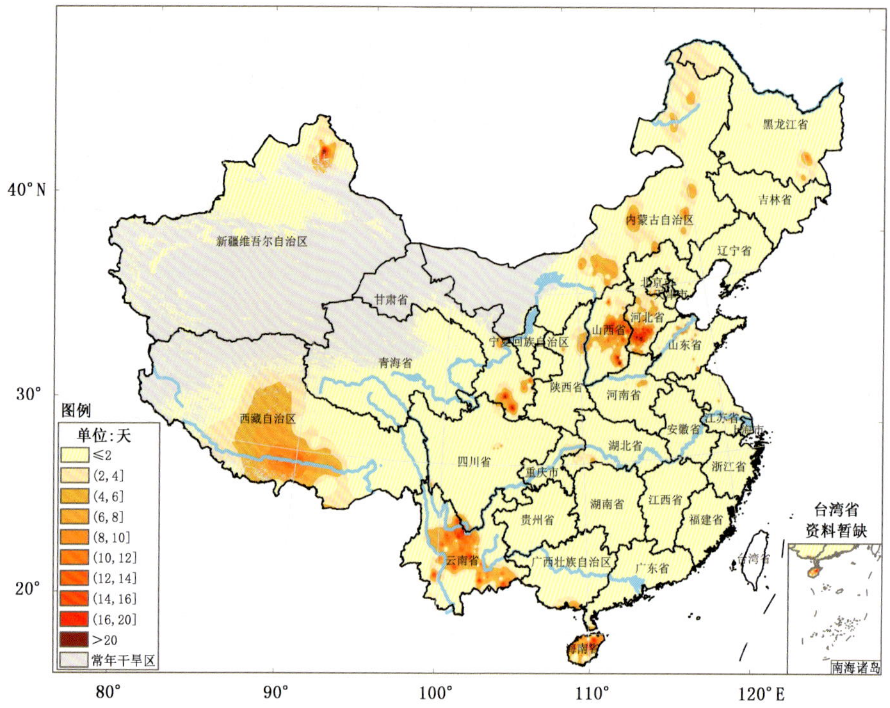


图 I21　2010 年 7 月全国重旱日数分布

Fig. I21　The days of severe drought in China in July 2010 (unit:d)

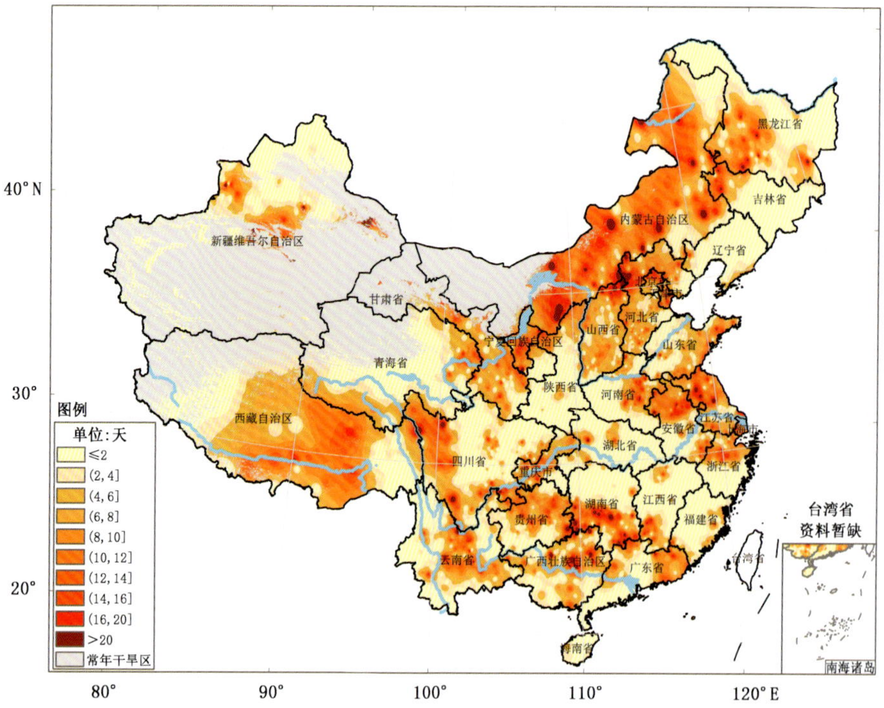


图 I22　2010 年 8 月全国轻旱日数分布

Fig. I22　The days of light drought in China in August 2010 (unit:d)

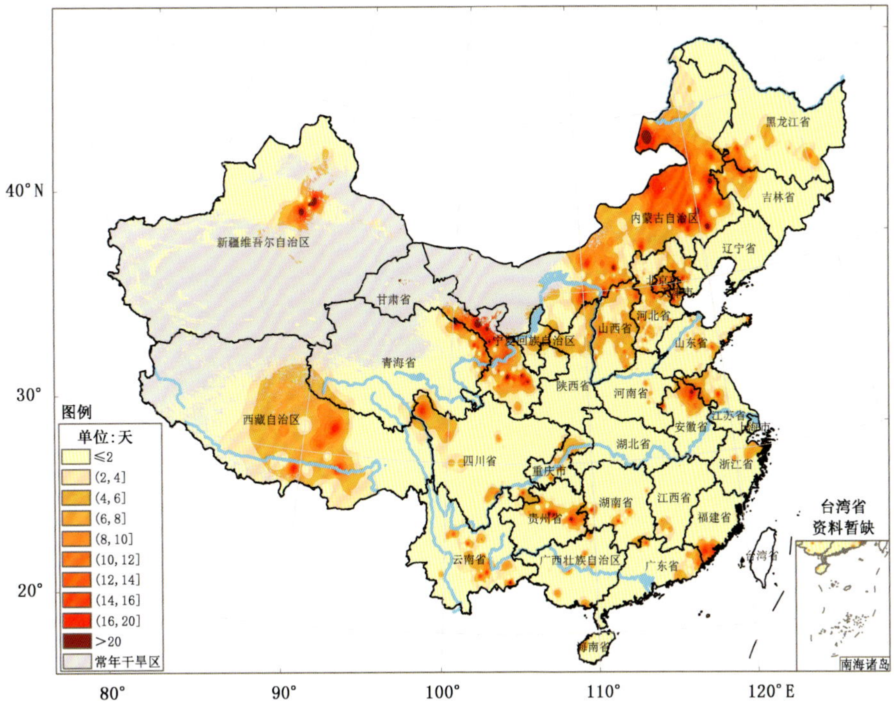


图 I23　2010 年 8 月全国中旱日数分布

Fig. I23　The days of moderate drought in China in August 2010 (unit:d)

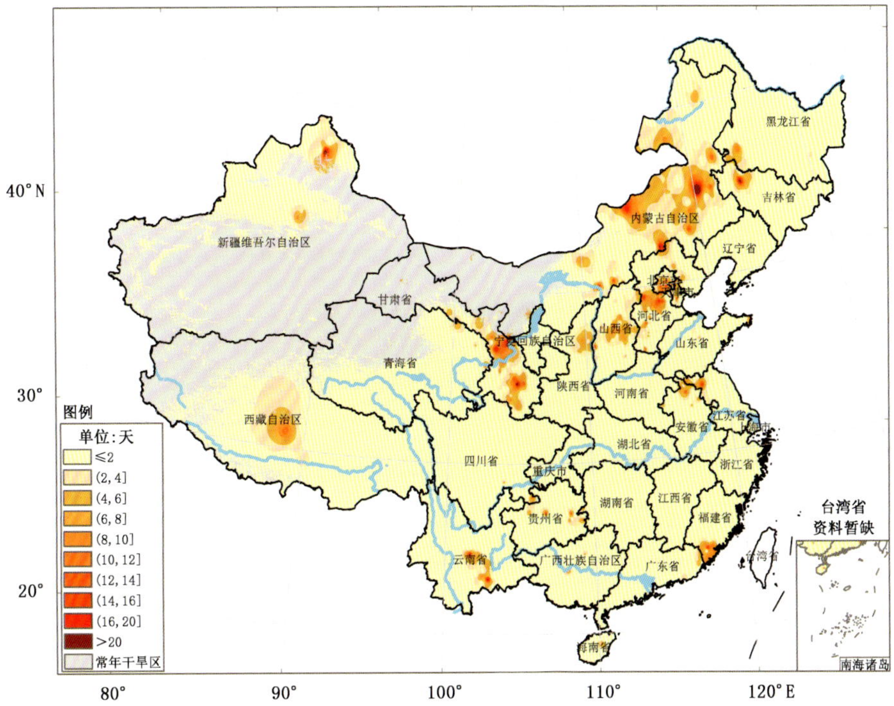


图 I24　2010 年 8 月全国重旱日数分布

Fig. I24　The days of severe drought in China in August 2010 (unit:d)

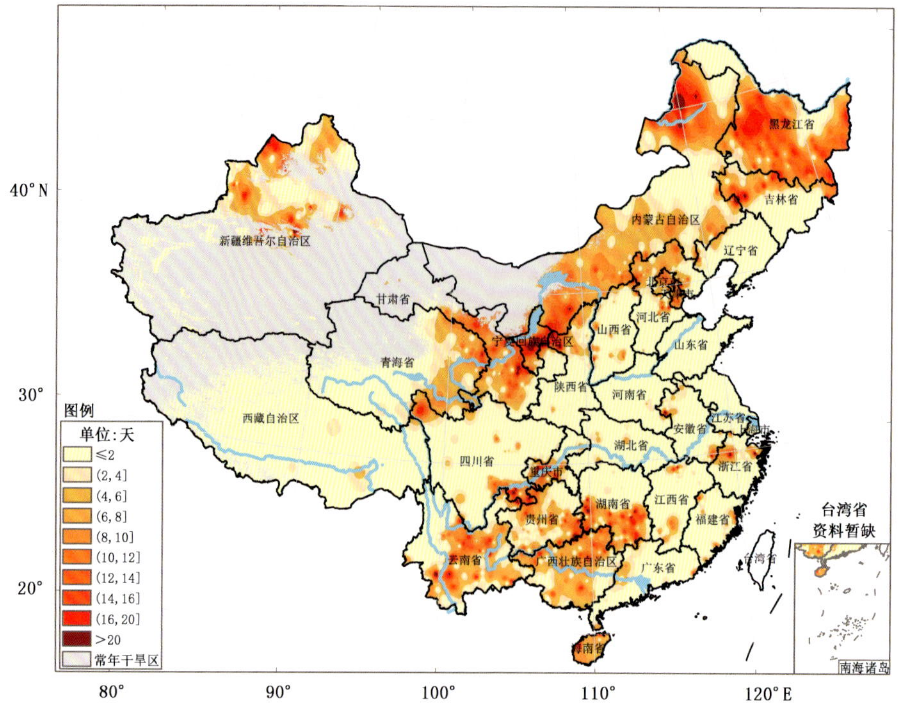


图 I25　2010 年 9 月全国轻旱日数分布

Fig. I25　The days of light drought in China in September 2010 (unit:d)

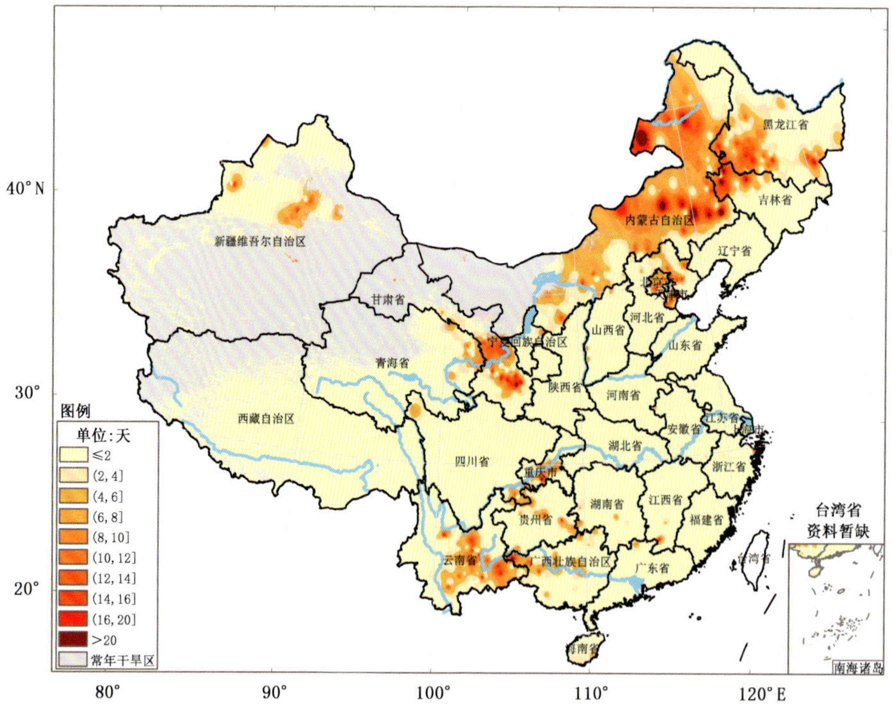


图 I26　2010 年 9 月全国中旱日数分布

Fig. I26　The days of moderate drought in China in September 2010 (unit:d)

图 I27　2010 年 9 月全国重旱日数分布

Fig. I27　The days of severe drought in China in September 2010 (unit:d)

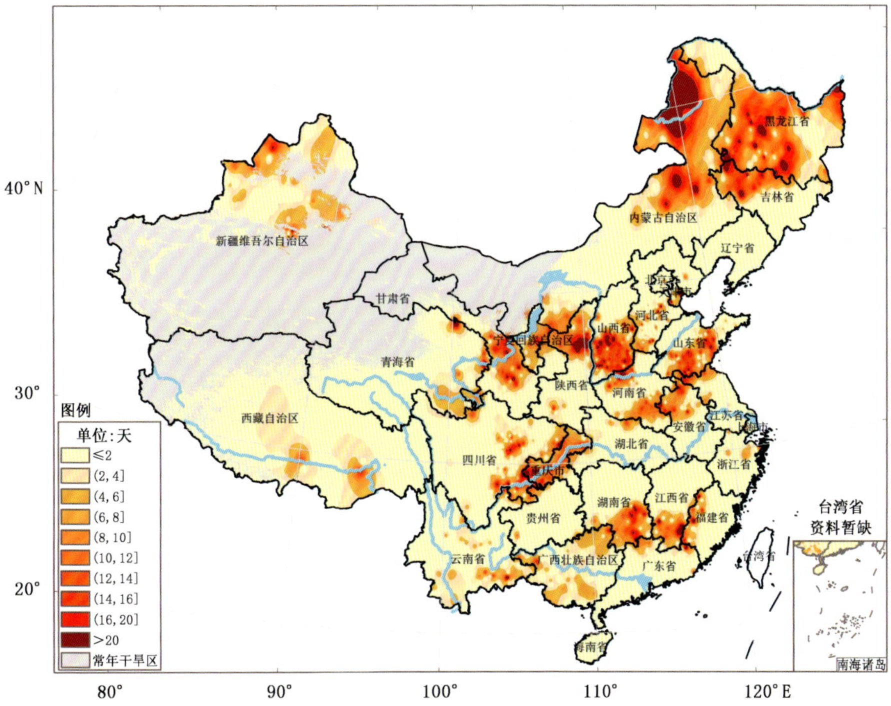


图 I28　2010 年 10 月全国轻旱日数分布

Fig. I28　The days of light drought in China in October 2010 (unit:d)

图 I29　2010 年 10 月全国中旱日数分布

Fig. I29　The days of moderate drought in China in October 2010 (unit:d)

图 I30　2010 年 10 月全国重旱日数分布

Fig. I30　The days of severe drought in China in October 2010 (unit:d)

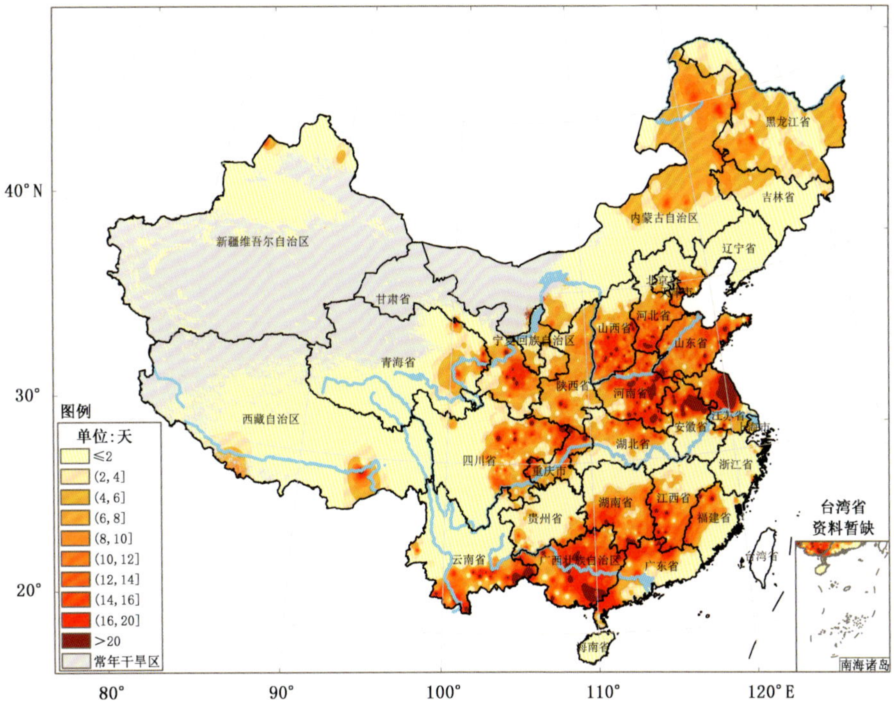


图 I31　2010 年 11 月全国轻旱日数分布

Fig. I31　The days of light drought in China in November 2010 (unit:d)

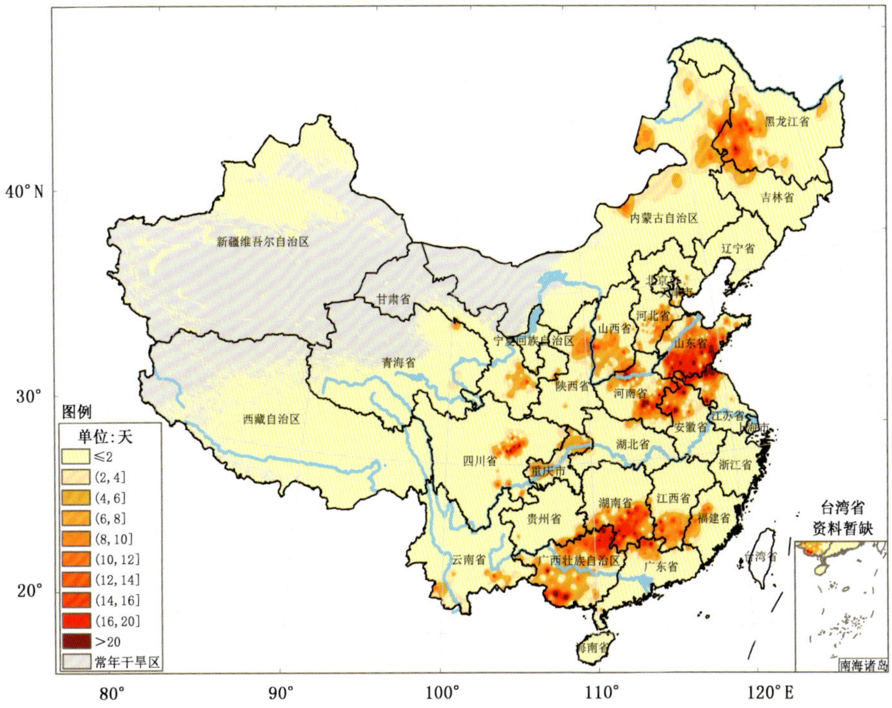


图 I32　2010 年 11 月全国中旱日数分布

Fig. I32　The days of moderate drought in China in November 2010 (unit:d)

图 I33　2010 年 11 月全国重旱日数分布

Fig. I33　The days of severe drought in China in November 2010 (unit:d)

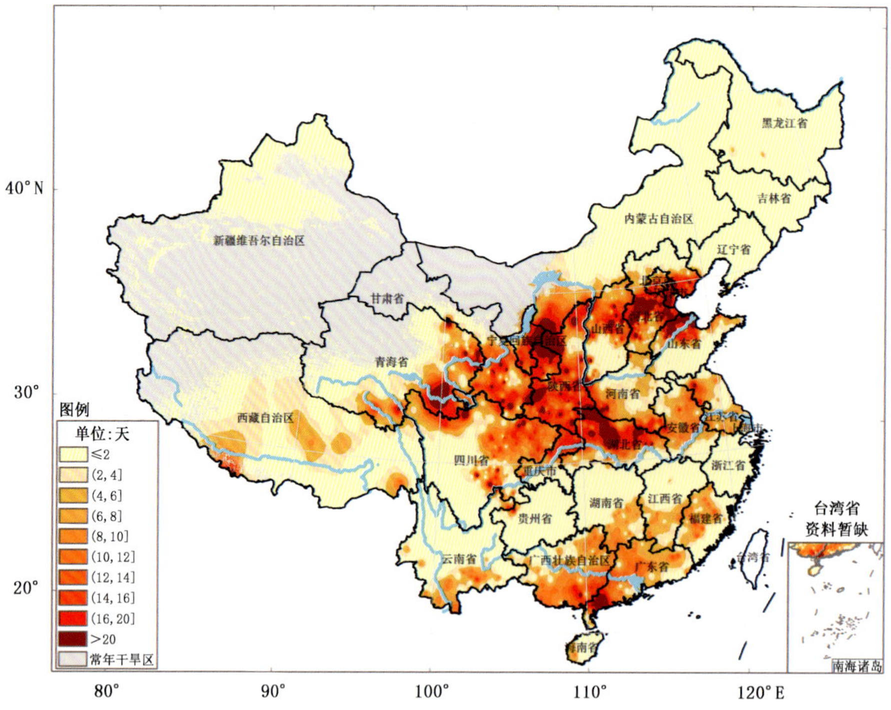


图 I34　2010 年 12 月全国轻旱日数分布

Fig. I34　The days of light drought in China in December 2010 (unit:d)

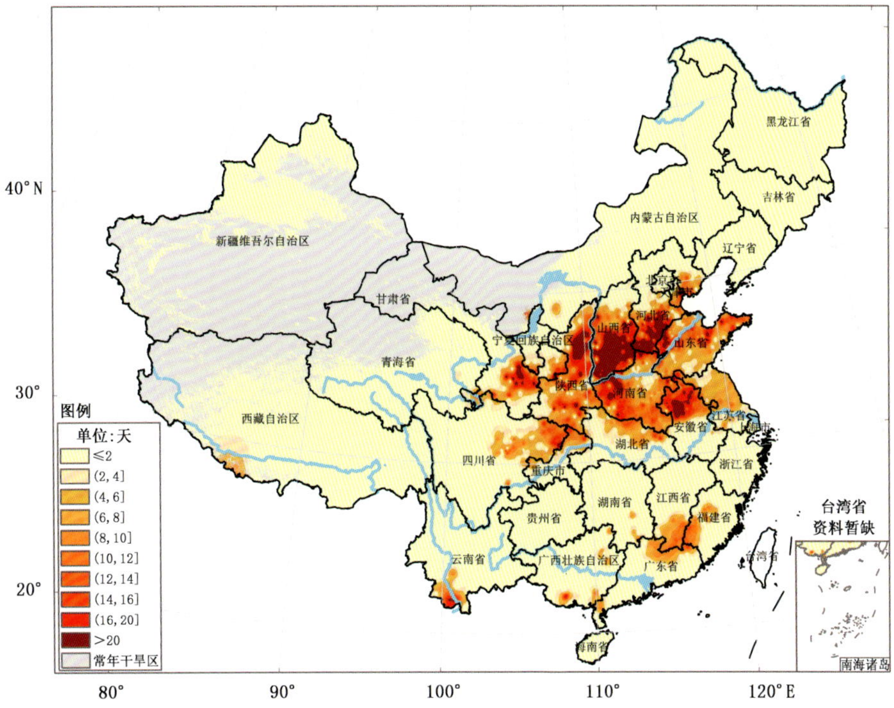


图 I35　2010 年 12 月全国中旱日数分布

Fig. I35　The days of moderate drought in China in December 2010 (unit:d)

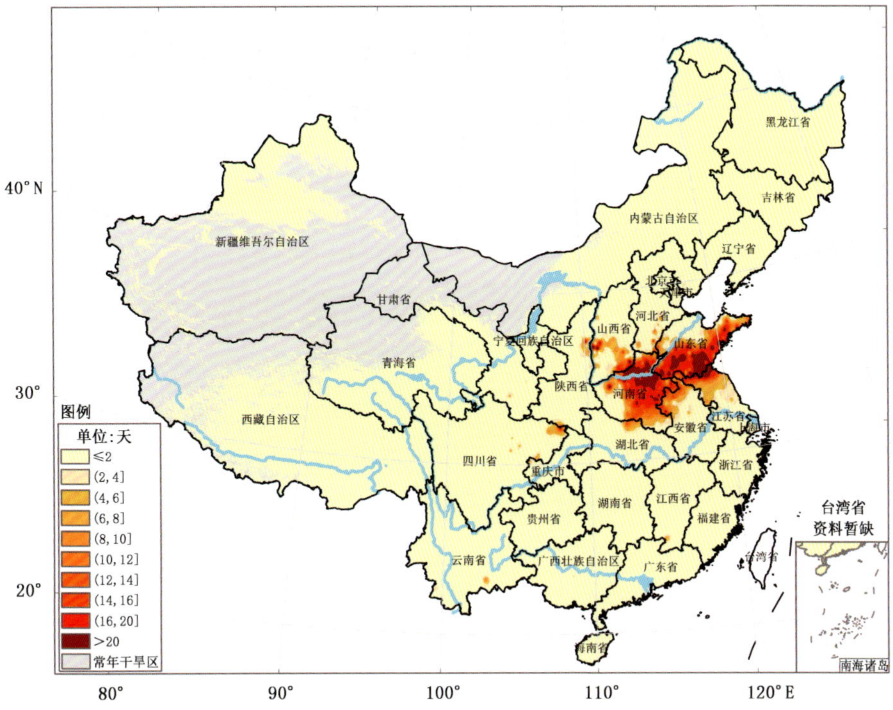


图 I36　2010 年 12 月全国重旱日数分布

Fig. I36　The days of severe drought in China in December 2010 (unit:d)

# 附录 J　2010 年各月气象干旱各等级日数距平分布

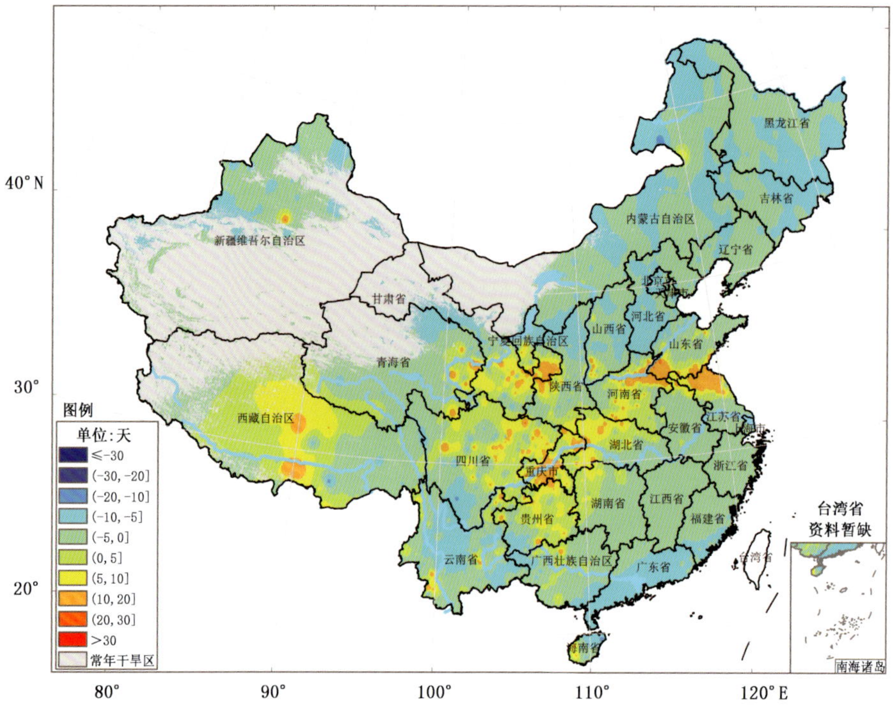


图 J1　2010 年 1 月全国轻旱日数距平分布

Fig. J1　The anomaly of light drought days in China in January 2010 (unit:d)

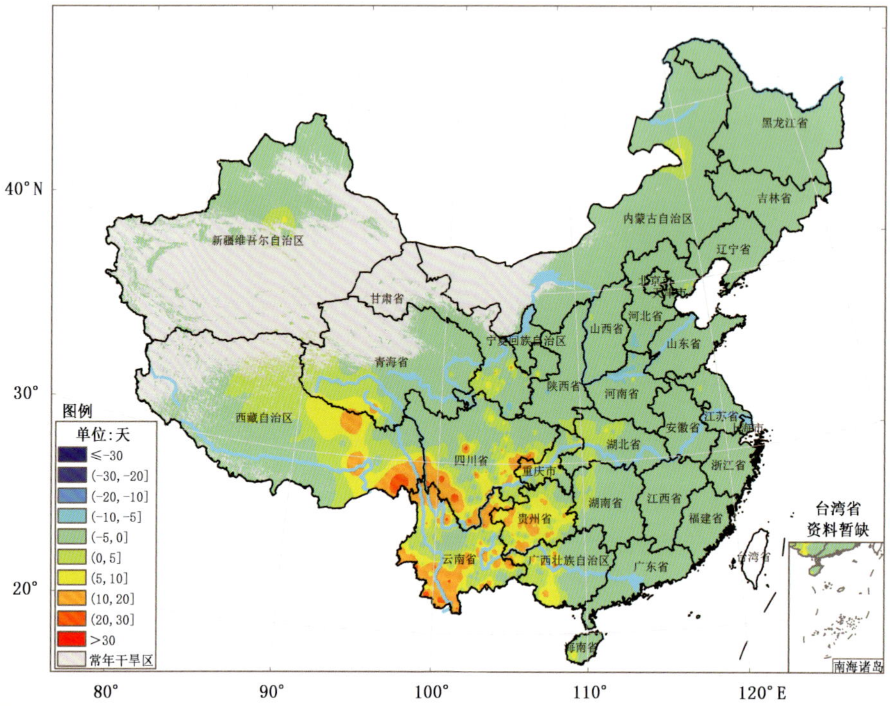


图 J2　2010 年 1 月全国中旱日数距平分布

Fig. J2　The anomaly of moderate drought days in China in January 2010 (unit:d)

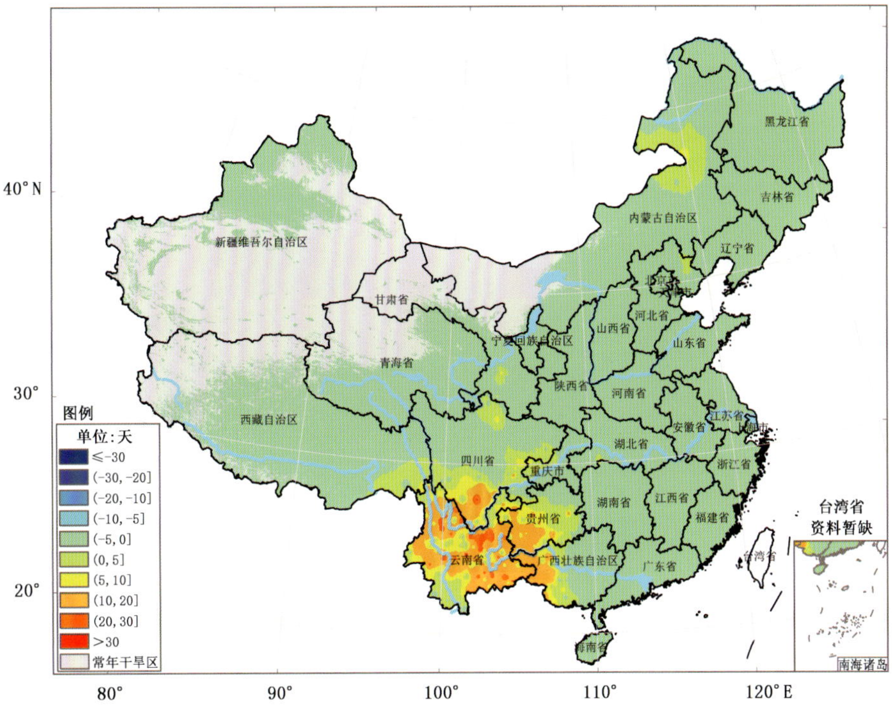


图 J3　2010 年 1 月全国重旱日数距平分布

Fig. J3　The anomaly of severe drought days in China in January 2010 (unit:d)

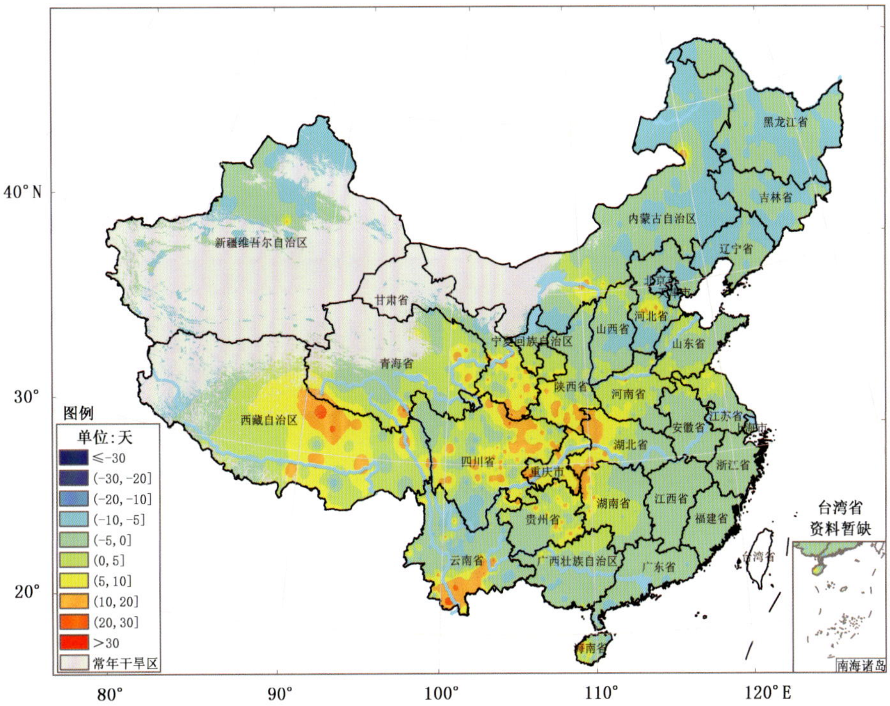


图 J4　2010 年 2 月全国轻旱日数距平分布

Fig. J4　The anomaly of light drought days in China in February 2010 (unit:d)

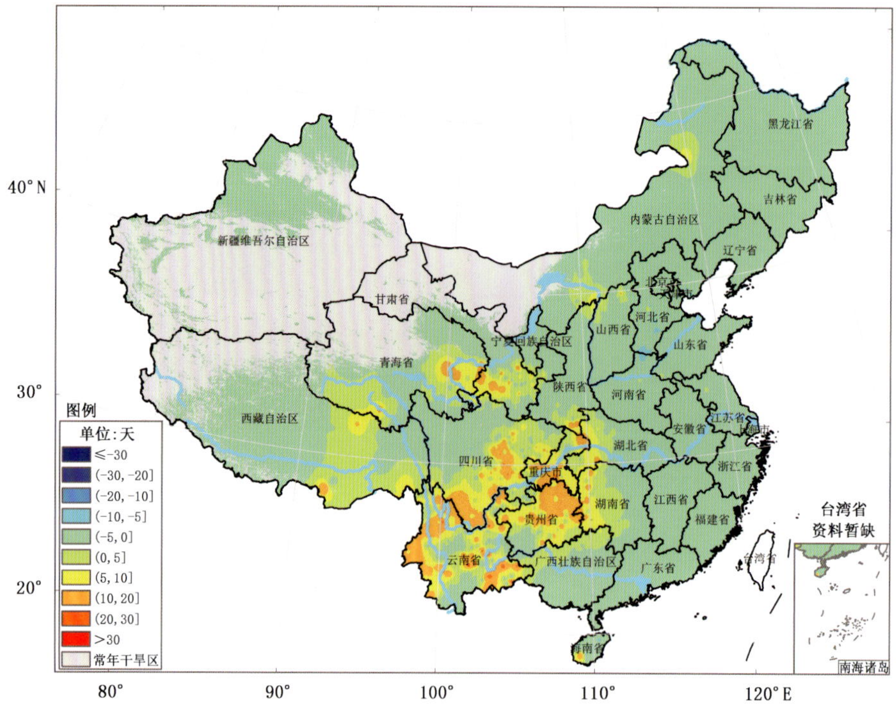


图 J5　2010 年 2 月全国中旱日数距平分布

Fig. J5　The anomaly of moderate drought days in China in February 2010 (unit:d)

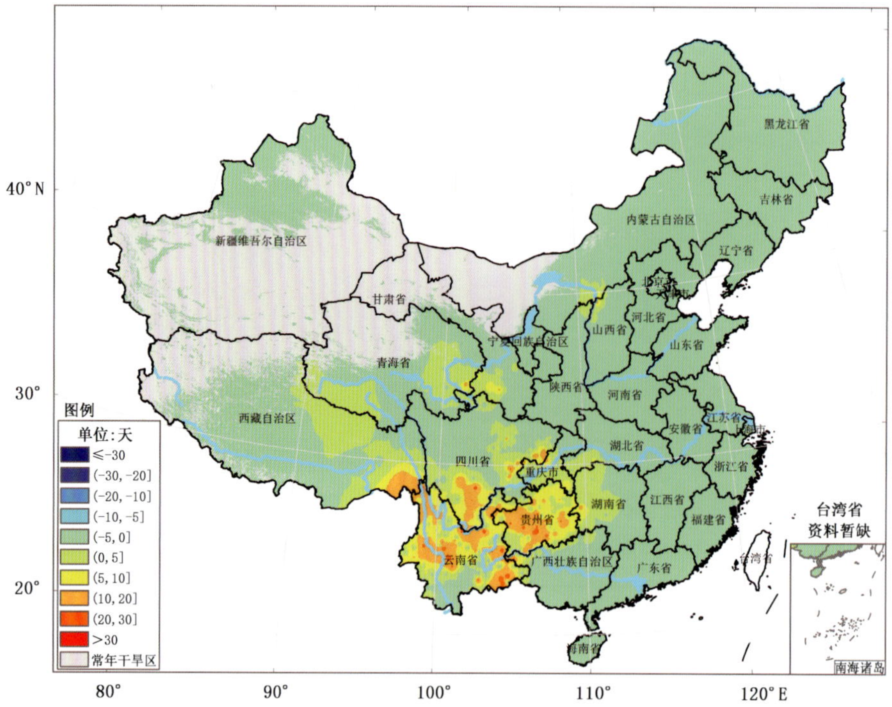


图 J6　2010 年 2 月全国重旱日数距平分布

Fig. J6　The anomaly of severe drought days in China in February 2010 (unit:d)

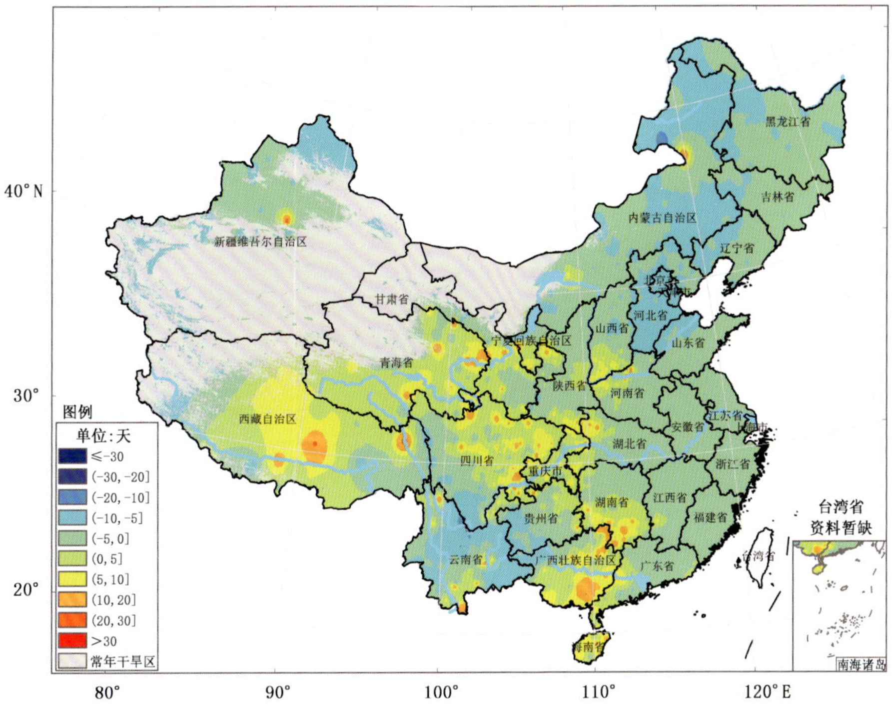


图 J7　2010 年 3 月全国轻旱日数距平分布

Fig. J7　The anomaly of light drought days in China in March 2010 (unit:d)

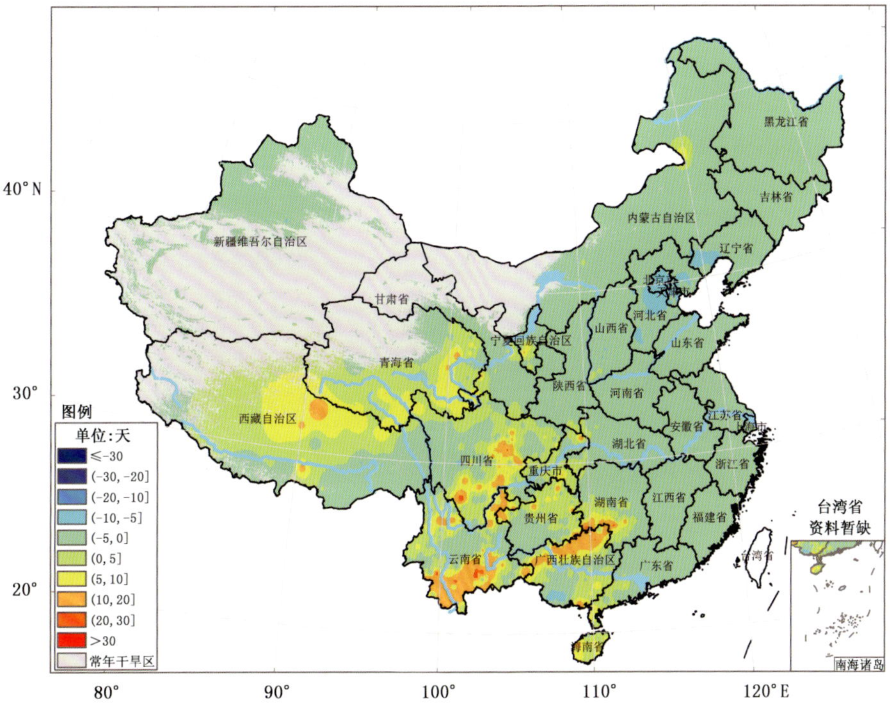


图 J8　2010 年 3 月全国中旱日数距平分布

Fig. J8　The anomaly of moderate drought days in China in March 2010 (unit:d)

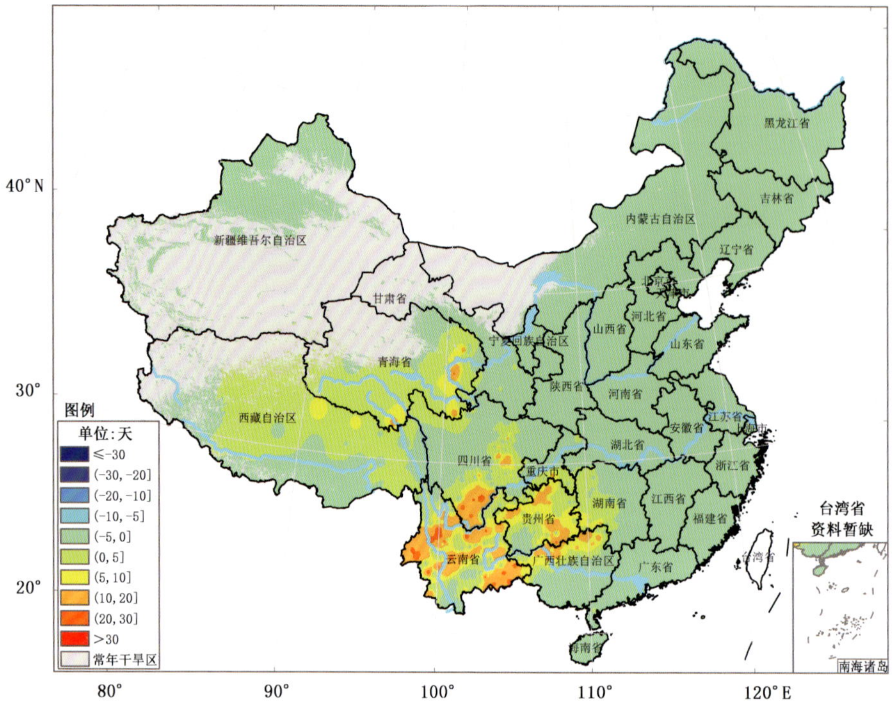


图 J9　2010 年 3 月全国重旱日数距平分布

Fig. J9　The anomaly of severe drought days in China in March 2010 (unit:d)

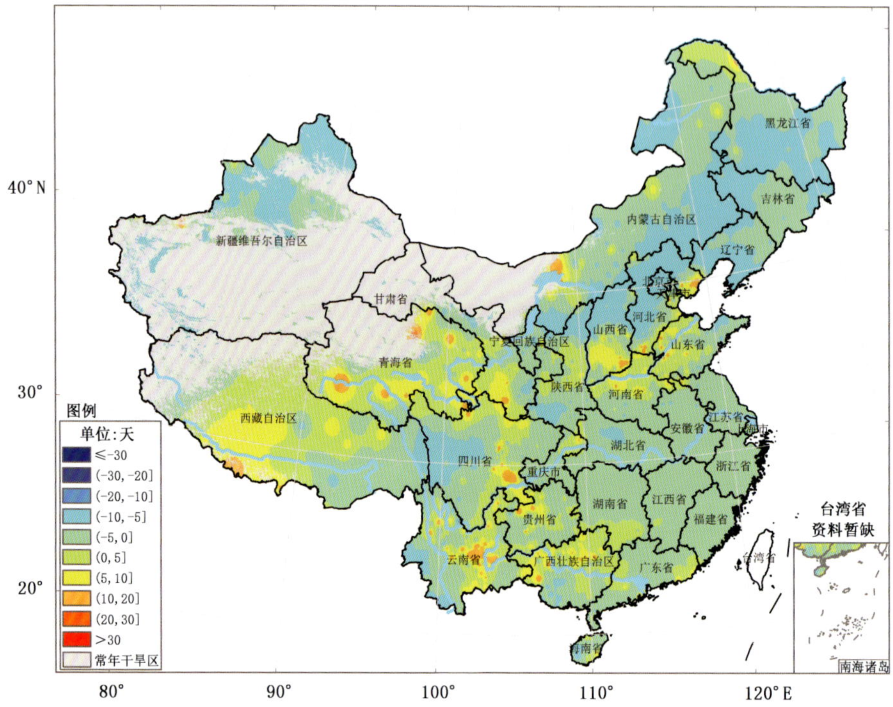


图 J10　2010 年 4 月全国轻旱日数距平分布

Fig. J10　The anomaly of light drought days in China in April 2010 (unit:d)

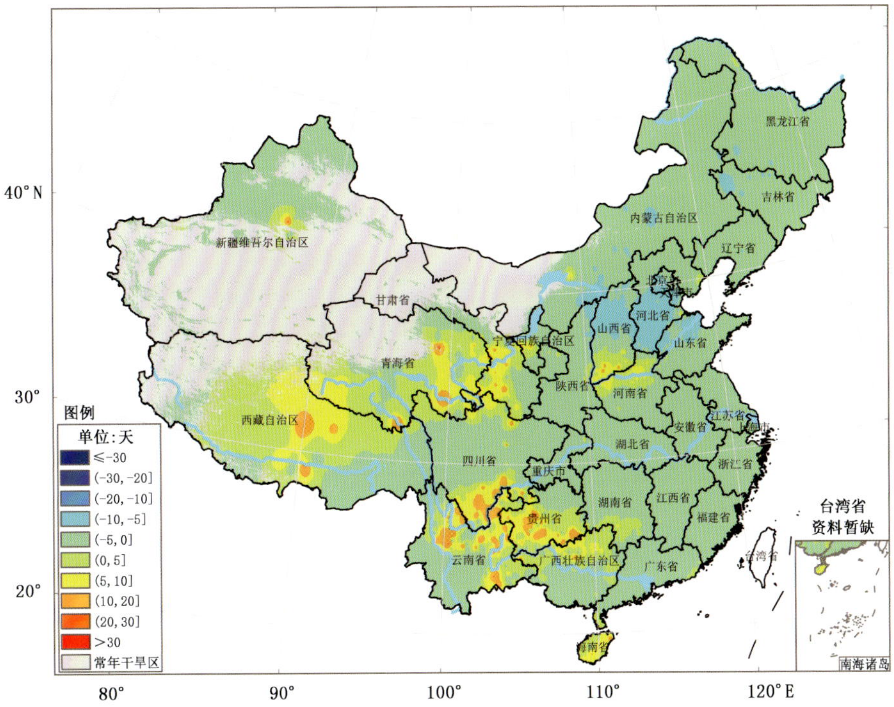


图 J11　2010 年 4 月全国中旱日数距平分布

Fig. J11　The anomaly of moderate drought days in China in April 2010 (unit:d)

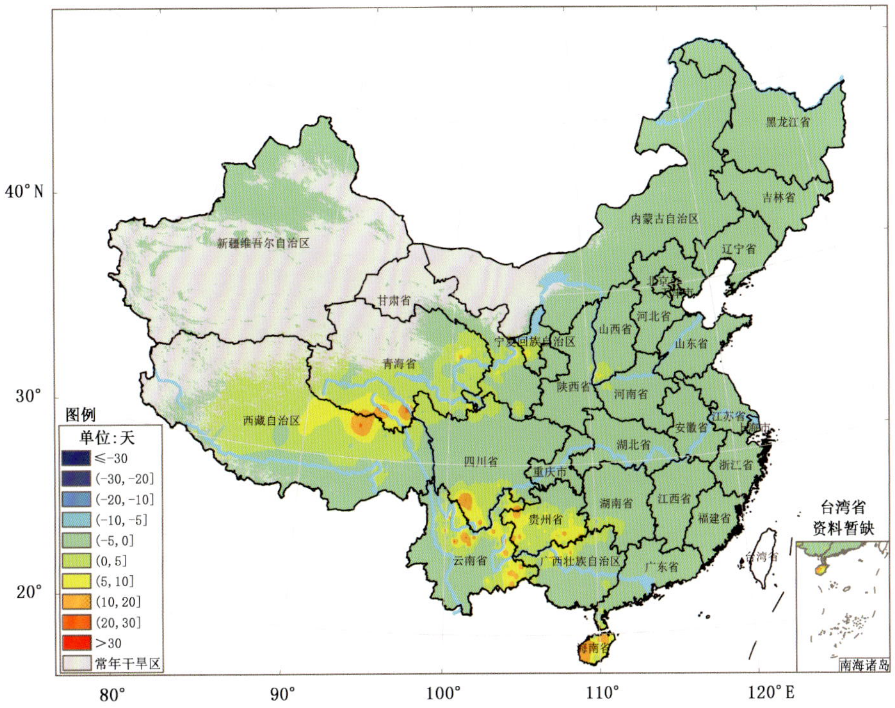


图 J12　2010 年 4 月全国重旱日数距平分布

Fig. J12　The anomaly of severe drought days in China in April 2010 (unit:d)

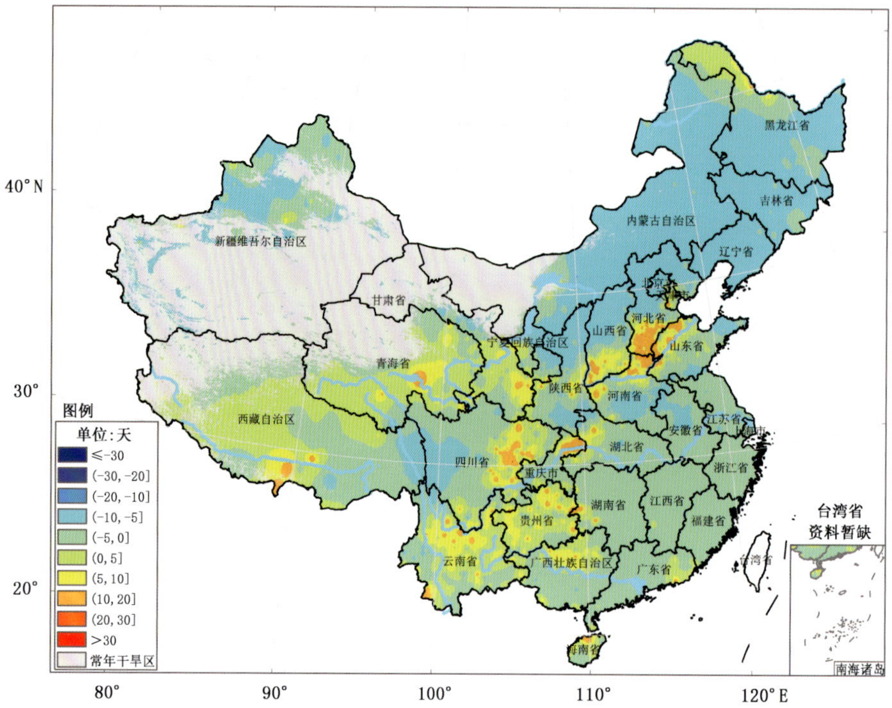


图 J13　2010 年 5 月全国轻旱日数距平分布

Fig. J13　The anomaly of light drought days in China in May 2010 (unit:d)

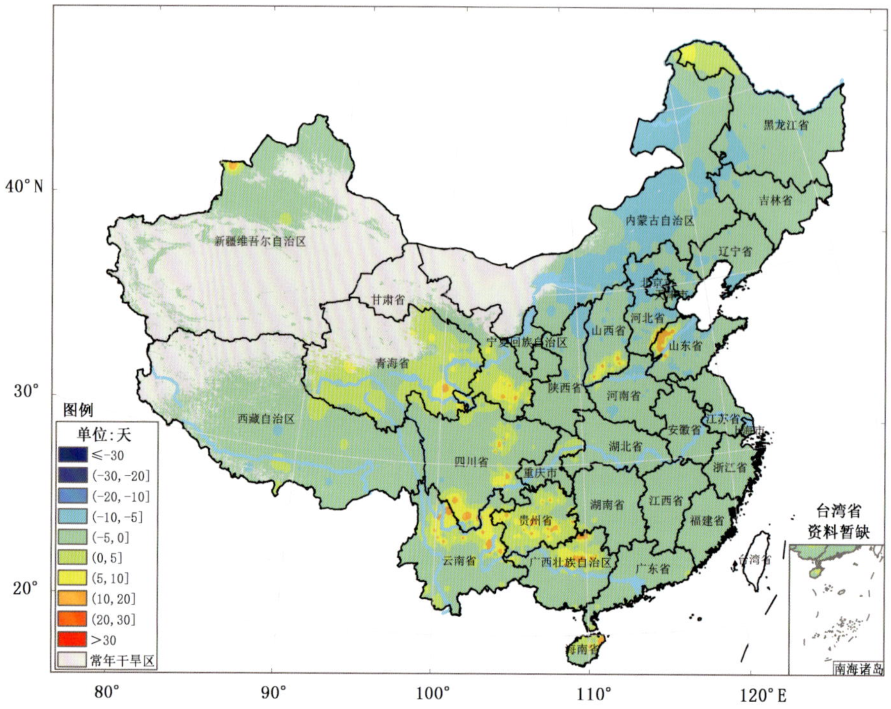


图 J14　2010 年 5 月全国中旱日数距平分布

Fig. J14　The anomaly of moderate drought days in China in May 2010 (unit:d)

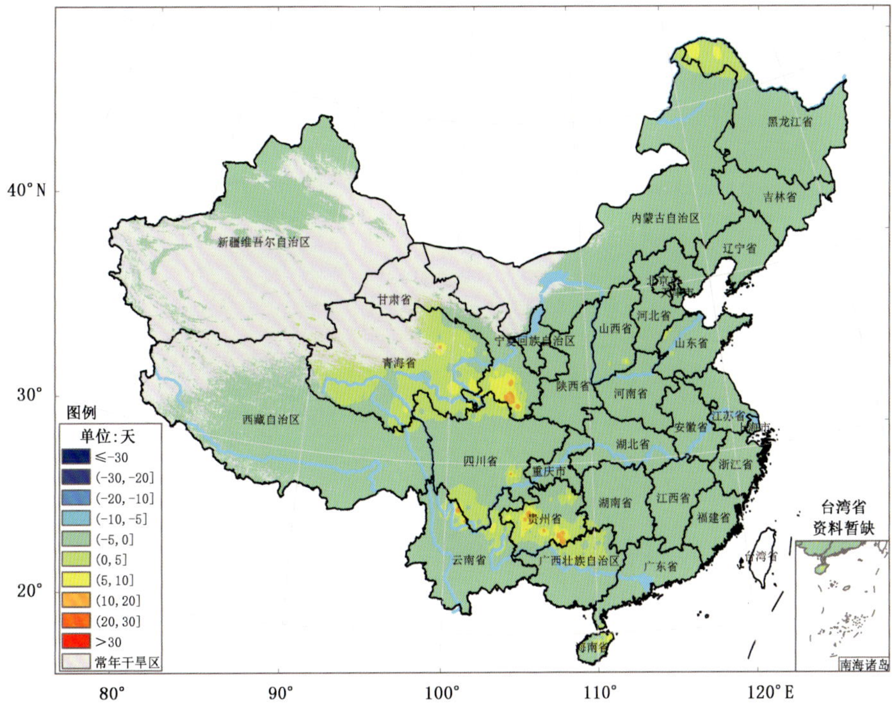


图 J15　2010 年 5 月全国重旱日数距平分布

Fig. J15　The anomaly of severe drought days in China in May 2010 (unit:d)

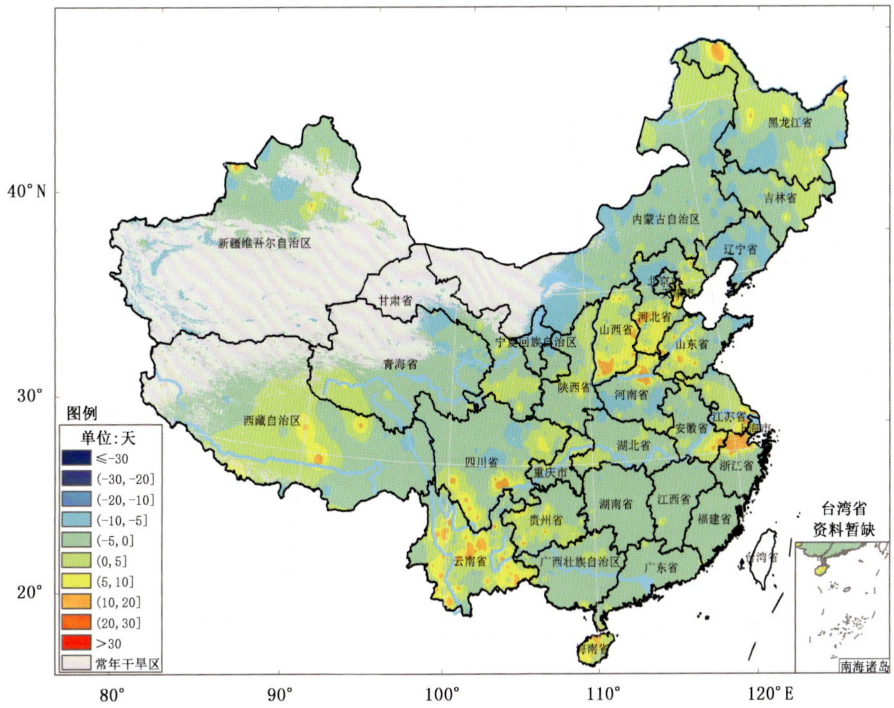


图 J16　2010 年 6 月全国轻旱日数距平分布

Fig. J16　The anomaly of light drought days in China in June 2010 (unit:d)

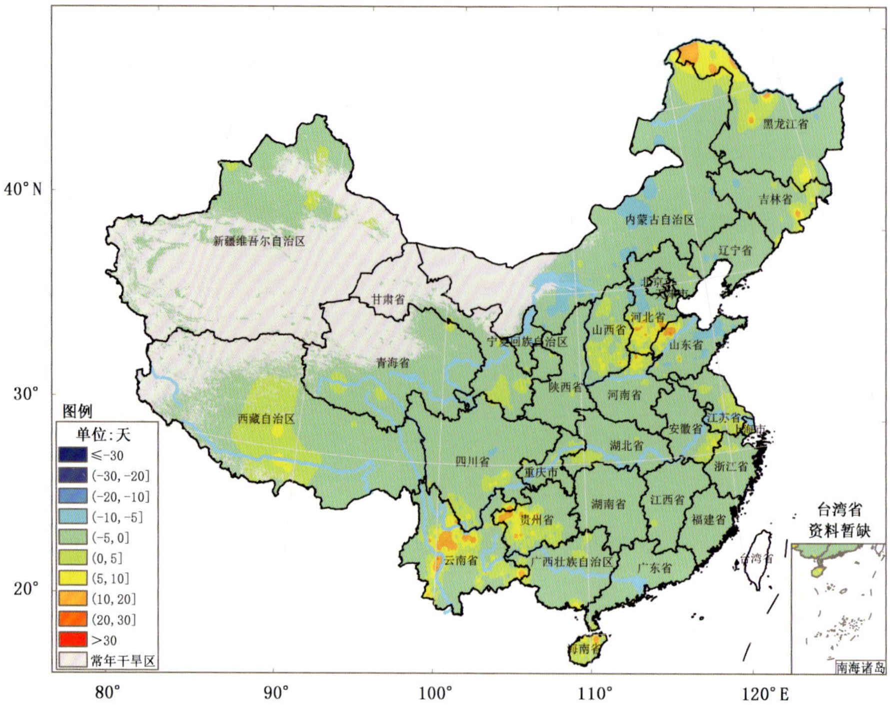


图 J17　2010 年 6 月全国中旱日数距平分布

Fig. J17　The anomaly of moderate drought days in China in June 2010 (unit:d)

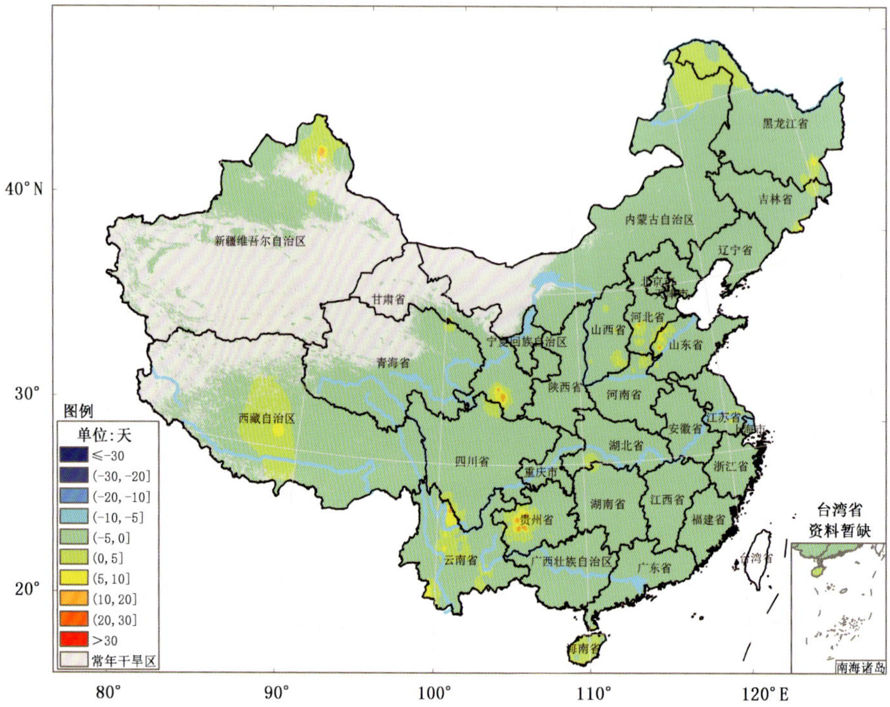


图 J18　2010 年 6 月全国重旱日数距平分布

Fig. J18　The anomaly of severe drought days in China in June 2010 (unit:d)

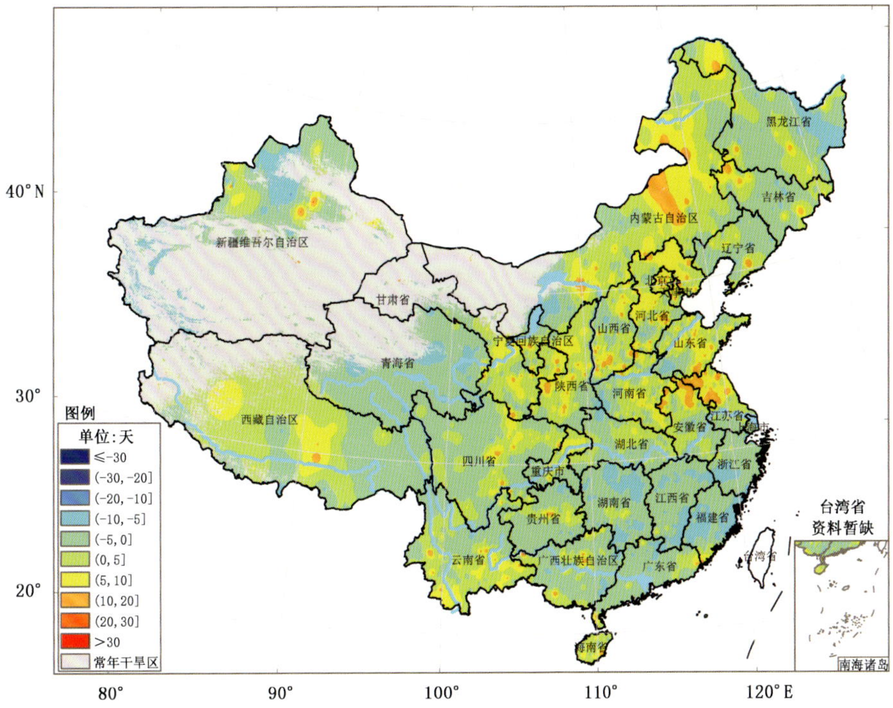


图 J19　2010 年 7 月全国轻旱日数距平分布

Fig. J19　The anomaly of light drought days in China in July 2010 (unit:d)

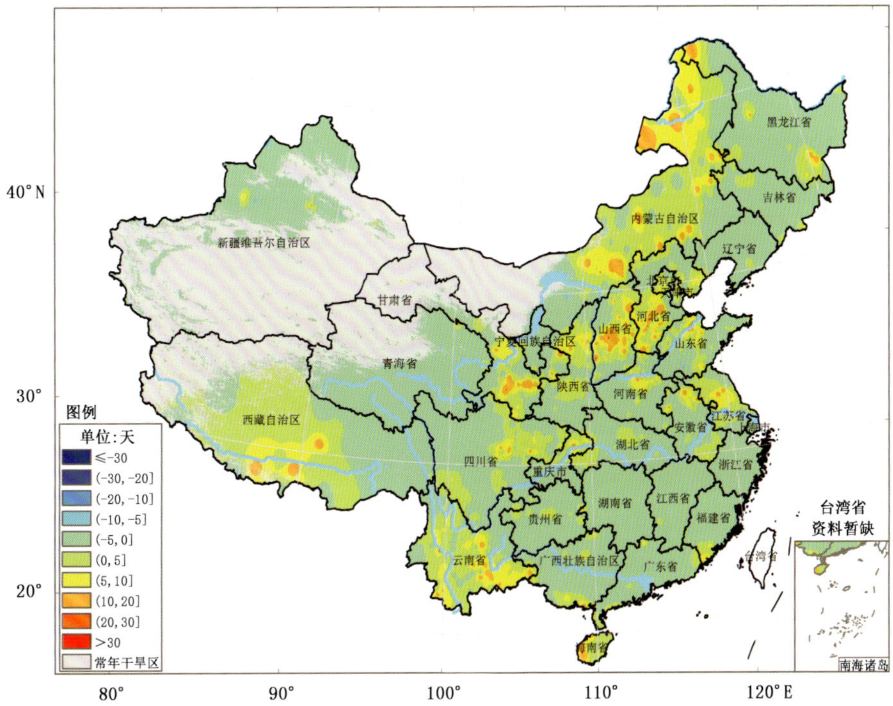


图 J20　2010 年 7 月全国中旱日数距平分布

Fig. J20　The anomaly of moderate drought days in China in July 2010 (unit:d)

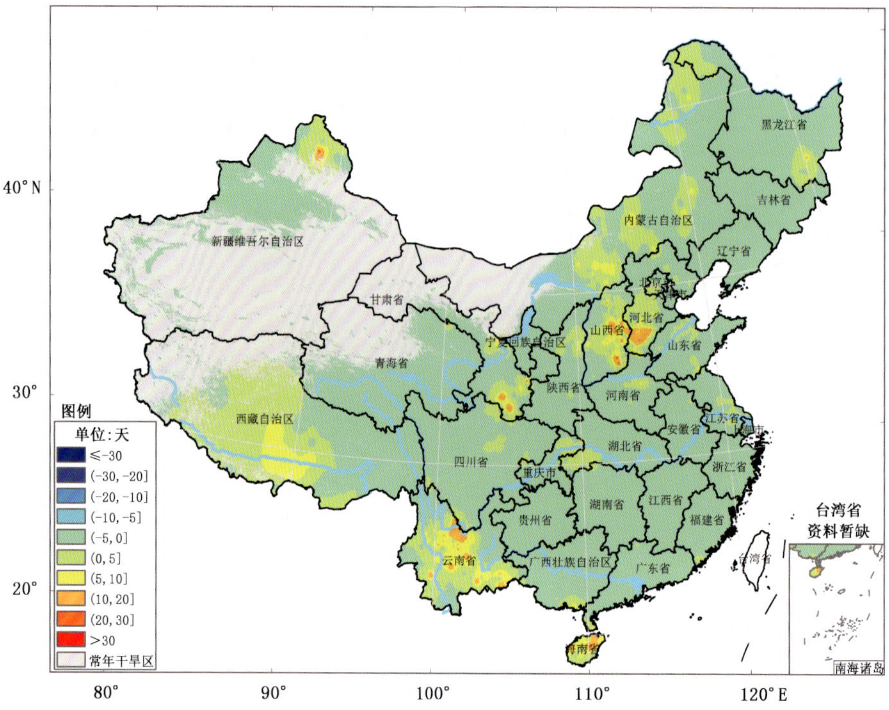


图 J21 2010 年 7 月全国重旱日数距平分布

Fig. J21 The anomaly of severe drought days in China in July 2010 (unit:d)

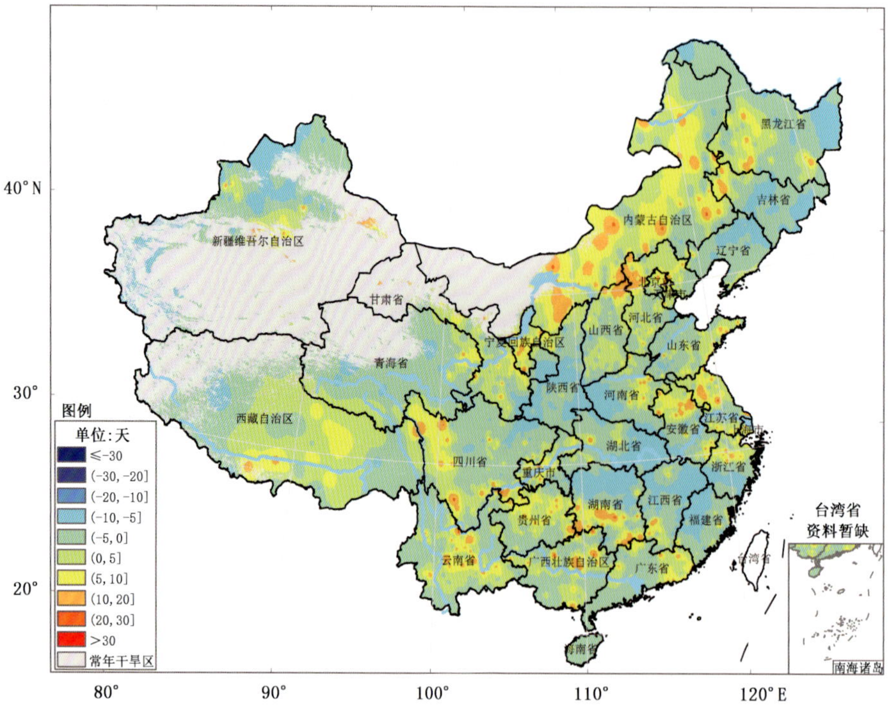


图 J22 2010 年 8 月全国轻旱日数距平分布

Fig. J22 The anomaly of light drought days in China in August 2010 (unit:d)

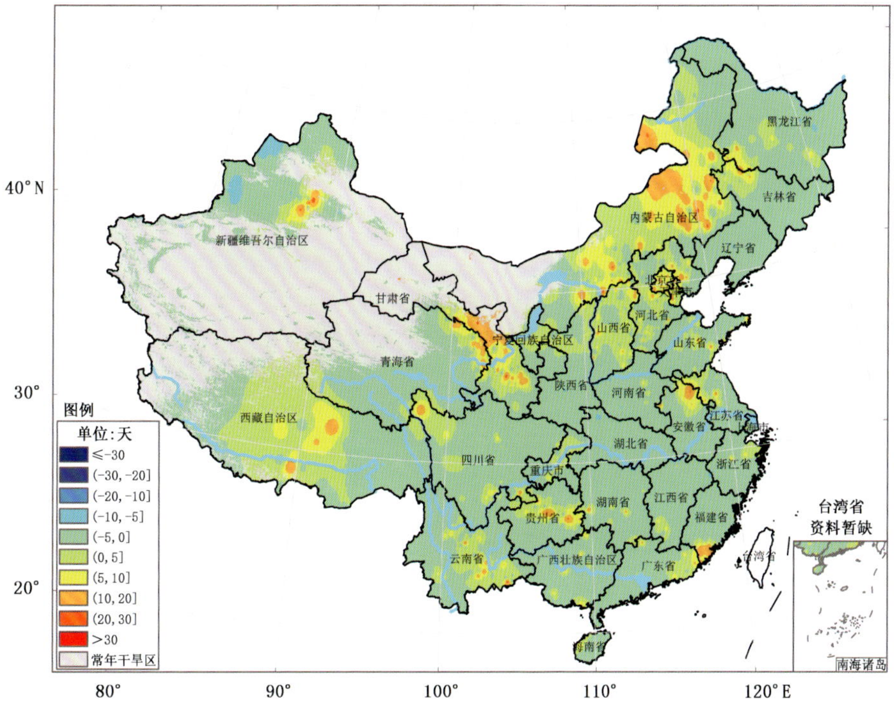


图 J.23　2010 年 8 月全国中旱日数距平分布

Fig. J23　The anomaly of moderate drought days in China in August 2010 (unit:d)

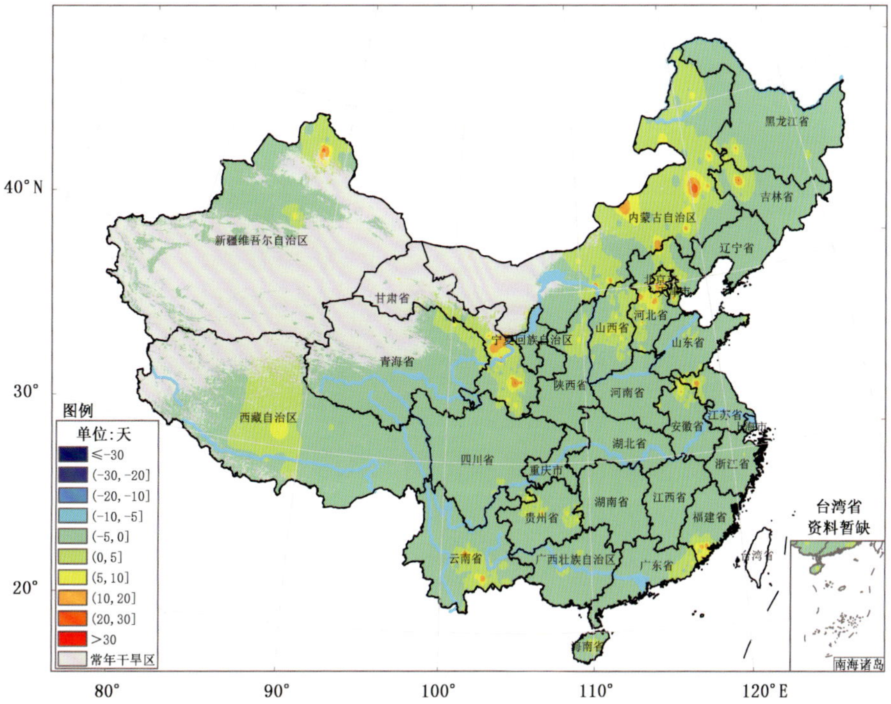


图 J24　2010 年 8 月全国重旱日数距平分布

Fig. J24　The anomaly of severe drought days in China in August 2010 (unit:d)

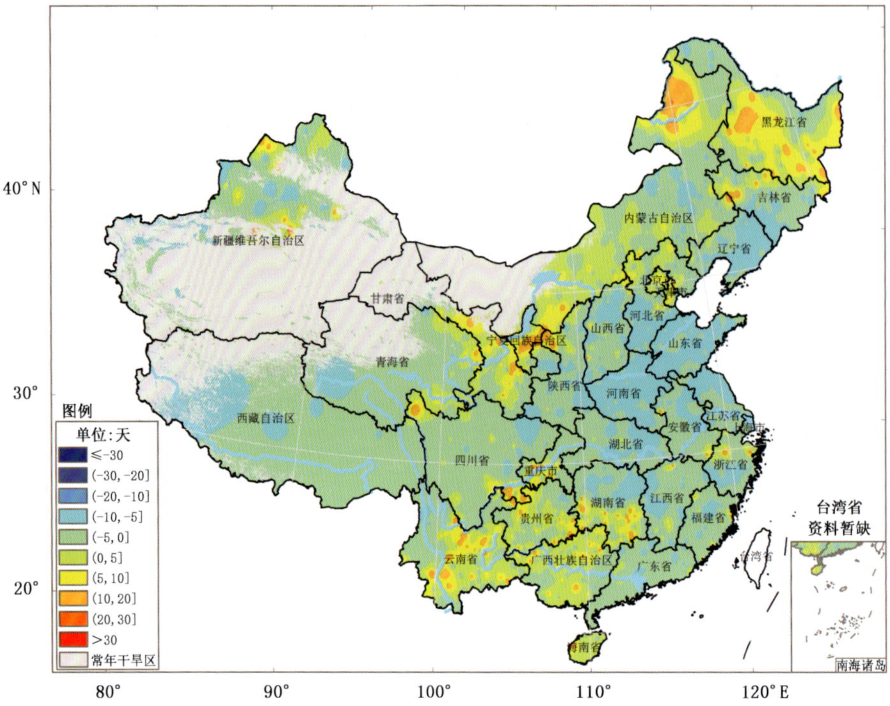


图 J25　2010 年 9 月全国轻旱日数距平分布

Fig. J25　The anomaly of light drought days in China in September 2010 (unit:d)

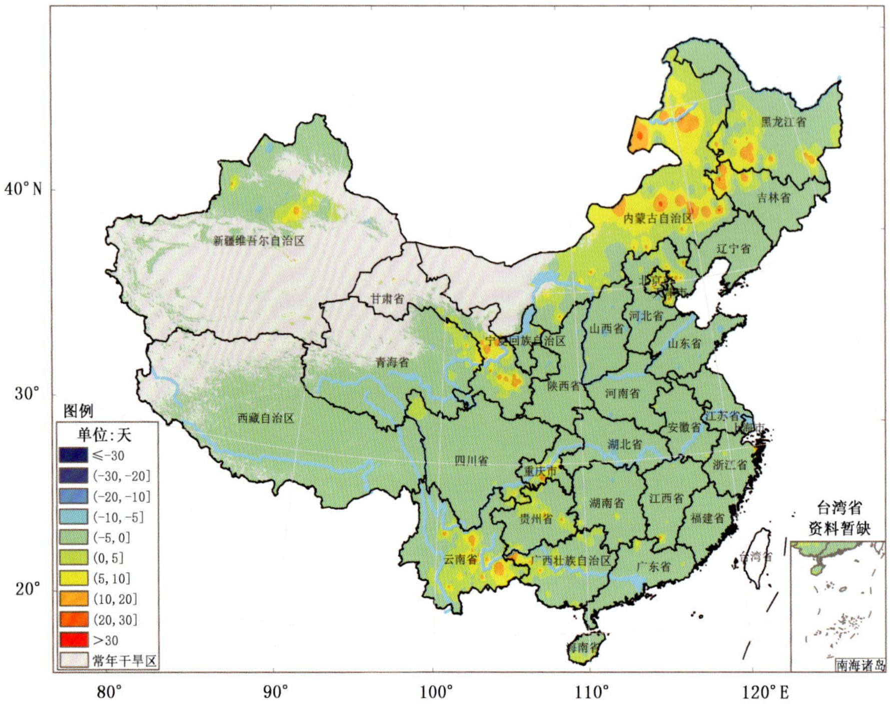


图 J26　2010 年 9 月全国中旱日数距平分布

Fig. J26　The anomaly of moderate drought days in China in September 2010 (unit:d)

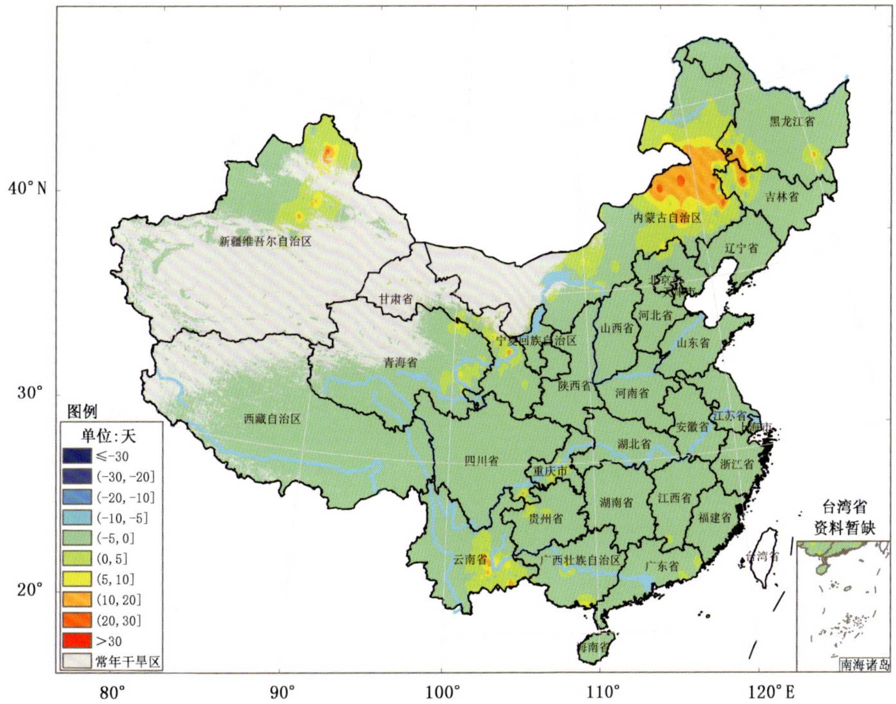


图 J27　2010 年 9 月全国重旱日数距平分布

Fig. J27　The anomaly of severe drought days in China in September 2010 (unit: d)

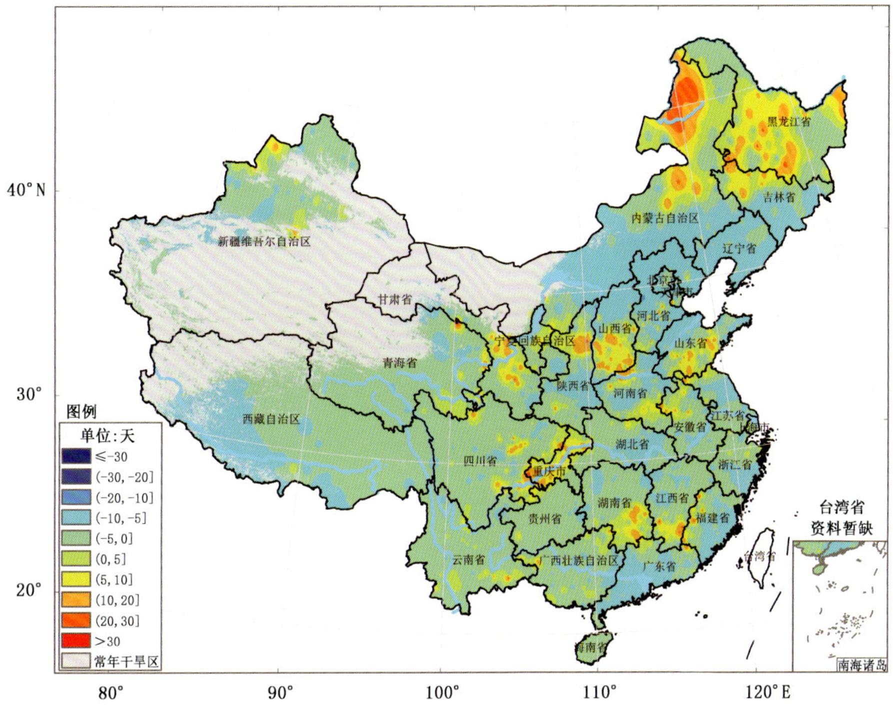


图 J28　2010 年 10 月全国轻旱日数距平分布

Fig. J28　The anomaly of light drought days in China in October 2010 (unit: d)

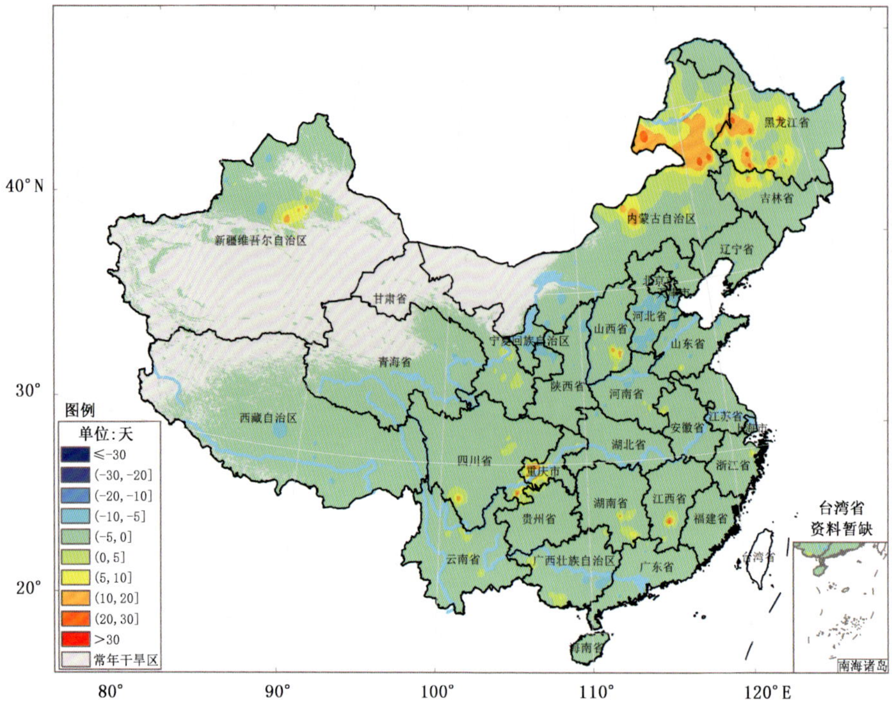


图 J29　2010 年 10 月全国中旱日数距平分布

Fig. J29　The anomaly of moderate drought days in China in October 2010 (unit:d)

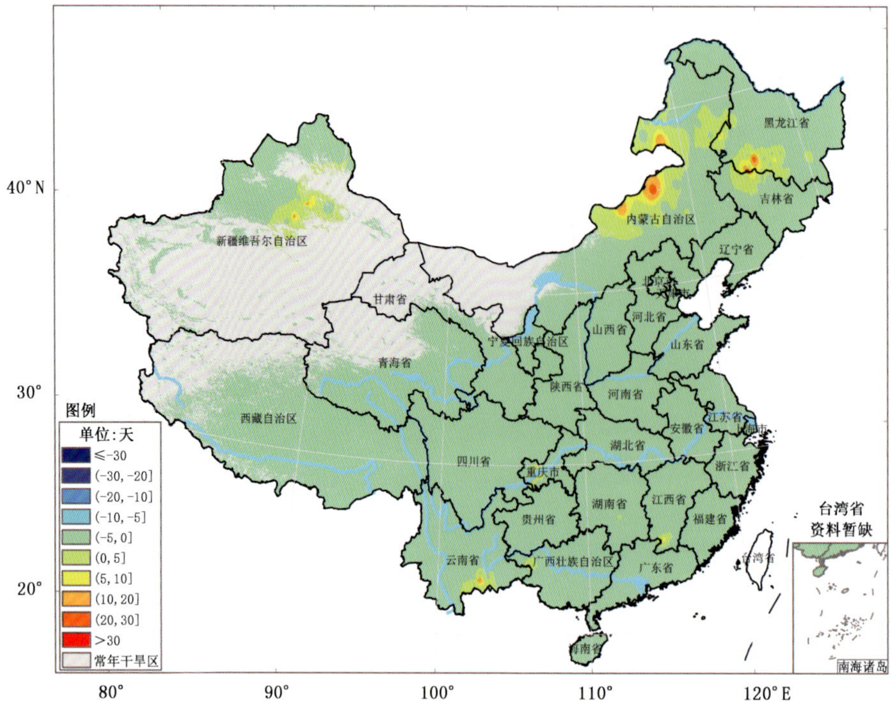


图 I30　2010 年 10 月全国重旱日数距平分布

Fig. I30　The anomaly of severe drought days in China in October 2010 (unit:d)

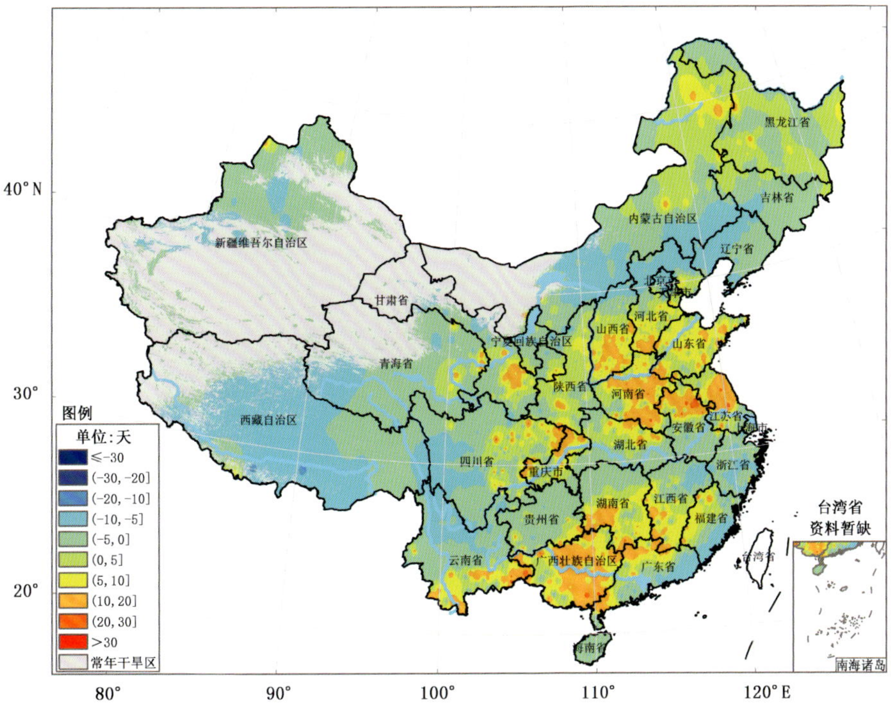


图 J31　2010 年 11 月全国轻旱日数距平分布

Fig. J31　The anomaly of light drought days in China in November 2010 (unit:d)

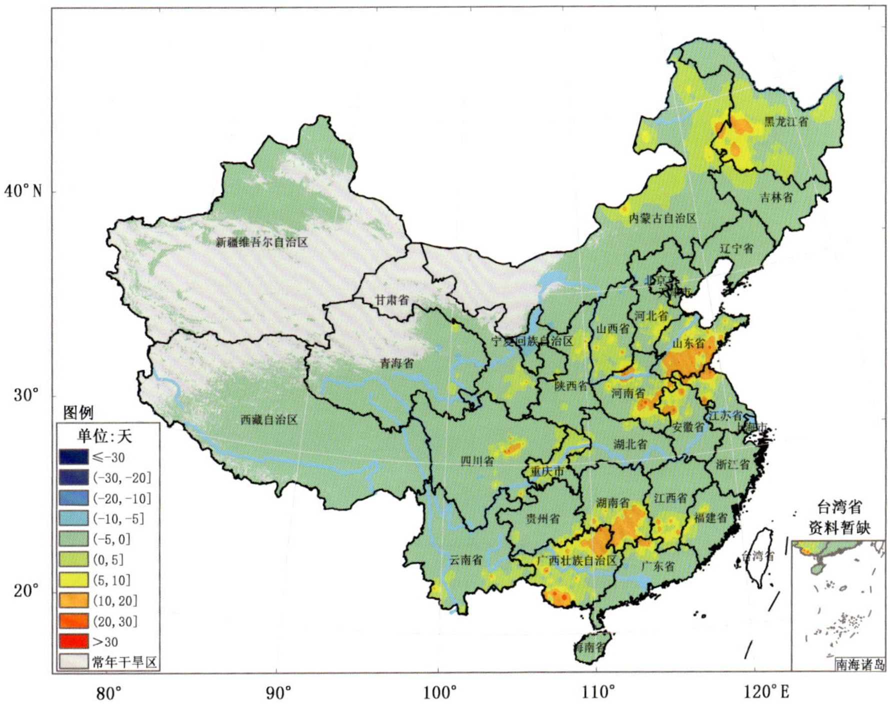


图 J32　2010 年 11 月全国中旱日数距平分布

Fig. J32　The anomaly of moderate drought days in China in November 2010 (unit:d)

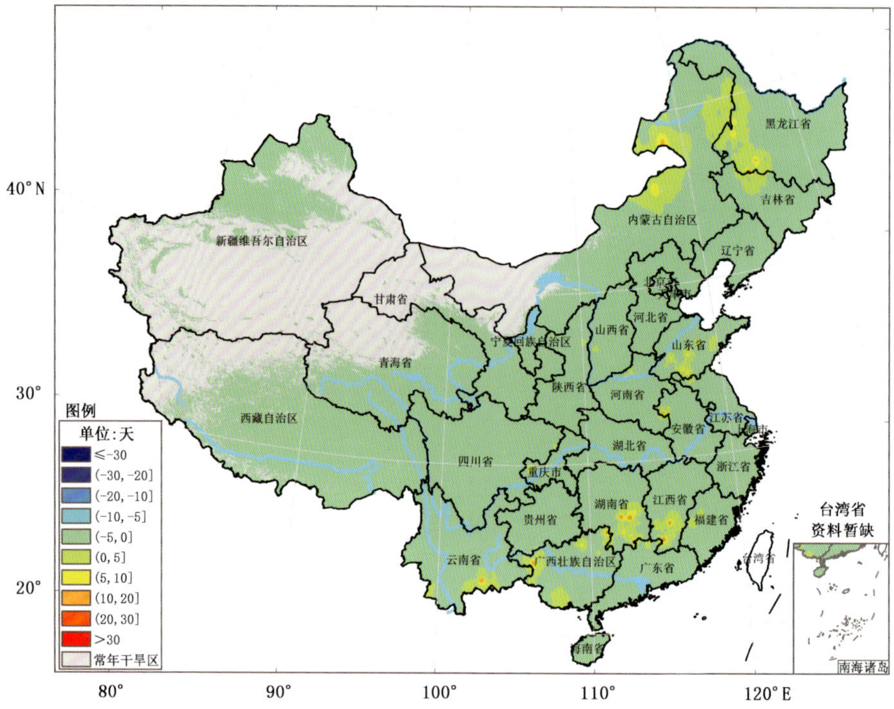


图 J33 2010 年 11 月全国重旱日数距平分布

Fig. J33 The anomaly of severe drought days in China in November 2010 (unit:d)

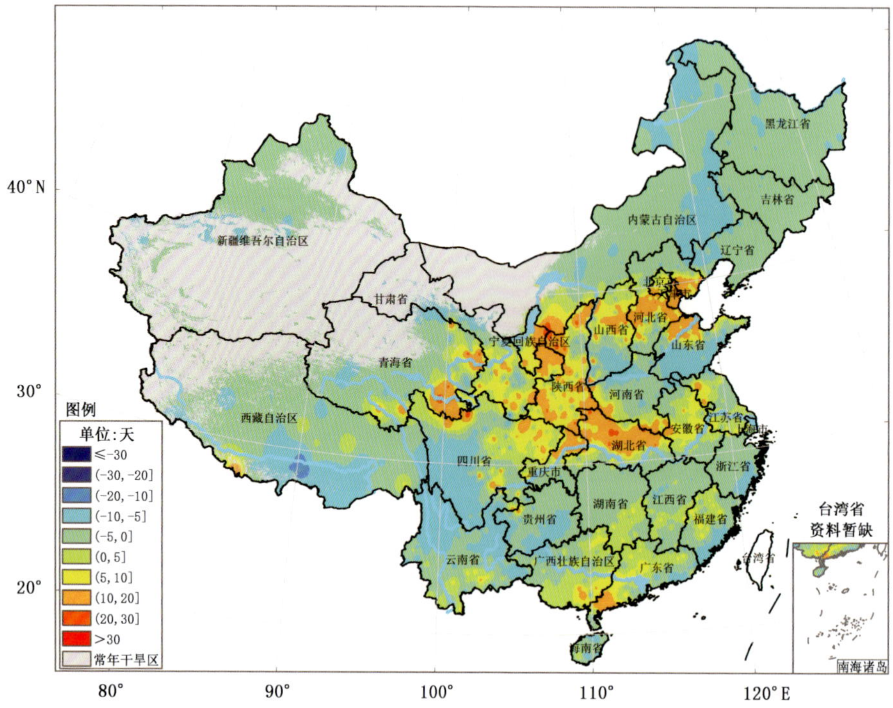


图 J34 2010 年 12 月全国轻旱日数距平分布

Fig. J34 The anomaly of light drought days in China in December 2010 (unit:d)

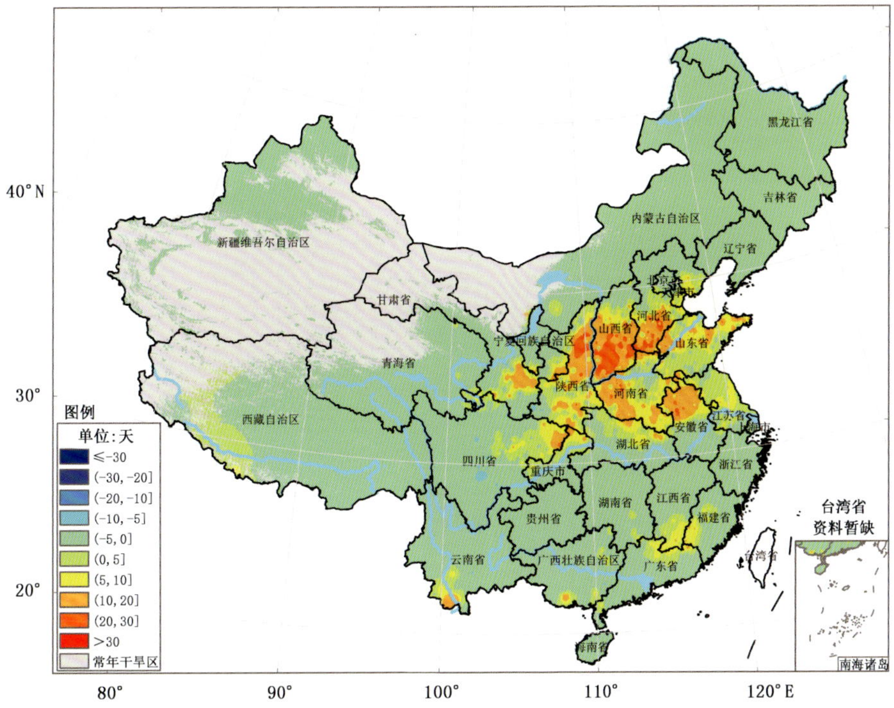


图 J35　2010 年 12 月全国中旱日数距平分布

Fig. J35　The anomaly of moderate drought days in China in December 2010 (unit:d)

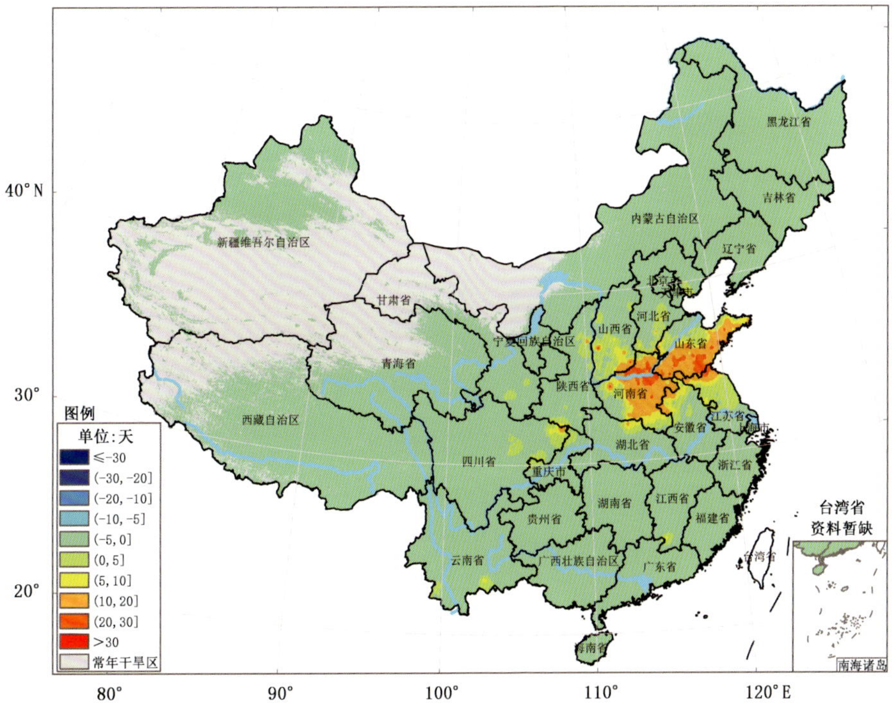


图 J36　2010 年 12 月全国重旱日数距平分布

Fig. J36　The anomaly of severe drought days in China in December 2010 (unit:d)

# 附录 K　2010 年全国主要城市降水量及其距平百分率

表 K1　2010 年全国主要城市降水量（单位：毫米）与降水量距平百分率（单位：%）

Table K1　The precipitation(unit:mm) and percentage of precipitation anomaly(unit:%) of the major cities in China in 2010

| 城市 | 冬季 | | 春季 | | 夏季 | | 秋季 | | 年 | |
|---|---|---|---|---|---|---|---|---|---|---|
| | 降水量 | 降水量距平百分率 | 降水量 | 降水量距平百分率 | 降水量 | 降水量距平百分率 | 降水量 | 降水量距平百分率 | 降水量 | 降水量距平百分率 |
| 北京 | 13.0 | 23.9 | 69.2 | 8.6 | 300.5 | −29.0 | 139.8 | 86.9 | 522.5 | −8.7 |
| 天津 | 9.4 | −18.0 | 37.0 | −44.1 | 230.9 | −40.4 | 76.6 | −3.6 | 355.4 | −34.7 |
| 石家庄 | 13.2 | −19.5 | 51.1 | −22.7 | 246.8 | −28.7 | 120 | 35.6 | 432.9 | −16.3 |
| 太原 | 11.4 | −2.1 | 60.8 | −8.6 | 181.8 | −31.4 | 124.2 | 41.1 | 376.6 | −12.7 |
| 呼和浩特 | 4.8 | −49.6 | 120.9 | 135.7 | 151.8 | −42.2 | 190.4 | 156.1 | 469.5 | 18.0 |
| 沈阳 | 54.9 | 141.7 | 238.1 | 114.3 | 541.5 | 29.1 | 195.5 | 42.5 | 1036.6 | 50.1 |
| 大连 | 18.9 | −25.4 | 139.9 | 67.0 | 375.1 | −1.0 | 153.5 | 34.4 | 684.6 | 13.7 |
| 长春 | 35.7 | 191.5 | 227.6 | 170.9 | 512.7 | 34.0 | 100.6 | 10.3 | 878.3 | 54.0 |
| 哈尔滨 | 33.6 | 138.5 | 185.5 | 170.6 | 310.8 | −10.8 | 52.6 | −43.5 | 590.0 | 12.5 |
| 济南 | 36.5 | 63.7 | 64.1 | −28.5 | 661.3 | 48.1 | 66.1 | −41.4 | 820.9 | 22.3 |
| 青岛 | 50.2 | 42.4 | 163.0 | 46.9 | 385.8 | 2.2 | 131.6 | −5.2 | 713.9 | 7.8 |
| 上海 | 183.6 | 33.1 | 330.0 | 20.5 | 426.4 | −13.9 | 206.5 | −6.6 | 1128.9 | 0.1 |
| 南京 | 212.8 | 96.0 | 371.8 | 44.5 | 547.4 | 7.7 | 220.8 | 17.4 | 1298.4 | 22.2 |
| 杭州 | 258.1 | 25.5 | 493.4 | 19.9 | 584.4 | 7.0 | 396.4 | 35.5 | 1728.1 | 18.8 |
| 合肥 | 162.0 | 46.8 | 373.1 | 48.3 | 597.5 | 36.9 | 221.4 | 12.6 | 1316.8 | 32.3 |
| 福州 | 268.9 | 60.5 | 666.2 | 31.8 | 491.0 | 0.8 | 204.7 | −12.5 | 1604.5 | 15.1 |
| 南昌 | 246.2 | 13.0 | 1080.2 | 67.9 | 611.5 | 5.5 | 179.6 | −3.1 | 2211.1 | 36.1 |
| 郑州 | 14.5 | −52.3 | 91.6 | −27.4 | 349.9 | 5.8 | 145.4 | 0.3 | 600.3 | −5.1 |
| 武昌 | 120.3 | −6.3 | 429.6 | 10.0 | 626.0 | 18.8 | 189.1 | −15.5 | 1337.9 | 5.4 |
| 长沙 | 169.6 | −18.3 | 638.9 | 24.9 | 493.6 | 0.3 | 271.4 | 19.2 | 1626.4 | 13.2 |
| 南海 | 191.3 | 36.6 | 554.8 | 2.4 | 734.2 | 11.4 | 547.0 | 97.4 | 2003.4 | 23.8 |
| 澄迈 | 64.0 | −21.1 | 245.7 | −33.9 | 848.3 | 11.3 | 1387.3 | 141.9 | 2556.0 | 43.0 |
| 邕宁 | 167.0 | 76.1 | 341.2 | 0.6 | 525.4 | −10.9 | 307.1 | 38.5 | 1364.5 | 9.7 |
| 桂林 | 171.5 | −16.6 | 721.7 | −1.9 | 743.2 | −1.1 | 152.5 | −34.0 | 1855.7 | −3.4 |
| 绵竹 | 11.7 | −62.0 | 129.8 | −11.0 | 716.1 | 16.9 | 247.1 | 14.9 | 1108.2 | 10.4 |
| 重庆 | 53.8 | −18.3 | 310.9 | 6.2 | 487.7 | 1.4 | 176.4 | −33.7 | 1044.7 | −5.5 |
| 贵阳 | 29.1 | −51.8 | 175.5 | −38.7 | 474.3 | −11.7 | 299.7 | 21.9 | 1010.0 | −10.5 |
| 昆明 | 3.9 | −91.5 | 93.6 | −33.4 | 459.2 | −21.8 | 283.8 | 17.8 | 869.1 | −14.1 |
| 拉萨 | 0.2 | −93.4 | 16.7 | −54.4 | 264.2 | −14.3 | 78.8 | 0.5 | 359.8 | −15.6 |
| 耀县 | 18.9 | −7.4 | 129.4 | −3.2 | 354.9 | 48.4 | 199.8 | 11.9 | 703.0 | 22.9 |
| 兰州 | 2.3 | −54.1 | 70.4 | 23.1 | 66.6 | −64.0 | 94.5 | 45.8 | 234.7 | −24.7 |
| 银川 | 10.7 | 142.6 | 37.0 | 11.4 | 106.4 | −4.8 | 52.8 | 42.8 | 206.3 | 10.7 |
| 西宁 | 3.2 | −30.0 | 120.8 | 73.5 | 174.4 | −21.2 | 106.2 | 35.0 | 405.0 | 8.2 |
| 乌鲁木齐 | 48.3 | 44.4 | 103.0 | 21.1 | 56.9 | −33.4 | 65.9 | −2.2 | 282.4 | 4.1 |

说明：武汉用武昌代替，西安用耀县代替，成都用绵竹代替，广州用南海代替，海口用澄迈代替，南宁用邕宁代替，下同。

表 K2 2010 年全国主要城市各月降水量（单位:毫米）

Table K2 The monthly precipitation of China's major cities in 2010 (unit:mm)

| 城市 | 1月 | 2月 | 3月 | 4月 | 5月 | 6月 | 7月 | 8月 | 9月 | 10月 | 11月 | 12月 |
|---|---|---|---|---|---|---|---|---|---|---|---|---|
| 北京 | 10.4 | 2.6 | 22.2 | 17.5 | 29.5 | 88.7 | 34.0 | 177.8 | 80.8 | 59.0 | 0 | 0 |
| 天津 | 5.0 | 4.4 | 8.1 | 7.9 | 21.0 | 49.8 | 124.7 | 56.4 | 44.5 | 32.1 | 0 | 1.5 |
| 石家庄 | 1.2 | 12.0 | 16.1 | 15.7 | 19.3 | 15.7 | 75.8 | 155.3 | 109.6 | 10.4 | 0 | 1.8 |
| 太原 | 0 | 9.8 | 6.6 | 27.7 | 26.5 | 4.2 | 52.8 | 124.8 | 104.5 | 19.7 | 0 | 0 |
| 呼和浩特 | 2.8 | 2.0 | 23.8 | 21.9 | 75.2 | 17.1 | 37.3 | 97.4 | 125.6 | 64.8 | 0 | 1.6 |
| 沈阳 | 11.6 | 26.2 | 30.6 | 72.7 | 134.8 | 35.5 | 149.1 | 356.9 | 56.0 | 52.4 | 87.1 | 23.7 |
| 大连 | 4.5 | 7.4 | 22.3 | 36.3 | 81.3 | 61.0 | 46.6 | 267.5 | 83.8 | 64.6 | 5.1 | 4.2 |
| 长春 | 7.1 | 9.6 | 23.4 | 42.2 | 162.0 | 30.5 | 276.3 | 205.9 | 7.9 | 41.0 | 51.7 | 20.7 |
| 哈尔滨 | 4.6 | 17.6 | 26.8 | 44.4 | 114.3 | 68.3 | 184.7 | 57.8 | 16.5 | 13.9 | 22.2 | 18.9 |
| 济南 | 6.7 | 21.2 | 15.7 | 11.0 | 37.4 | 84.1 | 155.4 | 421.8 | 64.6 | 1.5 | 0 | 1.5 |
| 青岛 | 1.1 | 32.0 | 28.0 | 29.2 | 105.8 | 42.6 | 148.4 | 194.8 | 113.7 | 17.9 | 0 | 0.4 |
| 上海 | 40.6 | 80.2 | 172.8 | 96.3 | 60.9 | 100.4 | 124.0 | 202.0 | 120.5 | 81.0 | 5.0 | 45.2 |
| 南京 | 18.8 | 115.6 | 117.8 | 197.9 | 56.1 | 62.1 | 343.2 | 142.1 | 181.1 | 32.1 | 7.6 | 24.0 |
| 杭州 | 37.1 | 151.2 | 300.4 | 127.9 | 65.1 | 163.3 | 256.5 | 164.6 | 212.9 | 158.0 | 25.5 | 65.6 |
| 合肥 | 19.7 | 84.2 | 120.7 | 160.7 | 91.7 | 106.5 | 340.5 | 150.5 | 185.7 | 27.7 | 8.0 | 20.9 |
| 福州 | 63.4 | 138.8 | 166.1 | 326.2 | 173.9 | 315.0 | 122.8 | 53.2 | 132.2 | 61.7 | 10.8 | 40.4 |
| 南昌 | 86.9 | 109.4 | 276.7 | 302.5 | 501.0 | 404.3 | 144.1 | 63.1 | 104.5 | 55.5 | 19.6 | 143.5 |
| 郑州 | 0.2 | 13.2 | 15.4 | 54.6 | 21.6 | 18.7 | 152.6 | 178.6 | 141.1 | 2.8 | 1.5 | 0 |
| 武昌 | 28.5 | 49.5 | 150.6 | 140.3 | 138.7 | 152.7 | 389.7 | 83.6 | 91.0 | 83.5 | 14.6 | 15.2 |
| 长沙 | 31.0 | 63.8 | 141.2 | 174.6 | 323.1 | 276.4 | 75.3 | 141.9 | 173.6 | 61.3 | 36.5 | 127.7 |
| 南海 | 59.7 | 81.5 | 16.9 | 226.3 | 311.6 | 196.7 | 318.5 | 219.0 | 524.3 | 21.4 | 1.3 | 26.2 |
| 澄迈 | 34.4 | 21.1 | 2.2 | 100.5 | 143.0 | 190.4 | 263.7 | 394.2 | 212.3 | 1133.2 | 41.8 | 19.2 |
| 邕宁 | 152.5 | 1.5 | 16.5 | 155.7 | 169.0 | 217.7 | 197.4 | 110.3 | 300.7 | 1.6 | 4.8 | 36.8 |
| 桂林 | 113.2 | 4.0 | 30.8 | 455.9 | 235.0 | 530.7 | 193.9 | 18.6 | 124.1 | 6.0 | 22.4 | 121.1 |
| 绵竹 | 1.3 | 1.8 | 24.2 | 23.9 | 81.7 | 124.1 | 129.6 | 462.4 | 210.0 | 34.2 | 2.9 | 12.1 |
| 重庆 | 20.8 | 13.4 | 47.4 | 141.6 | 121.9 | 197.1 | 185.0 | 105.6 | 57.2 | 62.5 | 56.7 | 35.5 |
| 贵阳 | 7.1 | 6.3 | 23.3 | 57.2 | 95.0 | 189.9 | 140.3 | 144.1 | 156.7 | 104.2 | 38.8 | 47.1 |
| 昆明 | 3.4 | 0 | 22.1 | 27.9 | 43.6 | 84.3 | 159.5 | 215.4 | 98.8 | 150.1 | 34.9 | 29.1 |
| 拉萨 | 0 | 0.1 | 2.9 | 5.0 | 8.8 | 35.2 | 86.3 | 142.7 | 70.1 | 8.7 | 0 | 0 |
| 耀县 | 0 | 14.7 | 39.2 | 40.7 | 49.5 | 30.8 | 78.8 | 245.3 | 147.7 | 47.4 | 4.7 | 4.2 |
| 兰州 | 0.1 | 1.7 | 4.8 | 17.7 | 47.9 | 20.8 | 14.8 | 31.0 | 73.2 | 21.1 | 0.2 | 1.4 |
| 银川 | 0 | 10.1 | 0.6 | 5.3 | 31.1 | 67.8 | 34.6 | 4.0 | 39.4 | 13.4 | 0 | 0 |
| 西宁 | 1.2 | 1.2 | 4.2 | 17.6 | 99.0 | 50.8 | 58.2 | 65.4 | 72.6 | 33.2 | 0.4 | 1.2 |
| 乌鲁木齐 | 15.6 | 9.5 | 46.8 | 30.0 | 26.2 | 31.2 | 13.2 | 12.5 | 5.1 | 32.5 | 28.3 | 31.5 |

表 K3　2010 年全国主要城市各月降水量距平百分率（单位:%）

Table K3　The monthly percentage of precipitation anomaly of China's major cities in 2010（unit:%）

| 城市 | 1 月 | 2 月 | 3 月 | 4 月 | 5 月 | 6 月 | 7 月 | 8 月 | 9 月 | 10 月 | 11 月 | 12 月 |
|---|---|---|---|---|---|---|---|---|---|---|---|---|
| 北京 | 280.0 | −47.1 | 166.6 | −17.6 | −13.7 | 13.6 | −81.6 | 11.3 | 77.4 | 170.4 | −100.0 | −100.0 |
| 天津 | 52.0 | 10.4 | 5.5 | −62.2 | −44.2 | −30.0 | −26.9 | −61.3 | −3.6 | 41.1 | −100.0 | −64.0 |
| 石家庄 | −68.9 | 62.7 | 42.2 | −12.0 | −47.7 | −72.3 | −46.3 | 4.7 | 128.0 | −61.9 | −100.0 | −65.0 |
| 太原 | −100.0 | 88.7 | −50.6 | 39.5 | −20.4 | −92.5 | −48.3 | 16.6 | 102.3 | −23.2 | −100.0 | −100.0 |
| 呼和浩特 | 6.1 | −61.3 | 132.9 | 62.6 | 172.5 | −63.7 | −65.0 | −10.8 | 165.1 | 211.8 | −100.0 | −8.7 |
| 沈阳 | 94.1 | 273 | 71.0 | 84.5 | 150.5 | −61.4 | −9.9 | 120.6 | −25.1 | 21.1 | 353.2 | 141.8 |
| 大连 | −49.3 | 26.7 | 84.7 | 46.8 | 73.0 | −26.7 | −66.7 | 72.1 | 28.7 | 122.4 | −74.5 | −60.2 |
| 长春 | 121.9 | 111.1 | 90.7 | 92.8 | 224.9 | −69.4 | 71.5 | 69.3 | −84.8 | 41.9 | 400.3 | 315.4 |
| 哈尔滨 | 37.3 | 230.6 | 175.0 | 141.4 | 182.9 | −19.0 | 29.2 | −52.3 | −71.3 | −46.2 | 131.1 | 224.4 |
| 济南 | 13.5 | 147.8 | 4.6 | −58.9 | −21.9 | 3.3 | −20.2 | 147.7 | 13.8 | −96.2 | −100.0 | −80.4 |
| 青岛 | −90.2 | 165.1 | 30.4 | −15.6 | 92.6 | −49.3 | 4.4 | 28.9 | 81.3 | −62.9 | −100.0 | −96.6 |
| 上海 | −19.0 | 48.3 | 89.3 | 15.0 | −38.5 | −42.9 | −17.4 | 19.3 | 4.0 | 36.7 | −89.1 | 36.3 |
| 南京 | −49.8 | 145.5 | 44.0 | 169.4 | −45.0 | −67.9 | 85.0 | 10.0 | 151.1 | −50.7 | −85.1 | −2.0 |
| 杭州 | −49.3 | 79.6 | 117.4 | 1.0 | −55.6 | −29.4 | 60.9 | 5.6 | 46.6 | 81.5 | −57.6 | 38.9 |
| 合肥 | −45.2 | 66.9 | 55.3 | 103.6 | −3.4 | −31.4 | 110.4 | 25.8 | 148.9 | −60.0 | −84.9 | −13.3 |
| 福州 | 32.1 | 60.3 | 14.2 | 96.0 | −10.2 | 50.8 | 24.3 | −70.4 | −8.9 | 29.6 | −73.9 | 26.1 |
| 南昌 | 17.4 | 8.6 | 57.6 | 35.2 | 105.5 | 31.8 | 0.1 | −51.0 | 52.0 | −7.1 | −65.5 | 245.4 |
| 郑州 | −97.7 | 10.0 | −46.0 | 37.8 | −62.8 | −70.2 | −1.9 | 58.8 | 82.2 | −93.8 | −93.3 | −100.0 |
| 武昌 | −34.6 | −15.8 | 58.5 | 7.0 | −15.5 | −32.1 | 104.8 | −25.2 | 14.1 | −9.3 | −71.9 | −41.8 |
| 长沙 | −57.8 | −30.0 | 6.0 | −10.7 | 76.6 | 19.6 | −48.1 | 22.4 | 139.6 | −27.9 | −48.0 | 211.0 |
| 南海 | 40.1 | 20.8 | −78.8 | 17.3 | 15.7 | −16.0 | 45.0 | 6.7 | 232.1 | −74.6 | −96.3 | −14.7 |
| 澄迈 | 76.1 | −29.1 | −94.5 | −5.2 | −36.5 | −19.9 | 6.6 | 42.1 | −29.3 | 461.6 | −41.4 | −37.3 |
| 邕宁 | 392.1 | −96.2 | −70.8 | 51.1 | −5.9 | 21.1 | −2.4 | −46.9 | 142.4 | −97.5 | −86.2 | 58.8 |
| 桂林 | 78.6 | −95.9 | −77.5 | 84.3 | −33.2 | 53.0 | −16.2 | −89.3 | 51.7 | −93 | −64.8 | 182.9 |
| 绵竹 | −86.8 | −88.3 | 1.2 | −49.1 | 8.9 | 7.0 | −52.1 | 104.8 | 40.9 | −28.6 | −84.0 | 123.2 |
| 重庆 | 6.0 | −35.2 | 30.8 | 35.3 | −19.7 | 15.1 | 5.5 | −21.4 | −55.2 | −32.4 | 23.2 | 41.2 |
| 贵阳 | −65.7 | −68.9 | −30.3 | −34.9 | −42.4 | −16.8 | −20.5 | 8.6 | 55.1 | 6.8 | −17.8 | 157.3 |
| 昆明 | −78.8 | −100.0 | 12.9 | 18.5 | −55.3 | −53.4 | −21.1 | 5.6 | −17.1 | 89.6 | −18.0 | 149.9 |
| 拉萨 | −100.0 | −91.8 | 0.9 | −17.9 | −68.2 | −50.6 | −26.0 | 18.4 | 2.6 | −1.0 | −100.0 | −100.0 |
| 耀县 | −100.0 | 43.5 | 45.6 | −8.4 | −20.6 | −49.3 | −10.0 | 170.2 | 53.8 | −20.6 | −79.4 | −5.5 |
| 兰州 | −93.1 | −35.8 | −48.1 | 20.2 | 44.3 | −52.7 | −77.9 | −58.0 | 80 | −1.0 | −92.9 | 53.8 |
| 银川 | −100 | 333.5 | −90.4 | −35.8 | 66.5 | 290.1 | −19.2 | −92.2 | 74.7 | 16.4 | −100 | −100.0 |
| 西宁 | −1.4 | −44.9 | −40.4 | −7.4 | 127.1 | −14.1 | −34 | −11.6 | 33.6 | 62.2 | −89.6 | −1.6 |
| 乌鲁木齐 | 62.1 | −8.4 | 159.4 | −6.2 | −25.2 | −12.2 | −54.1 | −40.8 | −79.6 | 32.1 | 58.6 | 133.0 |

# 附录 L　2010 年全国主要城市干旱等级日数及其距平

表 L1　2010 年全国主要城市中旱日数与日数距平（单位：天）

Table L1　The moderate drought days and the corresponding anomalies of China's major cities in 2010 (unit：d)

| 城市 | 冬季 | | 春季 | | 夏季 | | 秋季 | | 年 | |
|---|---|---|---|---|---|---|---|---|---|---|
| | 中旱日数 | 中旱日数距平 | 中旱日数 | 中旱日数距平 | 中旱日数 | 中旱日数距平 | 中旱日数 | 中旱日数距平 | 中旱日数 | 中旱日数距平 |
| 北京 | 0 | －14.4 | 0 | －16.1 | 17 | 7.2 | 0 | －11.6 | 17 | －34.2 |
| 天津 | 8 | －4.0 | 0 | －15.8 | 37 | 26.8 | 2 | －10.7 | 46 | －4.3 |
| 石家庄 | 0 | －11.4 | 0 | －18.3 | 46 | 31.8 | 0 | －11.6 | 56 | 1.0 |
| 太原 | 0 | －9.0 | 0 | －14.5 | 37 | 24.7 | 0 | －12.7 | 45 | －2.6 |
| 呼和浩特 | 0 | －5.1 | 0 | －15.0 | 7 | －4.0 | 1 | －7.5 | 8 | －31.5 |
| 沈阳 | 0 | －7.5 | 0 | －8.6 | 0 | －10.4 | 0 | －5.1 | 0 | －31.6 |
| 大连 | 0 | －5.6 | 0 | －14.2 | 2 | －10.2 | 0 | －12.7 | 2 | －42.7 |
| 长春 | 0 | －2.1 | 0 | －10.4 | 0 | －7.5 | 0 | －9.1 | 0 | －29.1 |
| 哈尔滨 | 0 | －2.9 | 0 | －10.1 | 0 | －8.9 | 0 | －11.0 | 0 | －32.8 |
| 济南 | 0 | －11.4 | 0 | －12.1 | 0 | －12.0 | 8 | －1.7 | 33 | －12.2 |
| 青岛 | 0 | －5.7 | 0 | －9.3 | 3 | －8.5 | 0 | －12.4 | 8 | －30.8 |
| 上海 | 0 | －3.5 | 0 | －4.7 | 9 | －0.4 | 0 | －9.4 | 9 | －18.0 |
| 南京 | 0 | －4.7 | 0 | －6.8 | 0 | －6.9 | 0 | －11.0 | 0 | －29.4 |
| 杭州 | 0 | －3.2 | 0 | －2.1 | 0 | －6.8 | 0 | －6.0 | 0 | －18.1 |
| 合肥 | 0 | －3.7 | 0 | －7.6 | 0 | －10.6 | 0 | －9.0 | 0 | －31.0 |
| 福州 | 0 | －6.9 | 0 | －2.5 | 0 | －9.6 | 0 | －8.8 | 0 | －27.8 |
| 南昌 | 0 | －6.2 | 0 | －3.0 | 0 | －8.2 | 0 | －11.2 | 0 | －28.6 |
| 郑州 | 0 | －11.8 | 10 | 0.3 | 21 | 9.3 | 0 | －10.2 | 33 | －10.1 |
| 武昌 | 0 | －3.5 | 0 | －4.8 | 0 | －10.1 | 0 | －7.6 | 0 | －26.1 |
| 长沙 | 0 | －3.2 | 0 | －2.9 | 0 | －7.9 | 0 | －7.0 | 0 | －21.0 |
| 南海 | 0 | －11.5 | 0 | －4.0 | 0 | －8.0 | 0 | －11.7 | 0 | －35.2 |
| 澄迈 | 0 | －7.4 | 20 | 5.7 | 7 | 0.6 | 0 | －7.1 | 27 | －8.2 |
| 邕宁 | 11 | 1.9 | 0 | －11.3 | 1 | －7.8 | 1 | －8.7 | 2 | －37.0 |
| 桂林 | 2 | －2.3 | 14 | 10.9 | 0 | －4.8 | 20 | 11.0 | 36 | 14.8 |
| 绵竹 | 19 | 9.5 | 34 | 22.8 | 11 | 2.4 | 0 | －8.7 | 64 | 26.2 |
| 重庆 | 0 | －6.1 | 0 | －5.5 | 0 | －7.6 | 11 | 3.5 | 11 | －15.6 |
| 贵阳 | 41 | 35.4 | 36 | 27.0 | 8 | 2.4 | 0 | －4.8 | 79 | 54.1 |
| 昆明 | 31 | 24.4 | 1 | －10.2 | 22 | 15.2 | 0 | －6.5 | 44 | 11.8 |
| 拉萨 | 7 | 2.8 | 13 | －2.3 | 18 | 9.5 | 0 | －13.7 | 31 | －10.6 |
| 耀县 | 0 | －12.7 | 0 | －10.1 | 12 | －1.4 | 0 | －11.4 | 12 | －35.6 |
| 兰州 | 0 | －16.1 | 21 | 10.4 | 31 | 18.7 | 6 | －6.4 | 58 | 6.5 |
| 银川 | 0 | －1.0 | 0 | －6.4 | 0 | －2.7 | 0 | －2.2 | 0 | －12.2 |
| 西宁 | 0 | －8.5 | 11 | －2.9 | 0 | －8.7 | 0 | －9.5 | 11 | －29.7 |
| 乌鲁木齐 | 0 | －3.5 | 0 | －6.9 | 0 | －7.7 | 25 | 14.2 | 25 | －3.9 |

说明：武汉用武昌代替，西安用耀县代替，成都用绵竹代替，广州用南海代替，海口用澄迈代替，南宁用邕宁代替，下同。

**表 L2　2010 年全国主要城市重旱日数与日数距平（单位:天）**

**Table L2　The severe drought days and the corresponding anomalies of China's major cities in 2010 (unit:d)**

| 城市 | 冬季 | | 春季 | | 夏季 | | 秋季 | | 年 | |
|---|---|---|---|---|---|---|---|---|---|---|
| | 重旱日数 | 重旱日数距平 | 重旱日数 | 重旱日数距平 | 重旱日数 | 重旱日数距平 | 重旱日数 | 重旱日数距平 | 重旱日数 | 重旱日数距平 |
| 北京 | 0 | −3.4 | 0 | −8.4 | 16 | 9.8 | 0 | −1.2 | 16 | −3.3 |
| 天津 | 0 | −1.5 | 0 | −7.2 | 1 | −5.1 | 0 | −3.6 | 1 | −17.4 |
| 石家庄 | 0 | −3.9 | 0 | −6.2 | 6 | 0.6 | 0 | −4.6 | 6 | −14.0 |
| 太原 | 0 | −6.0 | 0 | −6.7 | 22 | 15.2 | 0 | −4 | 22 | −1.5 |
| 呼和浩特 | 0 | −1.0 | 0 | −4.7 | 0 | −4.2 | 0 | −1.3 | 0 | −11.1 |
| 沈阳 | 0 | −0.7 | 0 | −3.3 | 0 | −5.0 | 0 | −1.7 | 0 | −10.7 |
| 大连 | 0 | −3.6 | 0 | −6.5 | 0 | −3.6 | 0 | −2.5 | 0 | −16.2 |
| 长春 | 0 | −0.2 | 0 | −3.2 | 0 | −4.2 | 0 | −2.5 | 0 | −10.1 |
| 哈尔滨 | 0 | −0.1 | 0 | −5.5 | 0 | −4.3 | 0 | −2.2 | 0 | −12.2 |
| 济南 | 0 | −4.9 | 0 | −7.0 | 0 | −4.4 | 0 | −3.8 | 6 | −14.1 |
| 青岛 | 0 | −5.5 | 0 | −6.3 | 0 | −6.3 | 0 | −4.1 | 20 | −2.2 |
| 上海 | 0 | −1.4 | 0 | −1.6 | 1 | −2.9 | 0 | −2.4 | 1 | −8.3 |
| 南京 | 0 | −1.3 | 0 | −2.5 | 0 | −2.8 | 0 | −3.9 | 0 | −10.5 |
| 杭州 | 0 | −1.2 | 0 | −0.6 | 0 | −3.1 | 0 | −0.7 | 0 | −5.5 |
| 合肥 | 0 | −3.0 | 0 | −3.3 | 0 | −2.6 | 0 | −6.3 | 0 | −15.2 |
| 福州 | 0 | −2.4 | 0 | −0.5 | 0 | −3.3 | 0 | −4.3 | 0 | −10.4 |
| 南昌 | 0 | −0.7 | 0 | −0.4 | 0 | −1.2 | 0 | −2.9 | 0 | −5.2 |
| 郑州 | 0 | −2.3 | 0 | −6.7 | 0 | −2.5 | 0 | −2.3 | 24 | 10.1 |
| 武昌 | 0 | −2.2 | 0 | −2.1 | 0 | −4.1 | 0 | −4.9 | 0 | −13.2 |
| 长沙 | 0 | −1.1 | 0 | −0.8 | 0 | −2.5 | 0 | −4.4 | 0 | −8.7 |
| 南海 | 0 | −2.9 | 0 | −3.9 | 0 | −1.9 | 0 | −4.6 | 0 | −13.3 |
| 澄迈 | 0 | −3.8 | 15 | 10.1 | 0 | −3.0 | 0 | −4.5 | 15 | −1.2 |
| 邕宁 | 0 | −4.7 | 0 | −4.3 | 0 | −4.2 | 0 | −3.4 | 0 | −16.6 |
| 桂林 | 0 | −3.3 | 14 | 12.4 | 0 | −1.2 | 0 | −4.6 | 14 | 3.4 |
| 绵竹 | 0 | −1.9 | 0 | −4.7 | 1 | −1.7 | 0 | −2.7 | 1 | −10.9 |
| 重庆 | 0 | −1.9 | 0 | −3.5 | 0 | −3.2 | 0 | −0.6 | 0 | −9.2 |
| 贵阳 | 13 | 11.6 | 13 | 7.2 | 0 | −3.2 | 0 | −1.0 | 25 | 13.7 |
| 昆明 | 59 | 54.6 | 20 | 14.9 | 6 | 1.3 | 0 | −0.6 | 64 | 49.2 |
| 拉萨 | 0 | −0.1 | 0 | −4.1 | 9 | 3.9 | 0 | −1.5 | 9 | −1.9 |
| 耀县 | 0 | −2.8 | 0 | −3.7 | 0 | −5.8 | 0 | −5.0 | 0 | −17.3 |
| 兰州 | 0 | −6.8 | 0 | −5.2 | 16 | 12.6 | 0 | −5.7 | 16 | −5.0 |
| 银川 | 0 | 0 | 0 | −0.2 | 0 | −0.4 | 0 | 0 | 0 | −0.7 |
| 西宁 | 0 | −3.9 | 0 | −6.1 | 0 | −4.1 | 0 | −6.5 | 0 | −20.5 |
| 乌鲁木齐 | 0 | −1.0 | 0 | −4.9 | 0 | −6.6 | 0 | −4.2 | 0 | −16.8 |

**表 L3　2010 年全国主要城市中旱以上日数与日数距平（单位:天）**

**Table L3　The days from moderate drought to extreme drought and the corresponding anomalies in major cities of China in 2010 (unit:d)**

| 城市 | 冬季 | | 春季 | | 夏季 | | 秋季 | | 年 | |
|---|---|---|---|---|---|---|---|---|---|---|
| | 中旱以上日数 | 中旱以上日数距平 | 中旱以上日数 | 中旱以上日数距平 | 中旱以上日数 | 中旱以上日数距平 | 中旱以上日数 | 中旱以上日数距平 | 中旱以上日数 | 中旱以上日数距平 |
| 北京 | 0 | −17.9 | 0 | −26.8 | 33 | 15.0 | 0 | −13.3 | 33 | −42.1 |
| 天津 | 8 | −5.5 | 0 | −24.5 | 38 | 20.8 | 2 | −14.7 | 47 | −24.5 |
| 石家庄 | 0 | −16.1 | 0 | −25.7 | 52 | 30.8 | 0 | −16.2 | 62 | −16.7 |
| 太原 | 0 | −16.1 | 0 | −24.1 | 62 | 41.9 | 0 | −17.7 | 70 | −7.2 |
| 呼和浩特 | 0 | −6.1 | 0 | −21.3 | 7 | −8.2 | 1 | −8.8 | 8 | −44.3 |
| 沈阳 | 0 | −8.2 | 0 | −13.5 | 0 | −16.6 | 0 | −7.1 | 0 | −45.5 |
| 大连 | 0 | −10.3 | 0 | −22.0 | 2 | −16.7 | 0 | −16.5 | 2 | −65.4 |
| 长春 | 0 | −2.3 | 0 | −14.4 | 0 | −12.6 | 0 | −12.4 | 0 | −41.7 |
| 哈尔滨 | 0 | −3.0 | 0 | −16.2 | 0 | −15.3 | 0 | −13.7 | 0 | −48.1 |
| 济南 | 0 | −17.6 | 0 | −22.2 | 0 | −16.9 | 8 | −6.0 | 39 | −31.8 |
| 青岛 | 0 | −11.7 | 0 | −18.2 | 3 | −17.1 | 0 | −17.3 | 33 | −34.3 |
| 上海 | 0 | −7.0 | 0 | −6.8 | 10 | −3.8 | 0 | −13.1 | 10 | −30.7 |
| 南京 | 0 | −7.5 | 0 | −10.2 | 0 | −10.8 | 0 | −15.2 | 0 | −43.8 |
| 杭州 | 0 | −4.7 | 0 | −2.8 | 0 | −10.2 | 0 | −7.3 | 0 | −24.9 |
| 合肥 | 0 | −8.2 | 0 | −12.3 | 0 | −13.5 | 0 | −17.4 | 0 | −51.4 |
| 福州 | 0 | −10.0 | 0 | −3.0 | 0 | −13.9 | 0 | −13.7 | 0 | −40.6 |
| 南昌 | 0 | −8.4 | 0 | −3.4 | 0 | −9.4 | 0 | −14.6 | 0 | −35.8 |
| 郑州 | 0 | −16.0 | 10 | −8.0 | 21 | 6.0 | 0 | −13.2 | 58 | −3.9 |
| 武昌 | 0 | −6.7 | 0 | −8.3 | 0 | −14.4 | 0 | −13.2 | 0 | −42.6 |
| 长沙 | 0 | −5.4 | 0 | −3.7 | 0 | −10.5 | 0 | −12.9 | 0 | −32.5 |
| 南海 | 0 | −15.9 | 0 | −8.8 | 0 | −10.3 | 0 | −18.1 | 0 | −53.1 |
| 澄迈 | 0 | −12.2 | 35 | 14.9 | 7 | −3.7 | 0 | −11.6 | 42 | −12.7 |
| 邕宁 | 11 | −3.5 | 0 | −16.2 | 1 | −14.2 | 1 | −13.4 | 2 | −58.2 |
| 桂林 | 2 | −5.7 | 32 | 27.1 | 0 | −6.3 | 20 | 5.9 | 54 | 21.1 |
| 绵竹 | 19 | 6.7 | 34 | 16.6 | 12 | −0.3 | 0 | −11.5 | 65 | 11.8 |
| 重庆 | 0 | −7.9 | 0 | −9.8 | 0 | −11.7 | 11 | 2.8 | 11 | −26.7 |
| 贵阳 | 54 | 47.1 | 59 | 43.9 | 8 | −1.9 | 0 | −5.9 | 114 | 76.2 |
| 昆明 | 90 | 78.0 | 28 | 11.2 | 28 | 14.8 | 0 | −7.2 | 115 | 64.8 |
| 拉萨 | 7 | 2.7 | 13 | −6.7 | 27 | 12.1 | 0 | −15.2 | 40 | −14.2 |
| 耀县 | 0 | −16.6 | 0 | −15.7 | 12 | −9.0 | 0 | −18.5 | 12 | −59.8 |
| 兰州 | 0 | −23.1 | 21 | 2.2 | 47 | 29.3 | 6 | −12.1 | 74 | −3.7 |
| 银川 | 0 | −1.0 | 0 | −6.6 | 0 | −3.1 | 0 | −2.2 | 0 | −12.8 |
| 西宁 | 0 | −13.7 | 11 | −9.6 | 0 | −14.3 | 0 | −18.4 | 11 | −56.0 |
| 乌鲁木齐 | 0 | −5.1 | 0 | −14.1 | 0 | −17.0 | 25 | 8.3 | 25 | −27.8 |

# 附录 M　2010 年全国主要城市各月干旱等级日数及其距平

表 M1　2010 年全国主要城市各月中旱日数（单位:天）

Table M1　The monthly moderate drought days of China's major cities in 2010（unit:d）

| 城市 | 1 月 | 2 月 | 3 月 | 4 月 | 5 月 | 6 月 | 7 月 | 8 月 | 9 月 | 10 月 | 11 月 | 12 月 |
|---|---|---|---|---|---|---|---|---|---|---|---|---|
| 北京 | 0 | 0 | 0 | 0 | 0 | 0 | 9 | 8 | 0 | 0 | 0 | 0 |
| 天津 | 2 | 0 | 0 | 0 | 0 | 11 | 0 | 26 | 2 | 0 | 0 | 5 |
| 石家庄 | 0 | 0 | 0 | 0 | 0 | 14 | 18 | 14 | 0 | 0 | 0 | 10 |
| 太原 | 0 | 0 | 0 | 0 | 0 | 12 | 19 | 6 | 0 | 0 | 0 | 8 |
| 呼和浩特 | 0 | 0 | 0 | 0 | 0 | 0 | 5 | 2 | 1 | 0 | 0 | 0 |
| 沈阳 | 0 | 0 | 0 | 0 | 0 | 0 | 0 | 0 | 0 | 0 | 0 | 0 |
| 大连 | 0 | 0 | 0 | 0 | 0 | 0 | 2 | 0 | 0 | 0 | 0 | 0 |
| 长春 | 0 | 0 | 0 | 0 | 0 | 0 | 0 | 0 | 0 | 0 | 0 | 0 |
| 哈尔滨 | 0 | 0 | 0 | 0 | 0 | 0 | 0 | 0 | 0 | 0 | 0 | 0 |
| 济南 | 0 | 0 | 0 | 0 | 0 | 0 | 0 | 0 | 0 | 0 | 8 | 25 |
| 青岛 | 0 | 0 | 0 | 0 | 0 | 0 | 0 | 3 | 0 | 0 | 0 | 5 |
| 上海 | 0 | 0 | 0 | 0 | 0 | 8 | 0 | 1 | 0 | 0 | 0 | 0 |
| 南京 | 0 | 0 | 0 | 0 | 0 | 0 | 0 | 0 | 0 | 0 | 0 | 0 |
| 杭州 | 0 | 0 | 0 | 0 | 0 | 0 | 0 | 0 | 0 | 0 | 0 | 0 |
| 合肥 | 0 | 0 | 0 | 0 | 0 | 0 | 0 | 0 | 0 | 0 | 0 | 0 |
| 福州 | 0 | 0 | 0 | 0 | 0 | 0 | 0 | 0 | 0 | 0 | 0 | 0 |
| 南昌 | 0 | 0 | 0 | 0 | 0 | 0 | 0 | 0 | 0 | 0 | 0 | 0 |
| 郑州 | 0 | 0 | 0 | 10 | 0 | 4 | 17 | 0 | 0 | 0 | 0 | 2 |
| 武昌 | 0 | 0 | 0 | 0 | 0 | 0 | 0 | 0 | 0 | 0 | 0 | 0 |
| 长沙 | 0 | 0 | 0 | 0 | 0 | 0 | 0 | 0 | 0 | 0 | 0 | 0 |
| 南海 | 0 | 0 | 0 | 0 | 0 | 0 | 0 | 0 | 0 | 0 | 0 | 0 |
| 澄迈 | 0 | 0 | 12 | 5 | 3 | 3 | 4 | 0 | 0 | 0 | 0 | 0 |
| 邕宁 | 0 | 0 | 0 | 0 | 0 | 0 | 0 | 1 | 0 | 0 | 1 | 0 |
| 桂林 | 0 | 2 | 13 | 1 | 0 | 0 | 0 | 0 | 2 | 0 | 18 | 0 |
| 绵竹 | 0 | 19 | 13 | 4 | 17 | 0 | 11 | 0 | 0 | 0 | 0 | 0 |
| 重庆 | 0 | 0 | 0 | 0 | 0 | 0 | 0 | 0 | 4 | 7 | 0 | 0 |
| 贵阳 | 14 | 21 | 6 | 12 | 18 | 8 | 0 | 0 | 0 | 0 | 0 | 0 |
| 昆明 | 5 | 16 | 0 | 0 | 1 | 10 | 12 | 0 | 0 | 0 | 0 | 0 |
| 拉萨 | 0 | 0 | 9 | 0 | 4 | 6 | 6 | 6 | 0 | 0 | 0 | 0 |
| 耀县 | 0 | 0 | 0 | 0 | 0 | 0 | 12 | 0 | 0 | 0 | 0 | 0 |
| 兰州 | 0 | 0 | 0 | 15 | 6 | 0 | 16 | 15 | 6 | 0 | 0 | 0 |
| 银川 | 0 | 0 | 0 | 0 | 0 | 0 | 0 | 0 | 0 | 0 | 0 | 0 |
| 西宁 | 0 | 0 | 0 | 9 | 2 | 0 | 0 | 0 | 0 | 0 | 0 | 0 |
| 乌鲁木齐 | 0 | 0 | 0 | 0 | 0 | 0 | 0 | 0 | 7 | 18 | 0 | 0 |

说明：武汉用武昌代替，西安用耀县代替，成都用绵竹代替，广州用南海代替，海口用澄迈代替，南宁用邕宁代替，下同。

表 M2　2010 年全国主要城市各月重旱日数(单位:天)

Table M2　The monthly severe drought days of China's major cities in 2010 (unit:d)

| 城市 | 1 月 | 2 月 | 3 月 | 4 月 | 5 月 | 6 月 | 7 月 | 8 月 | 9 月 | 10 月 | 11 月 | 12 月 |
|---|---|---|---|---|---|---|---|---|---|---|---|---|
| 北京 | 0 | 0 | 0 | 0 | 0 | 0 | 3 | 13 | 0 | 0 | 0 | 0 |
| 天津 | 0 | 0 | 0 | 0 | 0 | 0 | 0 | 1 | 0 | 0 | 0 | 0 |
| 石家庄 | 0 | 0 | 0 | 0 | 0 | 0 | 6 | 0 | 0 | 0 | 0 | 0 |
| 太原 | 0 | 0 | 0 | 0 | 0 | 1 | 9 | 12 | 0 | 0 | 0 | 0 |
| 呼和浩特 | 0 | 0 | 0 | 0 | 0 | 0 | 0 | 0 | 0 | 0 | 0 | 0 |
| 沈阳 | 0 | 0 | 0 | 0 | 0 | 0 | 0 | 0 | 0 | 0 | 0 | 0 |
| 大连 | 0 | 0 | 0 | 0 | 0 | 0 | 0 | 0 | 0 | 0 | 0 | 0 |
| 长春 | 0 | 0 | 0 | 0 | 0 | 0 | 0 | 0 | 0 | 0 | 0 | 0 |
| 哈尔滨 | 0 | 0 | 0 | 0 | 0 | 0 | 0 | 0 | 0 | 0 | 0 | 0 |
| 济南 | 0 | 0 | 0 | 0 | 0 | 0 | 0 | 0 | 0 | 0 | 0 | 6 |
| 青岛 | 0 | 0 | 0 | 0 | 0 | 0 | 0 | 0 | 0 | 0 | 0 | 20 |
| 上海 | 0 | 0 | 0 | 0 | 0 | 1 | 0 | 0 | 0 | 0 | 0 | 0 |
| 南京 | 0 | 0 | 0 | 0 | 0 | 0 | 0 | 0 | 0 | 0 | 0 | 0 |
| 杭州 | 0 | 0 | 0 | 0 | 0 | 0 | 0 | 0 | 0 | 0 | 0 | 0 |
| 合肥 | 0 | 0 | 0 | 0 | 0 | 0 | 0 | 0 | 0 | 0 | 0 | 0 |
| 福州 | 0 | 0 | 0 | 0 | 0 | 0 | 0 | 0 | 0 | 0 | 0 | 0 |
| 南昌 | 0 | 0 | 0 | 0 | 0 | 0 | 0 | 0 | 0 | 0 | 0 | 0 |
| 郑州 | 0 | 0 | 0 | 0 | 0 | 0 | 0 | 0 | 0 | 0 | 0 | 24 |
| 武昌 | 0 | 0 | 0 | 0 | 0 | 0 | 0 | 0 | 0 | 0 | 0 | 0 |
| 长沙 | 0 | 0 | 0 | 0 | 0 | 0 | 0 | 0 | 0 | 0 | 0 | 0 |
| 南海 | 0 | 0 | 0 | 0 | 0 | 0 | 0 | 0 | 0 | 0 | 0 | 0 |
| 澄迈 | 0 | 0 | 0 | 15 | 0 | 0 | 0 | 0 | 0 | 0 | 0 | 0 |
| 邕宁 | 0 | 0 | 0 | 0 | 0 | 0 | 0 | 0 | 0 | 0 | 0 | 0 |
| 桂林 | 0 | 0 | 14 | 0 | 0 | 0 | 0 | 0 | 0 | 0 | 0 | 0 |
| 绵竹 | 0 | 0 | 0 | 0 | 0 | 0 | 1 | 0 | 0 | 0 | 0 | 0 |
| 重庆 | 0 | 0 | 0 | 0 | 0 | 0 | 0 | 0 | 0 | 0 | 0 | 0 |
| 贵阳 | 5 | 7 | 13 | 0 | 0 | 0 | 0 | 0 | 0 | 0 | 0 | 0 |
| 昆明 | 26 | 12 | 20 | 0 | 0 | 0 | 6 | 0 | 0 | 0 | 0 | 0 |
| 拉萨 | 0 | 0 | 0 | 0 | 0 | 0 | 9 | 0 | 0 | 0 | 0 | 0 |
| 耀县 | 0 | 0 | 0 | 0 | 0 | 0 | 0 | 0 | 0 | 0 | 0 | 0 |
| 兰州 | 0 | 0 | 0 | 0 | 0 | 0 | 0 | 16 | 0 | 0 | 0 | 0 |
| 银川 | 0 | 0 | 0 | 0 | 0 | 0 | 0 | 0 | 0 | 0 | 0 | 0 |
| 西宁 | 0 | 0 | 0 | 0 | 0 | 0 | 0 | 0 | 0 | 0 | 0 | 0 |
| 乌鲁木齐 | 0 | 0 | 0 | 0 | 0 | 0 | 0 | 0 | 0 | 0 | 0 | 0 |

表 M3　2010 年全国主要城市各月中旱以上日数（单位:天）

Table M3　The monthly days from moderate drought to extreme drought of China's major cities in 2010（unit:d）

| 城市 | 1 月 | 2 月 | 3 月 | 4 月 | 5 月 | 6 月 | 7 月 | 8 月 | 9 月 | 10 月 | 11 月 | 12 月 |
|---|---|---|---|---|---|---|---|---|---|---|---|---|
| 北京 | 0 | 0 | 0 | 0 | 0 | 0 | 12 | 21 | 0 | 0 | 0 | 0 |
| 天津 | 2 | 0 | 0 | 0 | 0 | 11 | 0 | 27 | 2 | 0 | 0 | 5 |
| 石家庄 | 0 | 0 | 0 | 0 | 0 | 14 | 24 | 14 | 0 | 0 | 0 | 10 |
| 太原 | 0 | 0 | 0 | 0 | 0 | 13 | 31 | 18 | 0 | 0 | 0 | 8 |
| 呼和浩特 | 0 | 0 | 0 | 0 | 0 | 0 | 5 | 2 | 1 | 0 | 0 | 0 |
| 沈阳 | 0 | 0 | 0 | 0 | 0 | 0 | 0 | 0 | 0 | 0 | 0 | 0 |
| 大连 | 0 | 0 | 0 | 0 | 0 | 0 | 2 | 0 | 0 | 0 | 0 | 0 |
| 长春 | 0 | 0 | 0 | 0 | 0 | 0 | 0 | 0 | 0 | 0 | 0 | 0 |
| 哈尔滨 | 0 | 0 | 0 | 0 | 0 | 0 | 0 | 0 | 0 | 0 | 0 | 0 |
| 济南 | 0 | 0 | 0 | 0 | 0 | 0 | 0 | 0 | 0 | 0 | 8 | 31 |
| 青岛 | 0 | 0 | 0 | 0 | 0 | 0 | 0 | 3 | 0 | 0 | 0 | 30 |
| 上海 | 0 | 0 | 0 | 0 | 0 | 9 | 0 | 1 | 0 | 0 | 0 | 0 |
| 南京 | 0 | 0 | 0 | 0 | 0 | 0 | 0 | 0 | 0 | 0 | 0 | 0 |
| 杭州 | 0 | 0 | 0 | 0 | 0 | 0 | 0 | 0 | 0 | 0 | 0 | 0 |
| 合肥 | 0 | 0 | 0 | 0 | 0 | 0 | 0 | 0 | 0 | 0 | 0 | 0 |
| 福州 | 0 | 0 | 0 | 0 | 0 | 0 | 0 | 0 | 0 | 0 | 0 | 0 |
| 南昌 | 0 | 0 | 0 | 0 | 0 | 0 | 0 | 0 | 0 | 0 | 0 | 0 |
| 郑州 | 0 | 0 | 0 | 10 | 0 | 4 | 17 | 0 | 0 | 0 | 0 | 27 |
| 武昌 | 0 | 0 | 0 | 0 | 0 | 0 | 0 | 0 | 0 | 0 | 0 | 0 |
| 长沙 | 0 | 0 | 0 | 0 | 0 | 0 | 0 | 0 | 0 | 0 | 0 | 0 |
| 南海 | 0 | 0 | 0 | 0 | 0 | 0 | 0 | 0 | 0 | 0 | 0 | 0 |
| 澄迈 | 0 | 0 | 12 | 20 | 3 | 3 | 4 | 0 | 0 | 0 | 0 | 0 |
| 邕宁 | 0 | 0 | 0 | 0 | 0 | 0 | 0 | 1 | 0 | 0 | 1 | 0 |
| 桂林 | 0 | 2 | 31 | 1 | 0 | 0 | 0 | 0 | 2 | 0 | 18 | 0 |
| 绵竹 | 0 | 19 | 13 | 4 | 17 | 0 | 12 | 0 | 0 | 0 | 0 | 0 |
| 重庆 | 0 | 0 | 0 | 0 | 0 | 0 | 0 | 0 | 4 | 7 | 0 | 0 |
| 贵阳 | 19 | 28 | 29 | 12 | 18 | 8 | 0 | 0 | 0 | 0 | 0 | 0 |
| 昆明 | 31 | 28 | 27 | 0 | 1 | 10 | 18 | 0 | 0 | 0 | 0 | 0 |
| 拉萨 | 0 | 0 | 9 | 0 | 4 | 6 | 15 | 6 | 0 | 0 | 0 | 0 |
| 耀县 | 0 | 0 | 0 | 0 | 0 | 0 | 12 | 0 | 0 | 0 | 0 | 0 |
| 兰州 | 0 | 0 | 0 | 15 | 6 | 0 | 16 | 31 | 6 | 0 | 0 | 0 |
| 银川 | 0 | 0 | 0 | 0 | 0 | 0 | 0 | 0 | 0 | 0 | 0 | 0 |
| 西宁 | 0 | 0 | 0 | 9 | 2 | 0 | 0 | 0 | 0 | 0 | 0 | 0 |
| 乌鲁木齐 | 0 | 0 | 0 | 0 | 0 | 0 | 0 | 0 | 7 | 18 | 0 | 0 |

表 M4　2010 年全国主要城市各月中旱日数距平（单位:天）

Table M4　The monthly anomalies of moderate drought days of China's major cities in 2010 (unit:d)

| 城市 | 1 月 | 2 月 | 3 月 | 4 月 | 5 月 | 6 月 | 7 月 | 8 月 | 9 月 | 10 月 | 11 月 | 12 月 |
|---|---|---|---|---|---|---|---|---|---|---|---|---|
| 北京 | −4.2 | −4.1 | −5.4 | −5.7 | −5.1 | −3.8 | 4.9 | 6.0 | −2.4 | −6.2 | −3.1 | −5.3 |
| 天津 | −2.2 | −4.2 | −4.7 | −6.7 | −4.4 | 6.6 | −2.6 | 22.9 | −1.5 | −5.1 | −4.1 | 1.7 |
| 石家庄 | −4.4 | −3.8 | −4.4 | −8.5 | −5.4 | 7.8 | 14.4 | 9.6 | −4.3 | −5.3 | −1.9 | 7.2 |
| 太原 | −3.1 | −3.2 | −4.4 | −5.4 | −4.7 | 6.0 | 16.0 | 2.7 | −4.0 | −4.5 | −4.2 | 6.1 |
| 呼和浩特 | −1.1 | −1.1 | −3.0 | −6.1 | −5.8 | −4.1 | 0.9 | −0.7 | −2.0 | −3.5 | −2.1 | −2.8 |
| 沈阳 | −2.6 | −3.2 | −3.3 | −3.0 | −2.3 | −3.4 | −2.6 | −4.4 | −2.7 | −1.6 | −0.8 | −1.7 |
| 大连 | −1.3 | −1.3 | −3.8 | −4.8 | −5.6 | −4.3 | −1.9 | −4.1 | −4.6 | −4.3 | −3.8 | −3.0 |
| 长春 | −0.6 | −0.9 | −1.8 | −4.4 | −4.2 | −2.3 | −2.7 | −2.6 | −3.8 | −3.5 | −1.9 | −0.6 |
| 哈尔滨 | −0.4 | −1.1 | −2.1 | −4.3 | −3.7 | −3.1 | −2.7 | −3.0 | −4.2 | −5.0 | −1.8 | −1.2 |
| 济南 | −4.3 | −3.9 | −1.9 | −5.9 | −4.3 | −5.6 | −3.9 | −2.5 | −3.4 | −2.0 | 3.7 | 21.8 |
| 青岛 | −0.4 | −1.8 | −1.4 | −3.2 | −4.6 | −4.9 | −3.0 | −0.6 | −4.2 | −5.4 | −2.9 | 1.5 |
| 上海 | −1.5 | −0.5 | −1.2 | −1.1 | −2.5 | 6.2 | −3.7 | −2.9 | −3.0 | −2.8 | −3.5 | −1.5 |
| 南京 | −1.2 | −0.7 | −0.9 | −3.3 | −2.6 | −2.5 | −1.8 | −2.6 | −2.9 | −4.7 | −3.4 | −2.8 |
| 杭州 | −1.4 | 0 | −0.4 | −0.3 | −1.5 | −2.2 | −1.8 | −2.8 | −1.6 | −1.3 | −3.1 | −1.8 |
| 合肥 | −1.4 | −1.1 | −1.3 | −3.5 | −2.9 | −3.0 | −2.7 | −4.9 | −1.9 | −2.3 | −4.8 | −1.2 |
| 福州 | −3.1 | −1.0 | −0.6 | −0.7 | −1.2 | −0.9 | −2.7 | −5.9 | −3.4 | −2.9 | −2.6 | −2.8 |
| 南昌 | −1.8 | −0.1 | −0.6 | −0.5 | −1.9 | −1.2 | −2.9 | −4.0 | −4.2 | −2.7 | −4.3 | −4.4 |
| 郑州 | −5.2 | −3.3 | −2.7 | 6.6 | −3.6 | −1.2 | 13.1 | −2.6 | −3.1 | −5.2 | −1.9 | −1.0 |
| 武昌 | −0.5 | −0.7 | −1.6 | −1.3 | −2.0 | −2.9 | −3.2 | −4.0 | −2.7 | −2.2 | −2.7 | −2.3 |
| 长沙 | −1.4 | 0 | −1.1 | −0.3 | −1.4 | −1.3 | −2.4 | −4.3 | −4.1 | −2.0 | −0.9 | −1.8 |
| 南海 | −3.7 | −3.5 | −1.8 | −0.8 | −1.4 | −1.6 | −3.5 | −2.9 | −3.6 | −3.6 | −4.5 | −4.3 |
| 澄迈 | −2.0 | −4.2 | 5.8 | 0.9 | −0.9 | 0.5 | 2.1 | −2.0 | −2.2 | −2.9 | −2.0 | −1.1 |
| 邕宁 | −3.3 | −2.3 | −4.9 | −2.5 | −3.9 | −2.6 | −3.3 | −2.0 | −3.0 | −3.7 | −1.9 | −3.5 |
| 桂林 | −1.4 | 1.7 | 11.5 | 0.6 | −1.2 | −0.2 | −2.0 | −2.6 | 0.3 | −3.5 | 14.2 | −2.5 |
| 绵竹 | −2.0 | 16.5 | 10.3 | −0.4 | 12.9 | −3.1 | 8.2 | −2.7 | −1.9 | −1.6 | −5.2 | −4.8 |
| 重庆 | −2.2 | −2.3 | −2.8 | −1.6 | −1.2 | −3.1 | −1.3 | −3.1 | 0.1 | 5.6 | −2.2 | −1.6 |
| 贵阳 | 12.4 | 19.2 | 2.3 | 9.5 | 15.2 | 6.4 | −1.7 | −2.3 | −2.0 | −1.2 | −1.6 | −2.2 |
| 昆明 | 2.6 | 13.8 | −4.1 | −3.9 | −2.2 | 7.1 | 9.9 | −1.8 | −1.7 | −3.0 | −1.9 | −3.0 |
| 拉萨 | −0.7 | −0.9 | 3.0 | −5.1 | −0.1 | 2.9 | 2.6 | 4.0 | −4.0 | −5.1 | −4.6 | −2.6 |
| 耀县 | −4.2 | −3.3 | −3.1 | −3.5 | −3.5 | −4.4 | 7.7 | −4.7 | −3.7 | −3.4 | −4.3 | −5.2 |
| 兰州 | −3.7 | −6.0 | −3.0 | 10.8 | 2.5 | −3.5 | 11.8 | 10.4 | 3.5 | −4.2 | −5.7 | −6.5 |
| 银川 | −0.2 | −0.1 | −1.1 | −1.8 | −3.5 | −0.8 | −0.5 | −1.4 | −0.8 | −1.0 | −0.4 | −0.7 |
| 西宁 | −1.7 | −3.4 | −3.2 | 3.6 | −3.4 | −4.1 | −2.5 | −2.1 | −2.1 | −2.8 | −4.6 | −3.4 |
| 乌鲁木齐 | −1.4 | −1.3 | −1.6 | −2.2 | −3.1 | −2.7 | −3.0 | −2.0 | 2.1 | 14.7 | −2.6 | −0.7 |

表 M5 2010 年全国主要城市各月重旱日数距平（单位:天）

Table M5 The monthly anomalies of severe drought days of China's major cities in 2010（unit:d）

| 城市 | 1月 | 2月 | 3月 | 4月 | 5月 | 6月 | 7月 | 8月 | 9月 | 10月 | 11月 | 12月 |
|---|---|---|---|---|---|---|---|---|---|---|---|---|
| 北京 | −1.0 | −2.1 | −2.8 | −2.4 | −3.2 | −2.6 | 1.2 | 11.1 | −0.5 | 0 | −0.7 | −0.4 |
| 天津 | −0.2 | −1.2 | −2.4 | −2.5 | −2.3 | −2.1 | −2.0 | −1.0 | −1.7 | −1.0 | −0.9 | −0.1 |
| 石家庄 | −1.1 | −1.8 | −2.2 | −1.7 | −2.3 | −2.5 | 4.1 | −1.0 | −1.2 | −1.7 | −1.7 | −0.9 |
| 太原 | −2.3 | −0.4 | −2.1 | −2.3 | −2.3 | −1.7 | 6.8 | 10.1 | −1.3 | −1.2 | −1.4 | −3.3 |
| 呼和浩特 | 0 | −0.5 | −1.9 | −1.2 | −1.6 | −1.9 | −0.8 | −1.5 | −0.9 | −0.1 | −0.3 | −0.5 |
| 沈阳 | −0.1 | −0.3 | −1.0 | −1.5 | −0.8 | −1.3 | −2.3 | −1.5 | −1.0 | −0.5 | −0.2 | −0.2 |
| 大连 | −1.6 | −1.2 | −0.8 | −2.6 | −3.1 | −1.7 | −1.4 | −0.5 | −0.3 | −1.9 | −0.4 | −0.8 |
| 长春 | 0 | 0 | −0.1 | −1.6 | −1.5 | −1.0 | −1.4 | −1.7 | −1.7 | −0.2 | −0.6 | −0.2 |
| 哈尔滨 | 0 | −0.1 | −0.5 | −1.9 | −3.1 | −1.6 | −1.2 | −1.6 | −1.5 | −0.6 | −0.2 | −0.1 |
| 济南 | −1.9 | −2.0 | −1.2 | −2.2 | −3.6 | −1.9 | −1.5 | −1.0 | −1.1 | −1.6 | −1.0 | 5.0 |
| 青岛 | −2.1 | −1.7 | −1.5 | −2.0 | −2.8 | −2.5 | −1.2 | −2.6 | −1.4 | −1.3 | −1.4 | 18.3 |
| 上海 | −0.3 | −0.1 | −0.3 | −0.6 | −0.7 | 0.5 | −1.3 | −2.2 | −0.9 | −0.9 | −0.6 | −1.0 |
| 南京 | −0.3 | −0.2 | −0.4 | −0.4 | −1.6 | −1.2 | −0.7 | −1.0 | −1.9 | −0.7 | −1.2 | −0.8 |
| 杭州 | −0.3 | 0 | 0 | 0 | −0.6 | −0.9 | −1.0 | −1.1 | −0.3 | 0 | −0.3 | −0.9 |
| 合肥 | −0.6 | −0.2 | −0.7 | −0.8 | −1.8 | −1.5 | −0.5 | −0.6 | −2.3 | −2.7 | −1.3 | −2.3 |
| 福州 | −0.7 | −0.6 | −0.1 | −0.1 | −0.3 | −1.3 | −0.6 | −1.4 | −1.2 | −1.8 | −1.3 | −1.1 |
| 南昌 | −0.4 | −0.1 | −0.2 | −0.1 | −0.1 | −0.5 | −0.6 | −0.1 | −0.4 | −1.8 | −0.7 | −0.3 |
| 郑州 | −0.8 | −0.6 | −2.0 | −2.5 | −2.2 | −0.7 | −1.0 | −0.8 | −0.3 | −1.2 | −0.8 | 23.2 |
| 武昌 | −0.2 | 0 | −0.3 | −0.8 | −1.1 | −1.2 | −1.0 | −1.9 | −2.0 | −1.3 | −1.6 | −1.9 |
| 长沙 | −0.6 | 0 | −0.2 | −0.1 | −0.5 | −0.3 | −1.0 | −1.2 | −2.2 | −1.1 | −1.1 | −0.5 |
| 南海 | −0.7 | −1.2 | −1.6 | −1.2 | −1.1 | −0.2 | −0.5 | −1.2 | −1.3 | −2.4 | −0.9 | −0.9 |
| 澄迈 | −1.4 | −1.1 | −1.8 | 13.2 | −1.3 | −1.5 | −0.8 | −0.7 | −1.8 | −0.5 | −2.2 | −1.3 |
| 邕宁 | −1.2 | −1.9 | −1.6 | −1.3 | −1.5 | −1.1 | −1.7 | −1.3 | −1.6 | −1 | −0.8 | −1.7 |
| 桂林 | −1.4 | 0 | 12.9 | −0.3 | −0.2 | −0.4 | −0.1 | −0.6 | −1.5 | −0.8 | −2.2 | −1.8 |
| 绵竹 | −0.6 | −0.7 | −2.2 | −1.2 | −1.3 | −1.0 | 0.1 | −0.8 | −0.3 | −1.5 | −0.9 | −0.5 |
| 重庆 | −0.4 | −0.9 | −1.3 | −0.6 | −1.6 | −1.0 | −1.6 | −0.6 | −0.4 | −0.2 | −0.1 | −0.6 |
| 贵阳 | 4.7 | 6.4 | 11.1 | −1.7 | −2.2 | −1.1 | −0.8 | −1.3 | −0.9 | −0.1 | 0 | −0.5 |
| 昆明 | 24.8 | 9.7 | 17.7 | −1.8 | −1.0 | −1.5 | 3.8 | −1.0 | −0.5 | −0.1 | 0 | −0.9 |
| 拉萨 | 0 | 0 | −0.2 | −2.5 | −1.4 | −2.7 | 7.8 | −1.2 | −0.2 | −0.5 | −0.8 | −0.1 |
| 耀县 | −1.6 | −0.7 | −1.7 | −1.1 | −0.9 | −1.5 | −2.2 | −2.1 | −2.9 | −1.4 | −0.7 | −0.5 |
| 兰州 | −2.1 | −1.9 | −1.7 | −0.9 | −2.6 | −1.5 | −1.3 | 15.5 | −0.1 | −2.4 | −3.2 | −2.7 |
| 银川 | 0 | 0 | 0 | 0 | −0.2 | −0.4 | 0 | 0 | 0 | 0 | 0 | 0 |
| 西宁 | −1.0 | −0.8 | −1.9 | −1.3 | −2.8 | −1.6 | −1.2 | −1.3 | −1.6 | −2.3 | −2.6 | −2.0 |
| 乌鲁木齐 | −0.7 | 0 | −0.6 | −1.0 | −3.3 | −2.3 | −1.5 | −2.8 | −2.3 | −0.7 | −1.2 | −0.4 |

表 M6　2010 年全国主要城市各月中旱以上日数距平（单位:天）

Table M6　The anomalies of the days from moderate drought to extreme drought of China's major cities in 2010 (unit:d)

| 城市 | 1月 | 2月 | 3月 | 4月 | 5月 | 6月 | 7月 | 8月 | 9月 | 10月 | 11月 | 12月 |
|---|---|---|---|---|---|---|---|---|---|---|---|---|
| 北京 | -5.2 | -6.2 | -8.3 | -9.1 | -9.4 | -7.4 | 5.3 | 17.1 | -3.3 | -6.2 | -3.8 | -5.6 |
| 天津 | -2.4 | -5.4 | -7.3 | -9.6 | -7.6 | 4.3 | -5.5 | 21.9 | -3.6 | -6.1 | -4.9 | 1.7 |
| 石家庄 | -5.6 | -6.4 | -6.8 | -10.5 | -8.3 | 4.7 | 17.6 | 8.5 | -5.6 | -7.0 | -3.6 | 6.3 |
| 太原 | -5.5 | -4.4 | -7.5 | -8.6 | -8.0 | 3.9 | 25.7 | 12.3 | -5.6 | -6.2 | -5.9 | 2.6 |
| 呼和浩特 | -1.1 | -1.6 | -5.5 | -8.0 | -7.8 | -6.1 | 0.1 | -2.3 | -2.8 | -3.6 | -2.4 | -3.3 |
| 沈阳 | -2.7 | -3.6 | -4.5 | -4.7 | -4.3 | -4.8 | -5.4 | -6.4 | -3.7 | -2.2 | -1.1 | -2.0 |
| 大连 | -3.2 | -3.1 | -5.1 | -7.5 | -9.4 | -6.7 | -4.6 | -5.4 | -5.9 | -6.5 | -4.1 | -4.0 |
| 长春 | -0.6 | -0.9 | -1.9 | -6.4 | -6.1 | -3.4 | -4.7 | -4.5 | -5.8 | -4.2 | -2.5 | -0.8 |
| 哈尔滨 | -0.4 | -1.2 | -2.7 | -6.2 | -7.4 | -4.9 | -5.4 | -5.0 | -6.0 | -5.7 | -2.0 | -1.3 |
| 济南 | -6.2 | -6.9 | -5.0 | -9.0 | -8.2 | -7.6 | -5.7 | -3.6 | -5.1 | -3.6 | 2.7 | 26.5 |
| 青岛 | -2.5 | -4.0 | -4.5 | -6.0 | -7.7 | -7.7 | -5.4 | -4.0 | -5.8 | -7.2 | -4.3 | 24.8 |
| 上海 | -2.4 | -0.6 | -1.4 | -1.8 | -3.5 | 6.7 | -5.2 | -5.4 | -4.7 | -3.8 | -4.6 | -4.0 |
| 南京 | -2.0 | -0.9 | -1.3 | -3.9 | -5.0 | -3.7 | -3.1 | -3.9 | -4.8 | -5.5 | -4.9 | -4.6 |
| 杭州 | -1.7 | 0 | -0.4 | -0.3 | -2.1 | -3.2 | -2.8 | -4.2 | -2.6 | -1.3 | -3.4 | -3.0 |
| 合肥 | -2.5 | -1.3 | -2.2 | -4.7 | -5.5 | -4.5 | -3.2 | -5.8 | -5.1 | -5.4 | -6.8 | -4.4 |
| 福州 | -3.8 | -1.6 | -0.7 | -0.8 | -1.4 | -3.1 | -3.5 | -7.3 | -4.6 | -5.0 | -4.1 | -4.5 |
| 南昌 | -2.3 | -0.1 | -0.8 | -0.6 | -1.9 | -1.7 | -3.6 | -4.1 | -4.6 | -4.5 | -5.5 | -5.9 |
| 郑州 | -6.6 | -5.3 | -5.4 | 3.9 | -6.5 | -2.1 | 12.1 | -4.0 | -3.8 | -6.4 | -3.0 | 23.2 |
| 武昌 | -1.0 | -0.8 | -1.9 | -2.5 | -3.9 | -4.2 | -4.3 | -5.9 | -5.2 | -3.6 | -4.4 | -4.9 |
| 长沙 | -2.0 | 0 | -1.4 | -0.5 | -1.9 | -1.6 | -3.4 | -5.5 | -6.3 | -4.0 | -2.6 | -3.4 |
| 南海 | -5.0 | -4.7 | -3.6 | -2.4 | -2.8 | -2.0 | -4.0 | -4.3 | -5.2 | -6.4 | -6.4 | -6.2 |
| 澄迈 | -3.6 | -5.3 | 4.0 | 13.9 | -3.0 | -1.4 | 0.9 | -3.1 | -4.0 | -3.4 | -4.2 | -3.3 |
| 邕宁 | -4.6 | -4.4 | -6.5 | -3.8 | -5.8 | -4.3 | -5.9 | -4.1 | -5.2 | -5.0 | -3.2 | -5.5 |
| 桂林 | -2.9 | 1.7 | 28.3 | 0.2 | -1.3 | -0.9 | -2.1 | -3.2 | -1.6 | -4.3 | 11.8 | -4.5 |
| 绵竹 | -2.8 | 15.8 | 7.9 | -2.2 | 11.0 | -4.9 | 8.1 | -3.5 | -2.2 | -3.2 | -6.1 | -6.0 |
| 重庆 | -2.5 | -3.2 | -4.2 | -2.1 | -3.5 | -4.5 | -3.1 | -4.1 | -0.4 | 5.4 | -2.2 | -2.2 |
| 贵阳 | 17.1 | 25.6 | 23.4 | 7.7 | 12.9 | 5.2 | -3.2 | -3.9 | -3.0 | -1.2 | -1.6 | -2.6 |
| 昆明 | 27.0 | 23.1 | 20.3 | -5.9 | -3.2 | 5.2 | 13.1 | -3.5 | -2.2 | -3.1 | -1.9 | -4.1 |
| 拉萨 | -0.7 | -0.9 | 2.7 | -7.6 | -1.8 | 0.1 | 9.6 | 2.4 | -4.2 | -5.6 | -5.4 | -2.7 |
| 耀县 | -6.0 | -4.9 | -5.8 | -5.0 | -4.8 | -6.1 | 4.9 | -7.8 | -7.7 | -5.7 | -5.0 | -5.7 |
| 兰州 | -5.8 | -7.9 | -5.7 | 9.2 | -1.4 | -6.7 | 10.1 | 25.9 | 3.4 | -6.6 | -8.9 | -9.4 |
| 银川 | -0.2 | -0.1 | -1.1 | -1.8 | -3.7 | -1.2 | -0.5 | -1.4 | -0.8 | -1.0 | -0.4 | -0.7 |
| 西宁 | -2.7 | -4.5 | -5.1 | 2.3 | -6.8 | -6.3 | -4.3 | -3.7 | -4.2 | -6.4 | -7.8 | -6.5 |
| 乌鲁木齐 | -2.6 | -1.4 | -2.6 | -4.4 | -7.1 | -5.8 | -5.5 | -5.7 | -0.2 | 12.5 | -4.0 | -1.1 |

# 附录 N　2010 年丝绸之路中国城市降水量及其降水距平百分率

表 N1　2010 年丝绸之路城市降水量(单位:毫米)与降水量距平百分率(单位:%)

Table N1　The precipitation(unit:mm) and percentage of precipitation anomaly(unit:%) of the Silk Road cities in China in 2010

| 城市 | 冬季 | | 春季 | | 夏季 | | 秋季 | | 年 | |
|---|---|---|---|---|---|---|---|---|---|---|
| | 降水量 | 降水量距平百分率 | 降水量 | 降水量距平百分率 | 降水量 | 降水量距平百分率 | 降水量 | 降水量距平百分率 | 降水量 | 降水量距平百分率 |
| 耀县 | 24.1 | 33.6 | 102.9 | −6.0 | 328.4 | 27.8 | 137.6 | −12.0 | 591.5 | 9.4 |
| 宝鸡 | 7.3 | −66.1 | 160.0 | 14.4 | 362.1 | 19.9 | 161.2 | −16.4 | 693.2 | 5.6 |
| 天水 | 5.6 | −61.5 | 105.3 | −5.4 | 204.0 | −12.2 | 119.6 | −10.6 | 433.4 | −11.9 |
| 兰州 | 2.3 | −54.1 | 70.4 | 23.1 | 66.6 | −64.0 | 94.5 | 45.8 | 234.7 | −24.7 |
| 临洮 | 2.3 | −79.5 | 128.6 | 15.7 | 225.0 | −20.7 | 105.9 | −6.7 | 463.0 | −10.9 |
| 临夏 | 5.8 | −43.6 | 162.0 | 58.3 | 211.7 | −22.7 | 109.6 | 0.8 | 490.1 | −1.0 |
| 武威 | 6.0 | 22.1 | 40.0 | 34.2 | 32.8 | −64.6 | 57.8 | 50.3 | 137.8 | −16.9 |
| 张掖 | 7.8 | 93.1 | 52.5 | 159.2 | 42.9 | −48.2 | 61.7 | 165.2 | 163.8 | 25.5 |
| 酒泉 | 6.7 | 81.6 | 41.5 | 153.3 | 35.4 | −35.6 | 64.5 | 406.5 | 148.5 | 69.1 |
| 瓜州 | 7.1 | 161.3 | 13.7 | 38.6 | 1.1 | −96.9 | 15.2 | 153.9 | 32.7 | −39.0 |
| 敦煌 | 3.8 | 65.9 | 22.8 | 231.7 | 5.9 | −80.0 | 20.4 | 475.7 | 50.9 | 20.5 |
| 哈密 | 3.1 | −23.8 | 14.7 | 106.4 | 31.3 | 62.6 | 9.5 | 10.0 | 64.9 | 65.8 |
| 吐鲁番 | 0 | −100.0 | 0.4 | −84.3 | 3.7 | −44.5 | 1.5 | −61.5 | 7.0 | −55.3 |
| 乌什 | 8.6 | 7.1 | 27.2 | −10.6 | 124.2 | 128.5 | 91.3 | 379.9 | 251.3 | 125.1 |
| 阿克苏 | 7.2 | 4.0 | 10.8 | −27.9 | 74.8 | 69.2 | 51.3 | 456.2 | 144.1 | 92.5 |
| 库车 | 14.1 | 135.0 | 13.5 | −8.6 | 37.3 | −12.4 | 27.6 | 144.8 | 92.6 | 24.2 |
| 喀什 | 18.7 | 95.6 | 46.7 | 128.1 | 62.1 | 152.5 | 64.1 | 579.3 | 191.6 | 199.1 |

说明:西安用耀县代替,下同。

表 N2　2010 年丝绸之路中国城市各月降水量(单位:毫米)

Table N2　The monthly precipitation of the Silk Road cities in China in 2010 (unit:mm)

| 城市 | 1 月 | 2 月 | 3 月 | 4 月 | 5 月 | 6 月 | 7 月 | 8 月 | 9 月 | 10 月 | 11 月 | 12 月 |
|---|---|---|---|---|---|---|---|---|---|---|---|---|
| 耀县 | 0 | 18.2 | 18.3 | 47.3 | 37.3 | 31.9 | 157.3 | 139.2 | 103.3 | 33.1 | 1.2 | 4.4 |
| 宝鸡 | 0 | 6.1 | 37.5 | 55.7 | 66.8 | 50.5 | 158.6 | 153.0 | 117.4 | 41.8 | 2.0 | 3.8 |
| 天水 | 0 | 2.3 | 31.4 | 30.0 | 43.9 | 25.6 | 69.5 | 108.9 | 63.6 | 55.8 | 0.2 | 2.2 |
| 兰州 | 0.1 | 1.7 | 4.8 | 17.7 | 47.9 | 20.8 | 14.8 | 31.0 | 73.2 | 21.1 | 0.2 | 1.4 |
| 临洮 | 0.1 | 1.4 | 18.4 | 19.7 | 90.5 | 48.9 | 79.9 | 96.2 | 71.7 | 32.0 | 2.2 | 2.0 |
| 临夏 | 1.5 | 3.4 | 11.5 | 24.8 | 125.7 | 51.7 | 31.3 | 128.7 | 63.8 | 43.8 | 2.0 | 1.9 |
| 武威 | 2.2 | 2.2 | 8.5 | 10.7 | 20.8 | 14.4 | 8.0 | 10.4 | 32.6 | 23.2 | 2.0 | 2.8 |
| 张掖 | 2.3 | 0.9 | 5.7 | 6.9 | 39.9 | 6.7 | 26.3 | 9.9 | 44.7 | 15.5 | 1.5 | 3.5 |
| 酒泉 | 1.6 | 2.4 | 16.0 | 10.7 | 14.8 | 11.3 | 19.1 | 5.0 | 46.3 | 18.2 | 0 | 3.1 |
| 瓜州 | 0.2 | 0.9 | 5.8 | 3.9 | 4.0 | 0.3 | 0.3 | 0.5 | 9.5 | 5.7 | 0 | 1.6 |
| 敦煌 | 0 | 1.6 | 12.0 | 6.3 | 4.5 | 2.3 | 2.9 | 0.7 | 13.5 | 6.9 | 0 | 0.2 |
| 哈密 | 2.5 | 0 | 1.0 | 6.1 | 7.6 | 20.4 | 6.5 | 4.4 | 8.3 | 1.2 | 0 | 6.9 |
| 吐鲁番 | 0 | 0 | 0 | 0 | 0.4 | 2.5 | 1.1 | 0.1 | 0.4 | 0 | 1.1 | 1.4 |
| 乌什 | 0.6 | 8.0 | 3.9 | 0 | 23.3 | 64.6 | 49.8 | 9.8 | 81.1 | 10.2 | 0 | 0 |
| 阿克苏 | 0 | 7.2 | 4.6 | 0 | 6.2 | 35.9 | 38.7 | 0.2 | 35.9 | 15.2 | 0.2 | 0 |
| 库车 | 5.6 | 8.4 | 6.0 | 5.0 | 2.5 | 23.7 | 11.7 | 1.9 | 6.8 | 19.7 | 1.1 | 0.2 |
| 喀什 | 0 | 18.7 | 11.4 | 0.3 | 35.0 | 29.1 | 32.2 | 0.8 | 49.1 | 15.0 | 0 | 0 |

表 N3　2010 年丝绸之路中国城市各月降水量距平百分率(单位:%)

Table N3　The monthly percentage of precipitation anomaly of the Silk Road cities in China in 2010(unit:mm)

| 城市 | 1 月 | 2 月 | 3 月 | 4 月 | 5 月 | 6 月 | 7 月 | 8 月 | 9 月 | 10 月 | 11 月 | 12 月 |
|---|---|---|---|---|---|---|---|---|---|---|---|---|
| 耀县 | −100.0 | 124.5 | −16.1 | 25.5 | −25.3 | −44.2 | 45.8 | 51.4 | 16.9 | −30.9 | −94.0 | −11.3 |
| 宝鸡 | −100.0 | −42.3 | 52.3 | 6.2 | 6.4 | −33.8 | 42.8 | 33.5 | 7.2 | −34.4 | −89.8 | −19.4 |
| 天水 | −100.0 | −61.5 | 67.8 | −21.1 | −19.5 | −62.8 | −17.9 | 38.3 | −14.4 | 18.1 | −98.4 | −39.4 |
| 兰州 | −93.1 | −35.8 | −48.1 | 20.2 | 44.3 | −52.7 | −77.9 | −58.0 | 80.0 | −1.0 | −92.9 | 53.8 |
| 临洮 | −97.5 | −72.5 | 15.9 | −40.0 | 45.0 | −28.6 | −22.5 | −14.3 | 0 | −7.2 | −69.9 | −17.9 |
| 临夏 | −54.1 | −36.4 | −28.2 | −21.0 | 129.0 | −26.8 | −69.2 | 27.0 | −5.9 | 24.5 | −65.3 | 12.2 |
| 武威 | 57.5 | −4.6 | 39.0 | 35.0 | 32.0 | −49.3 | −73.6 | −69.4 | 35.3 | 115.0 | −44.1 | 131.4 |
| 张掖 | 59.0 | −25.8 | 50.3 | 44.5 | 241.5 | −72.2 | −11.1 | −66.1 | 168.1 | 237.2 | −24.9 | 144.8 |
| 酒泉 | 29.4 | 77.3 | 231.5 | 191.3 | 87.7 | −23.6 | −6.8 | −74.7 | 425.9 | 699.4 | −100.0 | 185.3 |
| 瓜州 | −78.3 | 63.6 | 95.3 | 6.6 | 23.0 | −97.1 | −97.7 | −95.6 | 289.3 | 182.6 | −100.0 | 21.8 |
| 敦煌 | −100.0 | 102.5 | 473.2 | 166.9 | 86.0 | −71.3 | −80.9 | −88.8 | 804.0 | 788.4 | −100.0 | −73.7 |
| 哈密 | 95.3 | −100.0 | −16.4 | 207.0 | 92.9 | 207.7 | −11.2 | −17.0 | 151.8 | −63.9 | −100.0 | 416.2 |
| 吐鲁番 | −100.0 | −100.0 | −100.0 | −100.0 | −53.3 | −15.1 | −43.0 | −94.4 | −75.7 | −100.0 | 94.1 | 41.4 |
| 乌什 | −71.3 | 106.4 | −48.1 | −100.0 | 61.3 | 217.0 | 205.5 | −44.5 | 534.6 | 133.6 | −100.0 | −100.0 |
| 阿克苏 | −100.0 | 202.5 | 30.3 | −100.0 | −30.6 | 155.6 | 141.2 | −98.6 | 478.1 | 542.3 | −69.1 | −100.0 |
| 库车 | 206.0 | 190.7 | 77.9 | 84.0 | −71.2 | 31.2 | −9.5 | −83.6 | −3.3 | 516.9 | 4.4 | −83.3 |
| 喀什 | −100.0 | 227.5 | 69.7 | −94.3 | 311.1 | 279.1 | 255.3 | −89.8 | 820.6 | 502.4 | −100.0 | −100.0 |

# 附录 O　2010 年丝绸之路中国城市干旱等级日数及其距平

**表 O1　2010 年丝绸之路城市中旱日数与日数距平（单位:天）**

**Table O1 The moderate drought days and its anomalies of the Silk Roads cities in China in 2010(unit:d)**

| 城市 | 冬季 | | 春季 | | 夏季 | | 秋季 | | 年 | |
|---|---|---|---|---|---|---|---|---|---|---|
| | 中旱日数 | 中旱日数距平 | 中旱日数 | 中旱日数距平 | 中旱日数 | 中旱日数距平 | 中旱日数 | 中旱日数距平 | 中旱日数 | 中旱日数距平 |
| 耀县 | 0 | −8.1 | 0 | −11.6 | 1 | −8.0 | 0 | −11.4 | 16 | −24.1 |
| 宝鸡 | 0 | −13.0 | 0 | −9.3 | 0 | −9.3 | 0 | −9.3 | 7 | −34.5 |
| 天水 | 4 | −8.9 | 13 | 4.6 | 35 | 22.8 | 0 | −11.7 | 67 | 21.8 |
| 兰州 | 0 | −16.1 | 21 | 10.4 | 31 | 18.7 | 6 | −6.4 | 58 | 6.5 |
| 临洮 | 40 | 31.2 | 18 | 8.0 | 0 | −8.2 | 1 | −9.6 | 63 | 25.6 |
| 临夏 | 0 | −8.0 | 18 | 6.8 | 1 | −6.5 | 0 | −8.7 | 19 | −16.3 |
| 武威 | 0 | −4.4 | 0 | −6.9 | 21 | 17.2 | 0 | −6.7 | 21 | −0.9 |
| 张掖 | 0 | −6.1 | 0 | −7.5 | 7 | 3.3 | 0 | −9.3 | 7 | −19.6 |
| 酒泉 | 0 | −5.0 | 0 | −9.3 | 0 | −3.6 | 0 | −2.9 | 0 | −20.8 |
| 瓜州 | 0 | −0.8 | 0 | −7.1 | 31 | 28.0 | 11 | 9.4 | 42 | 29.5 |
| 敦煌 | 0 | −1.9 | 0 | −6.0 | 0 | −3.5 | 0 | −0.6 | 0 | −12.0 |
| 哈密 | 0 | −0.8 | 0 | −2.5 | 0 | −6.7 | 0 | −2.6 | 0 | −12.6 |
| 吐鲁番 | 0 | 0 | 0 | 0 | 0 | −4.3 | 0 | −1.3 | 0 | −5.6 |
| 乌什 | 0 | −1.5 | 0 | −6.8 | 0 | −7.9 | 0 | −4.9 | 0 | −21.1 |
| 阿克苏 | 0 | −1.5 | 0 | −5.8 | 0 | −7.6 | 0 | −4.8 | 0 | −19.6 |
| 库车 | 0 | −3.1 | 0 | −6.3 | 0 | −4.2 | 0 | −1.7 | 0 | −15.3 |
| 喀什 | 0 | −4.9 | 0 | −9.9 | 0 | −7.8 | 0 | −4.9 | 0 | −27.6 |

说明：西安用耀县代替，下同。

**表 O2　2010 年丝绸之路中国城市重旱日数与日数距平（单位:天）**

**Table O2　The severe drought days and its anomalies of the Skil Roads cities in China in 2010（unit:d)**

| 城市 | 冬季 | | 春季 | | 夏季 | | 秋季 | | 年 | |
|---|---|---|---|---|---|---|---|---|---|---|
| | 重旱日数 | 重旱日数距平 | 重旱日数 | 重旱日数距平 | 重旱日数 | 重旱日数距平 | 重旱日数 | 重旱日数距平 | 重旱日数 | 重旱日数距平 |
| 耀县 | 0 | −3.0 | 0 | −5.2 | 0 | −4.0 | 0 | −6.5 | 0 | −18.6 |
| 宝鸡 | 0 | −3.0 | 0 | −4.8 | 0 | −4.3 | 0 | −2.2 | 0 | −13.9 |
| 天水 | 0 | −3.0 | 0 | −3.9 | 11 | 5.2 | 0 | −4.7 | 11 | −6.4 |
| 兰州 | 0 | −6.8 | 0 | −5.2 | 16 | 12.6 | 0 | −5.7 | 16 | −5.0 |
| 临洮 | 17 | 13.5 | 6 | 1.8 | 0 | −4.8 | 0 | −3.0 | 23 | 7.5 |
| 临夏 | 0 | −4.4 | 0 | −3.8 | 0 | −3.4 | 0 | −5.6 | 0 | −17.2 |
| 武威 | 0 | −0.1 | 0 | −0.9 | 0 | 0 | 0 | −0.6 | 0 | −1.6 |
| 张掖 | 0 | −0.2 | 0 | −0.7 | 0 | −0.6 | 0 | −0.5 | 0 | −1.9 |
| 酒泉 | 0 | 0 | 0 | −0.9 | 0 | 0 | 0 | 0 | 0 | −1.0 |
| 瓜州 | 0 | 0 | 0 | −0.9 | 8 | 8.0 | 4 | 4.0 | 12 | 11.1 |
| 敦煌 | 0 | 0 | 0 | 0 | 0 | −0.3 | 0 | 0 | 0 | −0.3 |
| 哈密 | 0 | 0 | 0 | 0 | 0 | −1.0 | 0 | −0.1 | 0 | −1.1 |
| 吐鲁番 | 0 | 0 | 0 | 0 | 0 | −2.2 | 0 | 0 | 0 | −2.2 |
| 乌什 | 0 | 0 | 0 | −0.4 | 0 | −1.0 | 0 | −1.1 | 0 | −2.5 |
| 阿克苏 | 0 | 0 | 0 | −0.4 | 0 | −1.0 | 0 | −1.5 | 0 | −2.8 |
| 库车 | 0 | 0 | 0 | 0 | 0 | −1.1 | 0 | −0.6 | 0 | −1.8 |
| 喀什 | 0 | −0.2 | 0 | 0 | 0 | −4.0 | 0 | −1.3 | 0 | −5.4 |

表 O3 2010 年丝绸之路中国城市中旱以上日数与日数距平(单位:天)

Table O3 The days from moderate drought to extreme drought and the corresponding anomalies of the Silk Roads cities in China in 2010 (unit:d)

| 城市 | 冬季 | | 春季 | | 夏季 | | 秋季 | | 年 | |
|---|---|---|---|---|---|---|---|---|---|---|
| | 干旱日数 | 干旱日数距平 | 干旱日数 | 干旱日数距平 | 干旱日数 | 干旱日数距平 | 干旱日数 | 干旱日数距平 | 干旱日数 | 干旱日数距平 |
| 耀县 | 0 | −13.8 | 0 | −18.0 | 1 | −15.2 | 0 | −18.8 | 16 | −50.8 |
| 宝鸡 | 0 | −17.3 | 0 | −15.4 | 0 | −16.3 | 0 | −12.9 | 7 | −54.1 |
| 天水 | 4 | −11.9 | 13 | −0.4 | 46 | 26.6 | 0 | −17.1 | 78 | 12.1 |
| 兰州 | 0 | −23.1 | 21 | 2.2 | 47 | 29.3 | 6 | −12.1 | 74 | −3.7 |
| 临洮 | 57 | 43.6 | 24 | 8.1 | 0 | −15.9 | 1 | −13.3 | 86 | 26.7 |
| 临夏 | 0 | −14.2 | 18 | 2.1 | 1 | −11.4 | 0 | −16.0 | 19 | −39.3 |
| 武威 | 0 | −4.6 | 0 | −7.8 | 21 | 17.2 | 0 | −7.6 | 21 | −2.7 |
| 张掖 | 0 | −6.3 | 0 | −8.1 | 7 | 2.6 | 0 | −9.8 | 7 | −21.7 |
| 酒泉 | 0 | −5.0 | 0 | −10.2 | 0 | −3.6 | 0 | −3.0 | 0 | −21.8 |
| 瓜州 | 0 | −0.8 | 0 | −8.0 | 39 | 36.0 | 15 | 13.4 | 54 | 40.6 |
| 敦煌 | 0 | −1.9 | 0 | −6.0 | 0 | −3.8 | 0 | −0.6 | 0 | −12.3 |
| 哈密 | 0 | −0.8 | 0 | −2.5 | 0 | −8.5 | 0 | −3.8 | 0 | −15.7 |
| 吐鲁番 | 0 | 0 | 0 | 0 | 0 | −6.7 | 0 | −1.7 | 0 | −8.5 |
| 乌什 | 0 | −1.5 | 0 | −7.2 | 0 | −9.0 | 0 | −5.9 | 0 | −23.6 |
| 阿克苏 | 0 | −1.5 | 0 | −6.1 | 0 | −8.6 | 0 | −6.2 | 0 | −22.5 |
| 库车 | 0 | −3.1 | 0 | −6.4 | 0 | −5.3 | 0 | −2.4 | 0 | −17.1 |
| 喀什 | 0 | −5.1 | 0 | −9.9 | 0 | −12.0 | 0 | −6.2 | 0 | −33.3 |

# 附录 P 2010 年丝绸之路中国城市各月干旱等级日数及其距平

表 P1 2010 年丝绸之路中国城市各月中旱日数（单位：天）

Table P1 The monthly moderate drought days of the Silk Roads cities in China in 2010 (unit:d)

| 城市 | 1 月 | 2 月 | 3 月 | 4 月 | 5 月 | 6 月 | 7 月 | 8 月 | 9 月 | 10 月 | 11 月 | 12 月 |
|---|---|---|---|---|---|---|---|---|---|---|---|---|
| 耀县 | 0 | 0 | 0 | 0 | 0 | 0 | 1 | 0 | 0 | 0 | 0 | 15 |
| 宝鸡 | 0 | 0 | 0 | 0 | 0 | 0 | 0 | 0 | 0 | 0 | 0 | 7 |
| 天水 | 0 | 4 | 2 | 0 | 11 | 10 | 14 | 11 | 0 | 0 | 0 | 15 |
| 兰州 | 0 | 0 | 0 | 15 | 6 | 0 | 16 | 15 | 6 | 0 | 0 | 0 |
| 临洮 | 16 | 17 | 0 | 10 | 8 | 0 | 0 | 0 | 1 | 0 | 0 | 11 |
| 临夏 | 0 | 0 | 0 | 11 | 7 | 0 | 0 | 1 | 0 | 0 | 0 | 0 |
| 武威 | 0 | 0 | 0 | 0 | 0 | 0 | 0 | 21 | 0 | 0 | 0 | 0 |
| 张掖 | 0 | 0 | 0 | 0 | 0 | 0 | 0 | 7 | 0 | 0 | 0 | 0 |
| 酒泉 | 0 | 0 | 0 | 0 | 0 | 0 | 0 | 0 | 0 | 0 | 0 | 0 |
| 瓜州 | 0 | 0 | 0 | 0 | 0 | 0 | 8 | 23 | 11 | 0 | 0 | 0 |
| 敦煌 | 0 | 0 | 0 | 0 | 0 | 0 | 0 | 0 | 0 | 0 | 0 | 0 |
| 哈密 | 0 | 0 | 0 | 0 | 0 | 0 | 0 | 0 | 0 | 0 | 0 | 0 |
| 吐鲁番 | 0 | 0 | 0 | 0 | 0 | 0 | 0 | 0 | 0 | 0 | 0 | 0 |
| 乌什 | 0 | 0 | 0 | 0 | 0 | 0 | 0 | 0 | 0 | 0 | 0 | 0 |
| 阿克苏 | 0 | 0 | 0 | 0 | 0 | 0 | 0 | 0 | 0 | 0 | 0 | 0 |
| 库车 | 0 | 0 | 0 | 0 | 0 | 0 | 0 | 0 | 0 | 0 | 0 | 0 |
| 喀什 | 0 | 0 | 0 | 0 | 0 | 0 | 0 | 0 | 0 | 0 | 0 | 0 |

说明：西安用耀县代替，下同。

表 P2 2010 年丝绸之路中国城市各月重旱日数（单位：天）

Table P2 The monthly severe drought days of the Silk Roads cities in China in 2010 (unit:d)

| 城市 | 1 月 | 2 月 | 3 月 | 4 月 | 5 月 | 6 月 | 7 月 | 8 月 | 9 月 | 10 月 | 11 月 | 12 月 |
|---|---|---|---|---|---|---|---|---|---|---|---|---|
| 耀县 | 0 | 0 | 0 | 0 | 0 | 0 | 0 | 0 | 0 | 0 | 0 | 0 |
| 宝鸡 | 0 | 0 | 0 | 0 | 0 | 0 | 0 | 0 | 0 | 0 | 0 | 0 |
| 天水 | 0 | 0 | 0 | 0 | 0 | 0 | 11 | 0 | 0 | 0 | 0 | 0 |
| 兰州 | 0 | 0 | 0 | 0 | 0 | 0 | 0 | 16 | 0 | 0 | 0 | 0 |
| 临洮 | 10 | 7 | 2 | 0 | 4 | 0 | 0 | 0 | 0 | 0 | 0 | 0 |
| 临夏 | 0 | 0 | 0 | 0 | 0 | 0 | 0 | 0 | 0 | 0 | 0 | 0 |
| 武威 | 0 | 0 | 0 | 0 | 0 | 0 | 0 | 0 | 0 | 0 | 0 | 0 |
| 张掖 | 0 | 0 | 0 | 0 | 0 | 0 | 0 | 0 | 0 | 0 | 0 | 0 |
| 酒泉 | 0 | 0 | 0 | 0 | 0 | 0 | 0 | 0 | 0 | 0 | 0 | 0 |
| 瓜州 | 0 | 0 | 0 | 0 | 0 | 0 | 0 | 8 | 4 | 0 | 0 | 0 |
| 敦煌 | 0 | 0 | 0 | 0 | 0 | 0 | 0 | 0 | 0 | 0 | 0 | 0 |
| 哈密 | 0 | 0 | 0 | 0 | 0 | 0 | 0 | 0 | 0 | 0 | 0 | 0 |
| 吐鲁番 | 0 | 0 | 0 | 0 | 0 | 0 | 0 | 0 | 0 | 0 | 0 | 0 |
| 乌什 | 0 | 0 | 0 | 0 | 0 | 0 | 0 | 0 | 0 | 0 | 0 | 0 |
| 阿克苏 | 0 | 0 | 0 | 0 | 0 | 0 | 0 | 0 | 0 | 0 | 0 | 0 |
| 库车 | 0 | 0 | 0 | 0 | 0 | 0 | 0 | 0 | 0 | 0 | 0 | 0 |
| 喀什 | 0 | 0 | 0 | 0 | 0 | 0 | 0 | 0 | 0 | 0 | 0 | 0 |

**表 P3　2010 年丝绸之路中国城市各月中旱以上日数（单位:天）**

**Table P3　The monthly days from moderate to extreme drought days of the Silk Roads cities in China in 2010 (unit:d)**

| 城市 | 1 月 | 2 月 | 3 月 | 4 月 | 5 月 | 6 月 | 7 月 | 8 月 | 9 月 | 10 月 | 11 月 | 12 月 |
|---|---|---|---|---|---|---|---|---|---|---|---|---|
| 耀县 | 0 | 0 | 0 | 0 | 0 | 0 | 1 | 0 | 0 | 0 | 0 | 15 |
| 宝鸡 | 0 | 0 | 0 | 0 | 0 | 0 | 0 | 0 | 0 | 0 | 0 | 7 |
| 天水 | 0 | 4 | 2 | 0 | 11 | 10 | 25 | 11 | 0 | 0 | 0 | 15 |
| 兰州 | 0 | 0 | 0 | 15 | 6 | 0 | 16 | 31 | 6 | 0 | 0 | 0 |
| 临洮 | 26 | 24 | 2 | 10 | 12 | 0 | 0 | 0 | 1 | 0 | 0 | 11 |
| 临夏 | 0 | 0 | 0 | 11 | 7 | 0 | 0 | 1 | 0 | 0 | 0 | 0 |
| 武威 | 0 | 0 | 0 | 0 | 0 | 0 | 0 | 21 | 0 | 0 | 0 | 0 |
| 张掖 | 0 | 0 | 0 | 0 | 0 | 0 | 0 | 7 | 0 | 0 | 0 | 0 |
| 酒泉 | 0 | 0 | 0 | 0 | 0 | 0 | 0 | 0 | 0 | 0 | 0 | 0 |
| 瓜州 | 0 | 0 | 0 | 0 | 0 | 0 | 8 | 31 | 15 | 0 | 0 | 0 |
| 敦煌 | 0 | 0 | 0 | 0 | 0 | 0 | 0 | 0 | 0 | 0 | 0 | 0 |
| 哈密 | 0 | 0 | 0 | 0 | 0 | 0 | 0 | 0 | 0 | 0 | 0 | 0 |
| 吐鲁番 | 0 | 0 | 0 | 0 | 0 | 0 | 0 | 0 | 0 | 0 | 0 | 0 |
| 乌什 | 0 | 0 | 0 | 0 | 0 | 0 | 0 | 0 | 0 | 0 | 0 | 0 |
| 阿克苏 | 0 | 0 | 0 | 0 | 0 | 0 | 0 | 0 | 0 | 0 | 0 | 0 |
| 库车 | 0 | 0 | 0 | 0 | 0 | 0 | 0 | 0 | 0 | 0 | 0 | 0 |
| 喀什 | 0 | 0 | 0 | 0 | 0 | 0 | 0 | 0 | 0 | 0 | 0 | 0 |

**表 P4　2010 年丝绸之路中国城市各月中旱日数距平（单位:天）**

**Table P4　The monthly anomalies of moderate drought days of the Skil Roads cities in China in 2010 (unit:d)**

| 城市 | 1 月 | 2 月 | 3 月 | 4 月 | 5 月 | 6 月 | 7 月 | 8 月 | 9 月 | 10 月 | 11 月 | 12 月 |
|---|---|---|---|---|---|---|---|---|---|---|---|---|
| 耀县 | -2.3 | -4.1 | -3.4 | -3.6 | -4.6 | -2.5 | -1.8 | -3.7 | -3.5 | -4.5 | -3.4 | 13.3 |
| 宝鸡 | -4.3 | -3.7 | -2.7 | -3.2 | -3.4 | -3.2 | -3.5 | -2.6 | -2.9 | -2.9 | -3.5 | 2.0 |
| 天水 | -4.3 | 1.2 | -0.7 | -3.3 | 8.5 | 7.0 | 10.7 | 5.1 | -4.4 | -3.1 | -4.2 | 9.2 |
| 兰州 | -3.7 | -6.0 | -3.0 | 10.8 | 2.5 | -3.5 | 11.8 | 10.4 | 3.5 | -4.2 | -5.7 | -6.5 |
| 临洮 | 13.0 | 15.8 | -2.6 | 7.3 | 3.3 | -1.9 | -3.8 | -2.5 | -2.3 | -3.8 | -3.5 | 6.7 |
| 临夏 | -2.6 | -2.3 | -2.8 | 6.8 | 2.8 | -4.2 | -1.8 | -0.5 | -3.3 | -2.5 | -2.8 | -2.9 |
| 武威 | -1.1 | -2.3 | -3.6 | -2.1 | -1.3 | -1.5 | -0.3 | 19.0 | -1.5 | -3.2 | -2.0 | -1.1 |
| 张掖 | -1.6 | -3.4 | -3.6 | -1.4 | -2.5 | -1.7 | -0.7 | 5.7 | -3.4 | -3.4 | -2.5 | -1.2 |
| 酒泉 | -2.0 | -1.9 | -4.7 | -2.3 | -2.3 | -1.2 | -0.9 | -1.4 | -1.0 | -1.2 | -0.8 | -1.1 |
| 瓜州 | 0 | -0.2 | -2.2 | -2.6 | -2.3 | -1.0 | 7.6 | 21.3 | 10.5 | -1.1 | 0 | -0.6 |
| 敦煌 | -0.5 | -1.3 | -2.2 | -1.0 | -2.7 | -1.7 | -1.3 | -0.5 | 0 | -0.4 | -0.2 | -0.1 |
| 哈密 | -0.7 | 0 | -0.5 | -1.0 | -1.1 | -2.2 | -2.2 | -2.3 | -0.4 | -1.0 | -1.2 | 0 |
| 吐鲁番 | 0 | 0 | 0 | 0 | 0 | -0.8 | -2.2 | -1.2 | -1.3 | -0.1 | 0 | 0 |
| 乌什 | 0 | -1.5 | -1.9 | -1.9 | -3.1 | -2.1 | -2.7 | -3.1 | -1.7 | -1.4 | -1.8 | 0 |
| 阿克苏 | 0 | -1.5 | -1.5 | -1.4 | -2.9 | -1.9 | -2.7 | -3.0 | -1.5 | -1.4 | -1.8 | 0 |
| 库车 | -0.5 | -2.6 | -1.3 | -2.7 | -2.3 | -1.7 | -1.2 | -1.3 | -0.7 | -0.4 | -0.7 | -0.1 |
| 喀什 | -0.8 | -4.0 | -3.9 | -2.7 | -3.4 | -2.9 | -2.5 | -2.4 | -1.7 | -2.3 | -0.9 | -0.2 |

表 P5　2010 年丝绸之路中国城市各月重旱日数距平(单位:天)

Table P5　The monthly anomalies of severe drought days of the Silk Roads cities in China in 2010 (unit:d)

| 城市 | 1 月 | 2 月 | 3 月 | 4 月 | 5 月 | 6 月 | 7 月 | 8 月 | 9 月 | 10 月 | 11 月 | 12 月 |
|---|---|---|---|---|---|---|---|---|---|---|---|---|
| 耀县 | -1.0 | -0.7 | -1.8 | -1.7 | -1.7 | -2.8 | -0.8 | -0.4 | -1.8 | -2.4 | -2.2 | -1.3 |
| 宝鸡 | -1.3 | -1.2 | -1.8 | -1.4 | -1.5 | -1.9 | -0.9 | -1.5 | -1.2 | -0.9 | -0.1 | -0.5 |
| 天水 | -1.1 | -1.1 | -1.1 | -1.1 | -1.8 | -1.0 | 9.7 | -3.5 | -1.7 | -2.5 | -0.5 | -0.8 |
| 兰州 | -2.1 | -1.9 | -1.7 | -0.9 | -2.6 | -1.5 | -1.3 | 15.5 | -0.1 | -2.4 | -3.2 | -2.7 |
| 临洮 | 9.2 | 6.1 | 0.5 | -0.9 | 2.3 | -2.0 | -1.6 | -1.2 | -0.6 | -1.3 | -1.1 | -1.8 |
| 临夏 | -1.0 | -0.9 | -1.0 | -0.8 | -2.0 | -1.4 | -1.3 | -0.6 | -1.1 | -2.5 | -2.1 | -2.5 |
| 武威 | 0 | -0.1 | 0 | -0.7 | -0.2 | 0 | 0 | 0 | -0.6 | 0 | 0 | -0.1 |
| 张掖 | 0 | -0.2 | -0.1 | -0.2 | -0.4 | -0.4 | 0 | -0.2 | 0 | -0.5 | 0 | 0 |
| 酒泉 | 0 | 0 | 0 | -0.8 | -0.1 | 0 | 0 | 0 | 0 | 0 | 0 | 0 |
| 瓜州 | 0 | 0 | 0 | -0.5 | -0.4 | 0 | 0 | 8.0 | 4.0 | 0 | 0 | 0 |
| 敦煌 | 0 | 0 | 0 | 0 | 0 | 0 | 0 | -0.3 | 0 | 0 | 0 | 0 |
| 哈密 | 0 | 0 | 0 | 0 | 0 | 0 | -0.6 | -0.4 | -0.1 | 0 | 0 | 0 |
| 吐鲁番 | 0 | 0 | 0 | 0 | 0 | 0 | -1.0 | -1.3 | 0 | 0 | 0 | 0 |
| 乌什 | 0 | 0 | -0.4 | 0 | 0 | -0.6 | -0.2 | -0.2 | 0 | -0.8 | -0.2 | 0 |
| 阿克苏 | 0 | 0 | -0.4 | 0 | 0 | -0.6 | -0.2 | -0.2 | -0.1 | -0.9 | -0.4 | 0 |
| 库车 | 0 | 0 | 0 | 0 | 0 | -0.4 | -0.1 | -0.7 | -0.6 | 0 | 0 | 0 |
| 喀什 | 0 | -0.2 | 0 | 0 | 0 | -1.3 | -1.4 | -1.3 | -1.3 | 0 | 0 | 0 |

表 P6　2010 年丝绸之路中国城市各月中旱以上日数距平(单位:天)

Table P6　The monthly anomalies of the days from moderate drought to extreme drought of the Silk Roads cities in China in 2010

| 城市 | 1 月 | 2 月 | 3 月 | 4 月 | 5 月 | 6 月 | 7 月 | 8 月 | 9 月 | 10 月 | 11 月 | 12 月 |
|---|---|---|---|---|---|---|---|---|---|---|---|---|
| 耀县 | -4.3 | -5.7 | -5.9 | -5.6 | -6.5 | -6.3 | -3.8 | -5.1 | -5.8 | -7.4 | -5.6 | 11.2 |
| 宝鸡 | -5.8 | -5.9 | -5.1 | -5.3 | -5.2 | -5.2 | -5.5 | -5.6 | -4.7 | -4.6 | -3.6 | 1.4 |
| 天水 | -5.3 | 0.1 | -1.9 | -4.5 | 6.0 | 5.5 | 19.7 | 1.4 | -6.4 | -5.7 | -5.0 | 8.4 |
| 兰州 | -5.8 | -7.9 | -5.7 | 9.2 | -1.4 | -6.7 | 10.1 | 25.9 | 3.4 | -6.6 | -8.9 | -9.4 |
| 临洮 | 22.0 | 20.9 | -3.1 | 5.7 | 5.6 | -4.7 | -6.1 | -5.1 | -2.9 | -5.3 | -5.1 | 4.9 |
| 临夏 | -4.2 | -3.8 | -3.9 | 5.8 | 0.3 | -5.8 | -3.7 | -1.8 | -4.4 | -5.8 | -5.8 | -6.0 |
| 武威 | -1.1 | -2.4 | -3.6 | -2.7 | -1.5 | -1.5 | -0.3 | 19.0 | -2.3 | -3.2 | -2.0 | -1.1 |
| 张掖 | -1.6 | -3.6 | -3.7 | -1.6 | -2.9 | -2.2 | -0.7 | 5.5 | -3.4 | -3.9 | -2.5 | -1.2 |
| 酒泉 | -2.0 | -1.9 | -4.7 | -3.1 | -2.4 | -1.2 | -0.9 | -1.4 | -1.0 | -1.2 | -0.8 | -1.1 |
| 瓜州 | 0 | -0.2 | -2.2 | -3.0 | -2.7 | -1.0 | 7.6 | 29.3 | 14.5 | -1.1 | 0 | -0.6 |
| 敦煌 | -0.5 | -1.3 | -2.2 | -1.0 | -2.7 | -1.7 | -1.3 | -0.8 | 0 | -0.4 | -0.2 | -0.1 |
| 哈密 | -0.7 | 0 | -0.5 | -1.0 | -1.1 | -2.2 | -2.9 | -3.4 | -1.5 | -1.2 | -1.2 | 0 |
| 吐鲁番 | 0 | 0 | 0 | 0 | 0 | -0.8 | -3.2 | -2.7 | -1.7 | -0.1 | 0 | 0 |
| 乌什 | 0 | -1.5 | -2.3 | -1.9 | -3.1 | -2.7 | -2.9 | -3.3 | -1.7 | -2.2 | -2.0 | 0 |
| 阿克苏 | 0 | -1.5 | -1.9 | -1.4 | -2.9 | -2.5 | -2.9 | -3.2 | -1.7 | -2.4 | -2.2 | 0 |
| 库车 | -0.5 | -2.6 | -1.4 | -2.7 | -2.3 | -2.0 | -1.3 | -1.9 | -1.4 | -0.4 | -0.7 | -0.1 |
| 喀什 | -0.8 | -4.1 | -3.9 | -2.7 | -3.4 | -4.2 | -3.9 | -4.0 | -3.0 | -2.3 | -0.9 | -0.2 |

# Brief Introduction

This yearbook is a comprehensive record, analysis and overview of the national meteorological drought in 2010. It is divided into six chapters. The first chapter describes the national climatic characteristics and the temporal, spatial distribution of meteorological droughts in 2010. The second chapter diagnoses the characteristics and causes of major regional serious drought events in China. The third chapter describes the impact of drought. The fourth introduces the major meteorological service for drought prevention and disaster reduction. The fifth chapter describes the characteristics of global meteorological drought, global major meteorological drought events and their causes in 2010. In particular, the drought in areas along the "One Belt and One Road" has been added. The sixth chapter reviews the historical major regional drought events at home and abroad. This yearbook makes a comprehensively summary and analysis on the characteristic and influence of meteorological drought in China in 2010. It is a reference for the government decision-making departments and the persons who work on the service, researcher and teaching in meteorology, agriculture, hydrology, geology, geography, ecology, environment, insurance, humanities, economy, drought risk assessment and management and other industries.

# Contents